四秩芳华 · 哈尔滨工业大学（威海）
办学40周年系列文集1985—2025

峥嵘岁月

ZHENGRONG
SUIYUE

哈尔滨工业大学（威海）党委宣传部　编

哈爾濱工業大學出版社
HITP
HARBIN INSTITUTE OF TECHNOLOGY PRESS

图书在版编目（CIP）数据

四秩芳华：哈尔滨工业大学（威海）办学 40 周年系列文集. 峥嵘岁月 / 哈尔滨工业大学（威海）党委宣传部编. —哈尔滨：哈尔滨工业大学出版社，2025.8. —
ISBN 978-7-5767-2268-0

I.G649.285.23-53；
中国国家版本馆 CIP 数据核字第 20251NC893 号

四秩芳华：哈尔滨工业大学（威海）办学 40 周年系列文集. 峥嵘岁月
SIZHI FANGHUA: HAERBIN GONGYE DAXUE（WEIHAI）BANXUE 40 ZHOUNIAN XILIE WENJI. ZHENGRONG SUIYUE

策划编辑　李艳文　范业婷
责任编辑　孙　迪　付中英
出版发行　哈尔滨工业大学出版社
社　　址　哈尔滨市南岗区复华四道街 10 号　邮编 150006
传　　真　0451-86414749
网　　址　http://hitpress.hit.edu.cn
印　　刷　威海新永印刷有限公司
开　　本　787 毫米×960 毫米　1/16　印张 26.25　字数 388 千字
版　　次　2025 年 8 月第 1 版　2025 年 8 月第 1 次印刷
书　　号　ISBN 978-7-5767-2268-0
定　　价　90.00 元（全两册）

出版说明

四秩薪火赓续，奋楫卓越征程。从松花江畔到黄海之滨，从荒芜滩涂到巍巍学府，从栉风沐雨到春华秋实，哈工大人在这里书写着一部接续奋斗的壮丽诗篇。今年是威海校区办学40周年，回望过去，历史留给我们的不仅有创业的艰辛，更有奋斗的豪情。

40年间，威海校区的哈工大人秉持“规格严格，功夫到家”的校训，把一片荒滩变成了和美校园，将一个仅有委培专科生的分校建成本硕博贯通培养的校区，在山东高高树起哈工大的一面旗帜，成为在全国有影响力的大学校区。

为进一步挖掘和收集珍贵的历史资料，总结办学40年经验，凝聚不断前行的力量，党委宣传部面向广大师生和校友发出征文号召，并得到了大家的积极响应和踊跃投稿。我们从来稿中精选部分文章，集结成册，给经历者以留念，让后来者了解过往。

文集共收录教职工和校友的回忆文章50余篇。上部《逐浪前行》是由校区创建者和建设者撰写的叙事性文章，讲述校区创建和发展历程、广大教职工共同参与和见证校区发展的故事。下部《岁月如歌》多为抒情性文章，展现广大教师与校区共同成长进步的经历、广大学子青春岁月里的奋斗与汗水和与师长同学相处的点点滴滴。这些难忘的经历记录了威海校区40年走过的每一个坚实脚印，是我们办学40年积淀的宝贵精神财富，也是我们踏上新征程的经验和底气。

逐浪四十载，扬帆启新篇。愿年轻的哈工大（威海）在哈工大奔向世界一流大学前列的新征程上、在山东省锚定“走在前、挑大梁”的使命任务中、在服务中华民族伟大复兴的历史使命中，守正创新、激情进取，以自身探索为教育强国做出新的贡献！

编者

2025年6月

目录

上部　逐浪前行

下部　岁月如歌

上部

逐浪前行

难以忘怀的记忆

□ 强文义

来到威海，看到校区日新月异、蒸蒸日上的繁荣景象，看到一批批优秀学子从这里走上祖国的建设岗位，特别是听到威海校区的声誉、地位、威望在不断提升，作为曾经参与威海校区建设的我，内心充满喜悦与自豪，亦由衷地祝愿威海校区越办越好！

很多老同志希望我写写回忆，以“为了忘却的纪念”，我亦时时想念那些在建校困难时期给予我们支持和无私帮助的领导和同人，但遗憾无史料积累，只能从一个侧面写些点滴拾遗。

他们是发起人——李同轩、门兆英、张树平

20世纪80年代初，在改革开放政策的指引下，国内的经济形势发展很快，有力推动了沿海地区工农业飞速发展。山东大地当时的国民经济产值已跃居全国第二，仅次于江苏。紧接着对人才的需求、对教育的重视提到了日程上来，很多有远见卓识的领导着手在本地区创办大学。于是烟台市邀请清华、北大联合创办烟台大学，青岛市邀请天大、南开创办青岛大学。当时威海市还是一个只有15万人口的县级市，即将升为地级市，李仕恩副书记、李同轩副市长和市人大常委会门兆英副主任等市领导立志要利用威海的优越环境和条件创办一所名牌大学来提高城市的品位，而且一开始就把协办单位瞄准了哈工大。

1984年6月，威海市派出以门兆英副主任和张树平副市长等组成的代表

团来到哈工大，真诚邀请哈工大到威海办学。

1984年8月，山东省烟台市召开经济贸易洽谈会，邀请了全国著名大学参加，学校委派我和另外一名同志作为哈工大代表参加。烟台市当时是一个拥有10个县级市的地级市，会议规模盛大，内容丰富，全面反映了山东半岛经济发展的一片繁荣景象。威海市作为烟台市的下属县级市，由张树平副市长组团参加会议，并在会议期间盛情邀请哈工大代表团访问威海市，于是我们第一次踏上这片神奇的土地。

当时威海市区只有7万人，但是通信电子、钟表、轮胎、地毯、钓具、制鞋、木工机械等行业名列全国前茅。优美的环境、漫长的海岸线和诸多的名胜古迹，都显示了其发展的潜力，特别是市领导的远见卓识和长远规划，以及他们对哈工大的仰慕之情与合作办学的恳切深深地感染了我们，坚定了我们来此办学的信念。

回校后我们将形成的想法向学校领导做了汇报，得到了时任副校长杨士勤的支持，接着他组织了系、处主要负责人28人去山东半岛考察，考察结果取得共识，并调动了各系、处办学的积极性。

1985年1月26日，威海市李同轩副市长和哈工大杨士勤副校长签署了市校合作办学的协议书，并上报航天部，由此奠定了哈工大在威海办学的基础。

1985年6月7日哈工大65周年校庆，威海市派李同轩副市长、门兆英副主任、张树平副市长率代表团参加庆典，庆祝大会上哈工大安排李同轩副市长作为来宾代表讲话，突出了威海市与哈工大的关系。

以后的办学过程中，在选址、征地、“三通”等方面，三位威海市领导始终站在第一线，他们是威海校区办学的发起人。

他们是推动者——李昌、张承先、梁步庭

李昌老校长为哈工大的发展做出了杰出的贡献，亦是哈工大威海校区办学的积极推动者。1987年7月，他专程来威海视察，非常赞赏威海市的环境

条件和办学理念，多次指示我们一定要把威海校区办好，他还召开专门的座谈会研讨威海校区的办学思路，主动出面协调有关领导、部门支持哈工大在威海办学。他是威海校区办学的积极推动者和热情支持者。

张承先同志是资深的教育家，曾任教育部常务副部长。校区办学初期他任全国人大常委会教科文委副主任，来威海视察工作时曾特别接见了我们。他对哈工大在威海办学特别赞赏和支持。他说：你们在山东办学要站住脚，第一步要为山东地方培养人才，要为地方国民经济发展服务，创办的专业要有针对性，要适应山东发展的需要。同时还提到，办学很困难，走创新之路更困难，希望我们遇到任何困难不动摇。他亦是威海校区的热情推动者。

时任山东省委书记梁步庭同志是位德高望重的老革命，他对哈工大在山东办学极为赞赏。他曾对我们说："山东大地是孔子的家乡，发展教育、尊师重教是山东的传统和美德。山东这些年来的经济发展很快，但是工科大学的力量不强，特别希望哈工大这样的名校来山东办学。为山东培养更多人才，为山东的国民经济发展多做贡献。"1987年4月，梁步庭特别题词"杏坛遗风"，祝贺哈工大威海校区奠基，鼓励我们把威海校区办好。他亦是威海校区办学的热情支持者。

他们是决策者——张钧、李绪鄂、刘纪原

1982年5月起任航天工业部部长的张钧是位很有威望的老革命，是山东寿光人。他对哈工大和山东省都怀有深厚的感情，当了解到哈工大与威海市有意合作办学时，表示航天部将给予全力支持。

1987年5月，继任部长李绪鄂在时任哈工大党委书记姜以宏等人的陪同下赴威海实地考察，他认为威海的地理环境和提供建设的校址均好，当即表示支持，并在威海召开专题会议统一思想。1987年9月17日，航天工业部正式批复，同意校、市合作办学协议。以后几年，他一直关心威海校区的建设。

时任航天工业部副部长刘纪原对哈工大发展具有特殊的贡献，对哈工大

在威海办学亦给予了极大的支持，并力促合作办学协议的签署，亲自到建设工地指导威海校区建设，帮助解决工程建设问题。他一直关心威海校区的建设与发展，一有机会就来威海指导工作。

他们是热心支持者——许敬三、从玺滋、姬云程

1987年威海市由县级市升为地级市，下辖荣成县、文登县（现文登区）、乳山县和环翠区4个县级单位。当时校区的建设经费遇到了极大的困难，我约见了时任威海市市长李文全同志，向他全面汇报了校区的建设和面临的困难，希望市政府能给予帮助。李文全市长表示了极大的热情，但当时市里亦拿不出钱来，后来他动员荣成靖海渔业大队党支部书记、全国人大代表许敬三同志出面从银行取得70万元贷款，解了燃眉之急。这笔款项直到校区教师将科技成果向靖海渔业大队转让后才得以偿还。我们永远感谢这位老人。

为了迎接第一期招生和开学，一期建筑面积包括教学楼、行政楼、食堂、宿舍等，按当时最低造价每平方米150元，需要经费750万元。然而当时筹集到的经费还不到500万元，工程无法进行。多方筹款未果后我找到时任环翠区委书记刘家钦同志，经他约见中国建设银行威海分行从玺滋行长，在从行长的支持下取得贷款220万元，使一期工程得以建成，保证了威海校区如期招生和开学。我们特别感谢从行长。

1992年9月哈工大威海校区遇到了建校以来最大的风波。按协议划定给学校的2000亩土地实际使用只有近200亩，未及时得到征地款的村民与校区发生冲突。当时新华社驻黑龙江记者站的姬云程同志了解情况后，赶写了《哈工大威海分校与当地农民发生冲突，人员有伤亡，财物有损失，师生欲上街》的新华社“国内动态清样”，直送中央政治局，使事件得到妥善处理，校区才在极其困难的条件下又获得新生。我们特别感谢无私帮助我们的姬云程同志。

他们是一群任劳任怨、艰苦创业的实干家

异地办学远离本部，一切从头开始，基本建设经费短缺，人事生疏，队伍单薄，要开展正常的教学活动、维持正常的教学秩序、创立良好的环境，真是困难重重。这就要求有一批甘于奉献、踏踏实实的开拓者。

威海校区创办时就有一批志愿者，他们有的祖籍山东，愿为家乡的发展贡献一份力量；有的是教育经验丰富的老教师，还想为培育高质量人才发挥余热；更多的是意气风发的年轻人，想为教育事业做出应有的贡献。

他们秉承哈工大校训“规格严格，功夫到家”，在任何艰苦的环境下都没有动摇，用坚定意志、勤奋工作为威海校区打下了良好的基础。他们是办学的中坚力量，他们的代表有金光、于永德、毕永祥、王启平、彭锡鸿、高连炳、梁景凯等。

回顾威海校区的建设历程，无限感慨，但亦得出必然走向成功的道理。现在小苗已长成大树，我们充满信心，在学校党政班子的坚强领导下，哈工大（威海）一定能成为镶嵌在黄海边上的一颗明珠，为山东大地和祖国的社会主义经济建设事业做出巨大贡献。

（作者系哈工大原副校长、威海校区首任校长）

百折不挠的创业之路

□ 金光

我参与了威海分校的创建，当时的艰难坎坷至今记忆犹新。创建威海校区的经历锻炼了我也考验了我，是我人生中一段有意义的回忆。

锲而不舍　艰难起步

1985年1月26日，哈工大与威海市人民政府签订了创建哈工大威海分校的协议，当时的《威海报》以《太阳岛与刘公岛架起友谊桥》为题报道了此消息。

学校成立了威海分校筹备组，由我担任组长，毕永祥、朱法义为副组长。协议签署以后，学校领导带着我们奔赴济南和北京，向山东省和当时的主管部委——航天工业部等领导汇报相关情况，多方寻求支持。

当时跨省异地办学是新生事物，没有经验可以借鉴，也没有相应的配套政策，只能摸着石头过河，面临的困难可想而知。再加上机构调整、人员更迭以及资金短缺等问题，分校刚起步就陷入进退两难的境地。

在此期间，老校长李昌到威海了解了分校的创办情况，为此专门给航天工业部和国家教委写了亲笔信，建议“国家支持省、市、校合作办学”。还在北京专门组织召开了哈工大发展战略研讨会，邀请了航天工业部原部长张钧同志、国防科工委原政委周一萍同志以及部分在京校友。时任哈工大党委书记姜以宏、副校长强文义、学校办公室主任李景煊和我参加了这次会议。会上重点研讨了哈工大今后发展的战略指导思想和具体措施，其中也包括威海分校的建设问题。

哈工大党委领导的坚定和执着，老校长的关心和支持，让我们坚定了把分校办下去的信念。我们一次又一次地去省城、跑北京，向省政府、航天工业部、教育部等相关部门汇报请示。

功夫不负有心人，1986年6月航天工业部终于同意先期拨款120万元，协助贷款150万元。初创中的威海分校有了第一笔启动资金。

1987年9月17日，航天工业部正式批复，同意哈工大与威海市共同建设哈尔滨工业大学威海分校。后又于9月29日得到了国家教委的同意批复。

千方百计　筹集资金

得到航天工业部的先期拨款后，哈工大立即筹资200万元，并承威海市政府大力支持，征得土地60亩，筹建工作进入了实质阶段。但是，对于分校创建来说，这些资金远远不够。我们去市建委办理基建手续时，工作人员半开玩笑地说："你们200万元就想办大学？"这也确实反映了分校创建初期的困难程度。

为了筹措建校资金，我们制订了创收规划，通过办培训班、校办工厂和与企业搞技术协作的形式创收，先后办了制图班、企业法班和企业领导干部管理班，还办了木材厂、焊条厂、活络扳手厂等。我们请威海市协助，从建行得到少量短期贷款，解决了燃眉之急。

为了节省经费，分校的规划和前期施工图是请时任哈尔滨市城市规划局徐礼白处长等人义务设计的。购买钢材、木材更是困难重重，威海市将城市维修的指标转给我们使用。为了建家属住宅，威海市和槐云村商定采用先建设后付款的办法，提前开工。在教学楼和学生宿舍的设计、地质勘探、施工队伍招标上，我们都在保证工程质量的前提下，千方百计地节约经费。

1987年4月6日，学校以威海分部的名义举行了开工典礼。开工典礼一切从简，我们找来一块旧水泥板充当奠基石。尽管如此，教职工的精神面貌却非常好。开工典礼上提出的“团结奋斗，艰苦创业”的战斗口号，鼓舞了大家的士气，增强了大家的凝聚力。

排除万难　矢志不渝

筹备组初到威海时，我们几个人借住在市招待所里。随着人员增加，又陆续租住了便宜的广播局招待所、军队干休所以及药厂附近的两套住房。广播局招待所冬季不供暖气，冻得实在坚持不下去了，我们就把单身职工安排到军干所暖和几天。1988年4月下旬A楼刚刚竣工，为了省钱，大家就搬进尚未干透的教室住。没有床，就铺上草毡子睡在地上；食堂没有建完，就用尚未使用的女厕所做厨房。

当时没有进校园的公路，只有从槐云村进来的一条土路，一下雨泥泞得都无法进出，我们只好自己修路，从领导到教职工全员参与其中。附近没有商店和市场，为了保证教职工日常生活，每周三和周五给教职工派车进市区采购。尤其是教职工户口迁来之前，粮、油还不供应，只好找海军给予支援。教职工子女在比较远的海港附近上学，那时候没有公交车，还得派车接送学生。

招生宣传更是体现了当时教职工的艰苦奋斗精神。由于筹建办当时只有一辆汽车，仅能保证日常工作的需要。租车去招生宣传的话，又没有经费，怎么办？老教师们就骑自行车到文登、荣成、乳山各中学去做招生宣传，顺利地完成了任务。

根据建设进度，学校决定于1988年秋季开始招生，并要求分校做好开学前的一切准备工作。为此，我们各项工作更加紧张。

开学前，除了筹建办的陈德源、王永富两位副主任外，教授初允绵，副教授于永德、王启平、郑玉祥、高连炳、张锦升、霍彬茹，高级工程师彭锡鸿、顾根富、顾云飞、张宝书，以及年轻教师、管理干部、后勤工作人员30余人，陆续来到分校工作，从而有了一支具备一定办学治校经验的基本队伍。

1988年4月，学校党委决定组建威海分校领导班子，由副校长强文义兼任威海分校校长，我兼任威海分校党委书记，于永德同志担任分校党委副书记，李士伯同志担任分校副校长。分校领导班子组成后，在哈尔滨开了3天工作会议，讨论和确定了威海分校的办学方向及建设规划、领导体制、机构设置和干部配备以及开学前准备工作。

开学前的准备工作紧张而有序，教学设备、生活用品等购进后，都是教职工肩扛手抬进教室安装的，学生宿舍的双层铁床等也是教职工自行安装的，学生的被褥是组织女职工和槐云村妇女缝制的。大家像自己家里办喜事一样，期待着新生的到来。

1988年9月10日，在威海分校首届开学典礼上，时任哈工大校长杨士勤和威海市市长李文全为威海分校挂上了校牌，205名新生和全体教职员工共同见证了这个激动人心的时刻。

哈工大（威海）从无到有、从小到大，今天的成绩来之不易。我们在创建哈工大（威海）的艰苦实践中积累了什么经验呢？我的切身体会就是："干事业，就要锲而不舍，百折不挠。"我们要珍惜这种精神，在今后的发展建设中要将这种精神发扬光大。我们要做到勿忘昨天的艰苦奋斗，无愧今天的使命担当，不负明天的伟大梦想。

2013年4月8日，我再次登上学校主楼第10层，凭窗远眺，看到了大海，看到了校园美景。回家后思绪难平，写下了一首抒怀小诗：

登楼揽胜

登楼远眺波涛海，校园美景映眼前。
日月湖水润春色，四月杨柳泛绿颜。
主楼倒影沉清波，廊下学子阅指南。
喜看校园日日新，心潮澎湃思无限。

（作者系威海分校筹建办主任，威海分校首任党委书记兼副校长）

曲径通幽的发展历程

□ 乔晓林

哈工大威海校区的主楼门前有两棵松树，它们的冠形很特别，树枝盘陀倔强，与主楼挺拔的气质很相配。这两棵松树不是建楼后移栽的，而是在主楼建设前，甚至是在威海分校（2002年8月之前称哈工大威海分校）成立前就已经存在了。它究竟生长了多少年，没有人能说得清。其实这是一棵松树分出的两根树杈，盖主楼时填土埋了底部树干，看上去像两棵树而已。我是1994年7月调入威海分校工作的，由于之前也经常来校园海边做雷达试验，几乎每天都能看到它。这棵一直挺立的松树见证了哈工大（威海）不断走向成熟的几个重要节点。

汽车工程学院搬迁

20世纪90年代，中国改革开放的大潮带动了汽车工业的迅猛发展。山东省有一定的汽车工业基础，提出要把汽车工业作为支柱产业。威海当时已与韩国通航，经济发展势头良好。如果能把哈工大汽车工程学院搬迁到威海分校，除了能增强分校的办学力量，还可以促进汽车工程学院的发展。

为实现汽车工程学院搬迁威海分校，支持沿海汽车经济大发展的策略，在校本部领导的支持下，威海分校多次到国家教委的高教司、综合基础司请示，并得到了国家教委副主任韦钰的接见，向其汇报了我们关于汽车工程学院搬迁威海理由的论证。

1995年10月24日，国家教委正式下文，批准了哈工大汽车工程学院搬迁至威海、与哈工大威海分校合并建设的决定。1996年10月12日，哈工大汽车工程学院正式在威海分校挂牌。哈工大李昌老校长、杨士勤校长和航天汽车工业总公司领导、威海市领导出席了挂牌仪式。《威海日报》以《宝驹配金鞍　好车入平川》为题报道了这一盛事。

汽车工程学院搬迁到威海后与威海分校合署办公，我兼任汽车工程学院院长。到1997年8月，汽车工程学院94、95两级本科生、研究生和教师全部搬迁到威海，97级新生入学后分校的本科学生达到在校学生数的一半，办学层次和规模有了很大提升。

有限独立法人

2001年12月，我第二次来到威海分校工作，见到那棵松树依然郁郁葱葱，格外亲切，但怎么建好分校却依旧困难重重。哈工大是个事业单位，哪有经费再办一所大学？哈工大隶属于国防科工委是历史的延续，怎么能列举出在山东办学对国防建设的必要性呢？山东经济发达，也欢迎哈工大来办学，但受体制限制，经费不能投到省外的部属院校。“红旗能打多久？”成了对分校办学智慧的严峻考验。

后来，通过研究国外多所名校发展史，我们逐渐认识到，大学的建设权和管理权是可以分开的。远离哈尔滨的威海分校是否可以取得一个有限的独立法人资格，独立运作，多方筹集办学资金呢？

所谓有限法人，即校区不是完全意义上的独立办学法人。学校的招生（尽管两个招生代码，但名额是本部转移的、学生的毕业证和学位证同本部完全相同）、教学科研等宏观教育行政管理权仍归校本部，即对教育部（1998年，国家教委更名为教育部）还是一个“户口”，只不过在校区办学条件建设上独立承担经济上的法人责任。这一想法得到了校本部党委、山东省和威海市的支持。2002年7月威海分校通过山东地方政府上报，获得了国家事业单位管理局颁发的国家事业单位法人证书。

经过17年的摸索，威海分校终于找到了一条破解教育管理体制束缚之道，达到了可以满弓待发的状态。

难忘的三天

2002年8月，威海分校迎来了建校以来最难忘的3天。

8月18日，哈工大威海分校（这也是“分校”这个字样最后一次出现在正式文本中）与中国工商银行山东省分行签订银校合作办学协议，银行首期提供1.5亿元信贷额度。哈工大李生书记、王树国校长，威海市宋远方市长出席了签字仪式。

8月19日，威海分校举行了主楼及广场竣工剪彩仪式。同日下午召开了部分院士研讨会，论证了办万人研究型大学的必要性和可行性。黄文虎、刘永坦、马祖光等9名院士和哈工大党委常委领导出席了会议，为威海分校发展把脉。

8月20日，哈工大党委常委（扩大）会议在威海分校现场召开，专题研究威海分校的发展定位问题。会议认为，威海分校的发展已经初步具备了重点大学的育人环境与条件，决定将“威海分校”更名为“威海校区”，办学目标与本部一致。建议加强与地方联系，把学生学籍由黑龙江省转入山东省，密切省校合作，双重领导。确定校本部每年划拨2500名招生名额到威海校区，将威海校区办成万人规模的研究型国际知名大学。当日下午，校本部领导向威海校区全校教师通报了常委会决议。国防科工委高教司领导出席了会议。

2002年11月25日，《中国教育报》头版头条以《名校办分校的启示》为题报道了威海校区成立17年“曲径通幽”的办学经验。

办万人大学

更名后，校区抢抓机遇，招生规模、基础设施建设、教育教学改革等各方面工作加快推进。

2004年12月8日，威海校区学生的学籍由黑龙江省教育厅迁移到山东省教育厅，同时确定学生的毕业证由哈工大统一发放，招生、毕业由山东省按国家政策管理。这样既摆脱了异地办学与高等教育区域化管理的矛盾，又体现了威海校区与哈工大是一个整体的国内一流大学的办学理念。

山东省委副书记王修智、高教工委书记徐庆申先后来威海校区调研，热烈欢迎威海校区加入山东教育大家庭，说“可发现了个大宝藏”。国家和地方给高校的许多优惠办学政策得以落实，威海校区受邀参加了山东省教育厅和高教工委的各种会议，还获得了山东省政府基本建设拨款和威海市建设配套费减免、土地征用补贴等资金支持。

为完成哈工大党委常委会提出的建万人大学的目标，经省、市两级银行严格把关审查并批准，并征得校本部同意，威海校区从银行获得贷款，按照教育部现代大学办学标准进行了基础设施的建设，学生的宿舍楼、教学楼、实验楼、运动场、园林绿地如雨后春笋般蓬勃惊现，一所现代化的万人大学校区在黄海之滨拔地而起。哈工大跨省异地办学的成功创举，引来了全国不少大学校长前来取经。

2005年9月17日，威海校区举办了建校20周年庆典活动，这实际是威海校区的“成人礼”。国防科工委、省市领导，国内105位大学校长，校内外多名院士，外国知名学者等400多名来宾及全校教师和万名学生一起参加了庆典大会。哈工大知名校友还从北京请来了解放军军乐团来到会场，更增添了庆典活动的隆重和庄严。国家重点大学的校长们也盛赞威海一流的办学环境。

2006年12月教育部组织多位专家到威海校区开展本科教学水平现场评估，威海校区的成绩是“优秀”。至此，威海校区从简陋的办学条件艰难起步，经过几届领导班子和全校师生的共同努力，终于在湍急的河流中，摸到了坚实的过河石头，实现了办一流万人名校的梦想。

转眼，威海校区办学已经40年了，除了依山傍海外，又多了些郁郁葱葱。

黑天鹅在湖中嬉戏游弋，园林参差婀娜多姿、曲径通幽。在林海掩映下，主楼伟岸挺拔，教学楼矗立雄伟，图书馆现代气派，宿舍楼鳞次栉比。运动场上喝彩声声，科学研究硕果累累。不久前，威海校区的科研团队还发射了卫星，成功入轨运行。当然，最令人自豪的还是近年考生报考威海校区的踊跃程度，这两年招生录取分数已达到山东省第一，真让我们这些早期的建设者刮目相看啊。

最近，有个威海校区毕业的老校友给我发来了一幅画，按照记忆，他画出了20多年前他在威海校区学习时校园的样子。画中没有主楼，没有阶梯教室，没有操场，但我吃惊地发现，那棵倔强傲立的小松树竟然画在了最显眼的位置。岁月沧桑，无法抹去的记忆，小松树和它顽强拼搏的精神已然在师生心中扎下了根。

愿那棵苍翠的松树同威海校区和威海校区走出的学子们一起，茁壮成长！

（作者于1994年7月至1999年2月、2001年12月至2006年11月两度担任哈工大威海校区校长）

唯有向前

□ 赵国亮

办学40年，入职30载。在校区办学30年之时，我曾写了一篇纪念文章《其实一直有梦》，回顾了我所经历的那个阶段那些让我感动的、心怀梦想的奋斗者以及他们的难忘故事。时光荏苒，又是10年。我要写一点我的思考，过去的、现在的和未来的，为我们走过的岁月，为我们续写的梦想，让不了解过往的有所了解，让不理解过去的有所思索，让憧憬未来的心存希望。

一个奇迹

用“奇迹”这个词描述一个校区的发展是否过分？这一点，非亲历者难以感受，非用心者不易体会，非比较者无以洞见。哈工大威海校区办学40年，尽管经历了“欲渡黄河冰塞川，将登太行雪满山”的困境，虽然不断有“朝来寒雨晚来风”的挫折，然而始终坚守“莫听穿林打叶声”的定力，“不畏浮云遮望眼，乱云飞渡仍从容”，栉风沐雨，乘风而前。这是个奇迹。

40年，我们把一片荒滩变成了和美校园，这就是个奇迹！从一个玉米地连片、荒草满坡，学生甚至找不到进校路的校园发展到现在绿树掩映、亭台湖榭、鸟语花香的美丽校园，独具风格，享誉遐迩。我们的校园是一点一滴、一草一木、一砖一瓦、一楼一宇、一年一年攒下来的，是师生员工从不多的资金中节省出来的。如果你了解实际，就会感受其中的不易。

40年，我们把一个仅有委培专科生的分校建成了本硕博贯通培养的校区，这就是个奇迹！校区从机械和自动化两个专业开办，开始只为威海市培养委培生。1994年学校为威海校区招了第一批本科生，1996年汽车学院搬迁后开始招汽车相关专业，1997年招收546名本科生。2001年停招专科高职学生，威海校区开始有了独立招生代码，2004年本科学籍转到山东，各个系开始变为学院。2010年后提出船海车特色发展，2017年左右又逐渐发展了一些新工科专业。人才培养水平，尤其是本科创新人才培养受到社会普遍认可，每年向学校一校三区输送大量优秀的研究生生源。科研水平逐渐上升，有了千万级大项目，获得了一些有影响力的国家级成果奖，尤其是在海空天一体化探测领域有了突出的进展，研制成功“威海壹号”卫星，在水下焊接和装备、材料加工、医疗装备、船舶等领域为地方经济发展做出了不容小觑的贡献。

40年，我们在山东高高树起哈工大的一面旗帜，成为在全国有影响力的大学校区，这就是个奇迹！在办学初期，没有人知道这个校区，甚至毕业生说起自己来自威海也觉脸上无光。“威海分校？本科还是专科？几本？跟哈工大啥关系？”过去的很多年里，我们走到哪儿，都会被问及类似的问题。如今的威海校区，再也不需要做这样的说明了，2024年校区招生录取分数线已经进入到全国19.5名。广大教师投身学生创新创业教育培训，涌现出如HRT车队、智能机器人团队、无人机团队、智能船团队这样的优秀团队，HRT车队获得“小平科技创新团队”这个大学生创新最高荣誉，成为校区一张闪亮的名片。威海校区培养的学生，既脚踏实地又具有吃苦精神，既勤奋好学又具有开拓意识，已经有一批校友在各领域崭露头角。

我们未来的路还很长，离我们要实现的目标还很远，但我们已经走出了坚实的40年！在这个回望的时刻，我们应该感谢校区的初创者们和历任校区领导，感谢早期来校的老师们和后来的年轻人，感谢我们可爱的学生，感谢校友和社会各界，感谢学校、感谢地方政府。让我们记住他们！

我们如何走到今天？

40年了，我觉得总结比回忆更重要。我们走过的40年带给我们什么，我们走向未来需要从这40年汲取什么？

我们的前进底气在于百年文化的哈工大根脉。如果威海校区不是哈工大的威海校区，也许我们发展不到现在。如果我们不是高举哈工大的旗帜，我们肯定走不到今天。假如不是有哈工大这个平台做引力，校区的师资人才是绝对难以引进更难以留下的。我们必须承认，学校的影响力是我们最大的护佑，学校的百年文化是我们最大的营养，学校给予的支持帮助是我们持续走来的最大资源。学校是我们的根基，哈工大百年文化是我们的根脉！

我们的力量之源在于砥砺奋进的广大师生。这40年对于威海校区来说就像一场持久战，取得的成绩是几代师生员工奋斗的叠加，是老师们把小我融入大我奋斗出来的，是与我们一起打拼、很争气的学生们在社会上不懈努力赢来的！40年中，有的老师已经去世了，有相当多老师陆续退休了，有的老师因为各种原因中间调离了，近六万学生毕业离开母校走上了工作岗位。无论离开的还是健在的，无论退休的还是在岗的，无论在校的还是毕业的，都是校区的建设者，都是校区的贡献者！

我们的不断跃升在于不失时机地抢抓机遇。校区的发展不是直线运动，也不是各段都平均发展的匀速运动，它时快时慢，但最重要的是我们适时抓住了一些重要的机遇。我们抢抓机遇提升办学层次，抢抓机遇上了万人规模，抓住机遇变为校区，抓住机遇建设了校园，抓住机遇提高生源质量，抓住机遇谋资源。近年来，在各级领导的不懈努力下，山东省把校区列入重点发展序列，为我们未来发展增添了新动力。

我们的快速发展在于实事求是地遵循规律。站在现在的时间点上看，在跨省办校区的学校中，哈工大毫无疑问是最成功的。威海校区建设过程中，基本按照“条块结合”、以“块”为主的方式进行管理，既有学校的统一领导，又能够发挥校区的积极主动性，符合校区跨省异地办学的特点，是符合客观规律的。从这些年的经验来看，这种管理模式是成功的。

我们的生生不息在于海纳百川的有容文化。第一个是和而不同的团结文化，争是有的，但是君子之争，并未争小人之利。第二个是倾听包容的民主文化，校区的机关部处乃至校区领导的办公室对师生都是敞开的，老师同学们有什么意见诉求都可以直接反映。第三个是务实进取的实干文化，无论是在机关还是在学院，得到很好发展的人绝大多数都是实干者。第四个是以学生为中心的关爱文化，体现在老师们用心地备课上课，体现在辅导员发自真心地对学生的关心。第五个是眼向下看的服务文化，这种思想已经渗透到机关工作人员的心里，写进校区的制度里。一旦哪个机关部门违背了这个文化，就会受到指责批评，没有立足之地。

我们的不畏困难在于一直有梦的“我将无我”。威海校区的40年是曲折发展的40年，是对与错交织的40年，是否定与迭代的40年。凡是给校区付出的，大家都看在眼中，记在心头。跨省异地办学本身就是一种新事物，没有作业可以照抄，只要是向前的尝试都是有意义和价值的，这是“我将无我”的担当，虽有蒙尘，但每一次迭代，校区都在向前发展。这些人是一直有梦的人，他们也带给别人力量，无畏前行！

过去的40年带给了我们什么启示？

如果周围没有光，我们就用心中火照亮前方！

脚下并没有路，我们踩过的地方就会成为一条路！

当不知向哪儿走的时候，我们就向前走！

有机会要抓得住，没机会要挺得住！

我们如何走向未来？

面向未来的前进道路，我们应该“小我融入大我”，继续以“有为才能有位”的思维以贡献求支持。我们的发展要融入哈工大发展，成为哈工大奔向世界一流前列中向海图强的决定力量；我们的发展要融入山东发展，为山东省“走在前、开新局”提供重要科技支撑；我们的发展要融入中国高等教育发展，用校区发展的探索为教育强国做出贡献。

首先，必须明确发展定位，而且应该自己谋定。“建设与世界一流大学前列相匹配的高水平特色校区”“山东省工科强校”是我们的目标定位，起到了团结大家向前奋斗的作用，这个长远目标不要轻易变，也不能轻易变。但在哈工大内部，威海校区在哈工大这个大拼图中应该成为不可或缺的哪一块儿呢？如深圳校区自我定位是：高等教育改革的试验田、高端人才汇聚的桥头堡、创新成果培育的策源地、国际合作办学的示范区。威海校区从自己的特色和比较优势出发来思考，是不是可以提出这样的定位——做哈工大创新人才培养的先行区和海洋强国的先锋队。

其次，要实现三个突围：一是体制突围。跨省异地校区本身就是特殊的校区，校区所处的地方环境不同，各自所处的发展阶段和该阶段面临的主要矛盾也不同，因此要给校区适度宽松的政策，分配发展资源，减少可能因不必要的“齐步走”所带来的执行困难。二是模式突围。“一个学校无法办另一个学校”，我们要探讨在学校的支持下，争取得到上级部门的支持，与山东省深化共建，构建特殊的办学模式。三是自我突围。要把各学科的力量都运用起来向海洋方向发力，引导方向仍不十分确定的年轻教师下定决心“下海”，发动一些在非海洋方向已经有所建树的团队拓展海洋相关方向。借助退休教师空出的编制，按照校区发展的学科方向优化教师队伍；下决心压缩行政人员，设法压缩一些不必要的岗位；加大人才引进和培养力度，想办法利用好威海校区和校本部的师资，不为所有但为所用。要深入挖掘校内资源，充分利用好青岛创新发展基地资源，大力发展继续教育和国际教育培训，有效转化科技成果带来长远收益，这方面可以探讨的地方很多。

总而言之，我们的未来必须自己谋划，然后设法变成学校行为，变成上级意志。我们不能站在原地，更不能困在当下，应该努力去思考，奋力去突破！

鲁迅先生说，世上本没有路，走的人多了也便成了路。我要说，我们不能等别人为我们走出一条路，我们要自己为自己踩出一条路！

我们的路在哪里？我们的路在我们每个人的肩膀上！

我们的路在哪里？我们的路在我们每个人的双手里！

我们的路在哪里？我们的路在我们每个人的脚底下！

我们的路在哪里？我们的路就在于我们始终要坚信“我们一定有路”！我们没有退路，我们唯有向前！

（作者系威海校区党委副书记、副校长）

基础课教学团队的初心

□ 隗海燕

2002年我入职的时候正好赶上威海分校更名为威海校区，工作中多次听老教师们说起校区初建时那些百折不挠、艰苦创业的感人故事。现将采访中了解到的基础课教研室当年的故事记录下来，共同回顾从7个教学小组到6个学院（教学部）的发展历程，在基础课教学团队的初心里，感受哈工大精神在威海校区的薪火相传。

1987年11月底，已经在哈工大工科大学物理教研室做了25年物理老师的霍彬茹来到威海，开始与其他同志一起为筹建工作而忙碌。当时首届88级学生招生在即，而学校连最基本的教学楼都没建好。在当时筹建办公室主任金光的带领下，他们每周从不同的住处汇聚到正在建设的校园里，在A楼建设工地旁的荒地上席地而坐，讨论学校建设的各项工作：讨论制订教学计划，设法解决资金紧缺问题，为迎接第一届学生做好各项准备。

1988年初，早在新中国成立前就加入中国共产党、在哈工大从事了35年思想政治理论教育的黄净老师从哈尔滨来到威海，年近花甲的他与其他老师一起，在开学前深入威海市三市一区对生源情况进行摸底调查。1989年3月，黄净被任命为公共基础课教研室主任兼党支部书记，霍彬茹被任命为副主任。

1988年5月，A楼、D楼和后山的几栋教工宿舍相继竣工，在外面租住的创业者们终于在学校有了住处。霍老师跟其他几位家还在哈尔滨的老师，最初就住在A楼一楼和二楼的几间教室里，大家的食堂就在一楼大厅，厨房则设在一楼尚未启用的女卫生间里，管伙食的曲滨江师傅就是大家的“大厨”。

当时虽然条件艰苦，但老师们的关系都非常和谐，大家无论在工作上，还是生活上，都相互关心，相互照顾。尽管条件比想象中的还要艰苦，但大家心里都充满了干劲和希望。学生上课和住宿用的桌椅、床和家具运来了，不分老少，不分男女，无论领导、教师还是工人，大家一起齐心协力往上搬。霍老师说："建校初期的这种精神我感觉有点像延安精神，大家都没有别的想法，就是脚踏实地、团结一致，为给学生创造尽可能好的学习、生活条件而共同努力。"

到1988年9月首届学生入校前，基础课教研室已组建了物理、数学、外语、化学、企业管理、政治理论课、体育7个教学组，任课老师也都已到位。可就在开学前夕，霍老师的老伴突然病重，无奈之下，她只好在哈尔滨一边照顾家人，一边"遥控"威海分校基础课教研室的运作。她把物理课托付给刚刚研究生毕业的孙玉德："为了学生开学后能做实验，我带着孙玉德走遍了校本部的物理实验室，并把要买的东西、到哪儿去买都列好单子，让他在学生开学前务必把实验设备准备好。"1989年春天，老伴的病情一稳定，霍老师马上赶回威海，继续与大家并肩战斗。

88级学生入学后，基础课教研室承担了涵盖数学、物理、化学、政治、体育、外语、企业管理在内的2/3的课程。虽然当时的学生都是两年制大专生，但教学质量一点都不含糊。霍彬茹、黄净等一批老教师将哈工大"规格严格，功夫到家"的优良传统带到了威海分校，备课、上课、实验、实习、考试，每个教学环节都严格按照教学大纲的要求来，一丝不苟。英语课的老师们每天早上拎着录音机到A楼的大教室训练同学们的听力，大家集体早读的习惯延续了很多年。企业管理教研室的老师们克服种种困难，带领学生到威海地区的企业实习，理论与实践相结合的教学方法让学生受益匪浅；体育教研室的两位老师则克服学校硬件条件差的困难，充分利用学校周边的马路、沙滩等条件，带领同学们开展长跑、沙滩排球、游泳等体育活动，既锻炼了身体，又扩大了学校的影响……基础课教研室每周一次的例会雷打不动，每到例会时间，7个教学组的老师们都坐在一起，汇报上课情况，交流教学心得和体会。每个教学组的老师自发组织听课，不仅听自己小组的课，也听别的小组的课，这种良好的教风一直持续到现在。

1994年至1996年，基础课教研室的老师们先后在威海开办了三期物理、化学、数学专业师资班，为威海地区的中小学培养了大批的优秀教师，也扩大了威海分校的社会影响。为了进一步提高教学质量和鼓励年轻人进步，霍老师多次向学校申请送年轻老师出去学习、进修：外语课老师颜英俊利用暑假时间去烟台参加口语培训班，收获颇丰；曹菁去校本部进行为期一学期的进修学习，边讲课边学习，提高很快；教经济学的王杰在中国人民大学进修三个月，大大提高了教学水平……霍老师还积极鼓励年轻教师评职称、考硕考博，尽最大努力为青年教师的成长创造更大的发展空间。

当时A楼收发室旁边的小屋子是基础课教研室的办公室，每天晚上这间小屋里都会聚集许多青年教师，林洪进就是其中之一。他16岁就考入被称为哈工大“厂长系”——企业管理系的少年才子，1984年大学一毕业就参与筹建威海分校，成为威海分校创建者中最年轻的“元老”。在当年那些艰苦的岁月里，他最喜欢的事就是在基础课教研室的办公室里跟霍老师及其他老师一起备课、交流教学经验、分享教学心得。物理实验课人手不够的时候，林老师他们就跑来帮忙带实验；考试的时候，大家一起监考，从未有人无故迟到或缺席。

霍老师说，当年教研室的青年教师都把自己的监考费交到她的手里积攒起来，每到过节的时候就拿出来聚餐：大家一起买来食品原料，搬来炉灶，在C楼一楼的一个大房间里，纷纷下厨做自己的拿手好菜。这样的聚会增进了同事之间的感情，也营造出了团结友爱的良好氛围。当年团结向上、踏实进取的风气一直影响着这批青年教师后来的成长，如今他们大都已成为各自学科的负责人和教学骨干力量。

1994年，黄净老先生离休；1996年，霍彬茹老师退休。虽然离开了管理岗位，但霍老师继续为学生上大学物理课、带实验，直到2010年7月才正式离开讲台。

随着学校的不断发展，基础课教研室的各个教学组也相继分了出去，单独成立了教研室、系和学院。1993年9月，在企业管理教学小组的基础上成立了会计教研室，并招收第一批会计学专业专科生；1995年经济学教研室正式成立，1997年成立经济管理系，2004年成立人文与管理学院，2008年分出成立管理学院，2011年成立经济与管理学院。1996年，随着第一个外语语音室的建立，设立英语教育专业，并于当年招收首届两年制专科学生；1999年成立外语系，2004年成立外国语学院，2011年扩展为语言文学学院。1997年5月，成立理学系，下设数学、物理、化学3个教研室；2001年，化学教研室发展为海洋资源与环境工程系，2004年成立海洋科学与技术学院；2002年，数学教研室招收首届信息与计算科学专业本科生，2003年数学系成立；2003年4月，在物理教研室的基础上成立物理系，2005年改名为光电科学系；2011年6月，在两系基础上成立理学院。1995年3月，成立体育教研室；2001年10月，体育教学部正式成立。2011年4月，成立思想政治理论教学部，2020年4月马克思主义学院正式成立……

从哈工大威海分校到哈工大（威海），从当初的基础课教研室到现在的6个院、部，威海校区的每一步发展都浸透了老一辈创业者们的心血与汗水，印满了一批又一批年轻人奋斗的青春足迹。在校区40年的发展历程中，哈工大人“规格严格，功夫到家”的优良传统，艰苦创业、踏实进取的敬业精神和齐心协力、百折不挠的优良品质一直在岁月里闪耀着美丽的光芒。

（作者系新闻中心记者）

机械学科创业者的传承

□ 张玉芹

1988年哈工大（威海）招收首届学生时，机械制造工艺及设备专业是首批招生的两个专业之一，机械学科的很多老教师都是当年的创业者。2010年4月的一天，我作为记者有幸与威海校区机械学科的创建者们坐到一起，听老先生们回忆建校初期的那段峥嵘岁月……

1984年底，哈工大老校长杨士勤应威海市政府的邀请，带领各系代表来威海考察，时任哈工大机械工程系切削实验室主任的高级工程师彭锡鸿当时也在考察团。优美的自然环境和沿海开放的地域优势，让大家对威海“一见钟情”，并初步选定了威海校区现在的校址。

建校协议签署后，哈工大成立了“三人领导小组”负责威海分校的筹建，金光抓总，毕永祥搞基建，朱法义留在哈尔滨制订教学计划。朱法义早年曾在北京航空学院和西北工业大学读书，1961年来到哈工大金属工艺学教研室，他担任班主任时所带的77922班是黑龙江省的标兵班，本人也被评为黑龙江省劳动模范，当年《光明日报》曾以整版刊发他的先进事迹。

到过威海的彭锡鸿积极鼓动同事们来威海创业，他和王启平、初允绵参与了教学计划的制订。彭锡鸿还记得当年的情景：“当时机械楼进门右拐的一个小房门上挂着威海分校筹建办公室的牌子，我们就是在那里开始筹建工作的。当时的计划是先办专科，等条件成熟再办本科。在教学计划和教材选择上，基本参照本科的教学计划，尽量选用本科教材。”

1987年，彭锡鸿和王启平正式调入威海分校，成为机械学科教研室的成员。来威海前，王启平担任哈工大机械制造工艺及设备教研室副主任、精加工研究室副主任，初允绵教授任仪器零件教研室主任。调到威海后，王启平筹建了机械学科教研室，并担任教研室主任。不久，曾经两次获航天部科技成果二等奖的顾云飞也从哈工大机床教研室调入分校，制图教研室主任高连炳也来到威海分校刚刚成立的金属热处理教研室任主任。

正式招生前，朱法义同王启平、彭锡鸿、初允绵等人组成调研组，深入烟台各县区市，对经济技术发展现状、人才需求、生源状况等进行详细调查，同时做招生宣传。在调查的同时，他们与地方企业签订了一批合作协议，为企业解决技术难题，培训技术人才。

1987年9月，威海分校与荣成阀门厂签订技术协作协议，为工厂解决了技术难题。1988年上半年，威海分校在荣成和威海开办了机械设计的短训班、机械制图培训班等，为各县市工厂培训工人和技术员，短训班为威海分校的教学奠定了基础。

建校初期，为了解决资金问题，威海分校还同地方合作，开办过工厂。顾云飞回忆道："1987年底，荣成盐业局下属的盐业机械厂与学校合作办工具厂，想生产活络扳手，派我任技术副厂长兼总工。工厂初建，条件特别艰苦。做好建厂方案后，我去各地调研，又做了生产可行性分析报告。就是这份投资金额为1700万的可行性分析报告，成为我以后评高级职称的一份关键材料。后来，张锦升又让他的学生、即将硕士毕业的于周晓来荣成帮我。因为首届学生快要开学了，我就回到学校准备开课。包毅接替我做了总工，另外一个同志做了副厂长。两人又待了两年，建起了工具厂，生产扳手，效益还不错。"

在这些老先生中有一位在威海非常有名的老教师，他就是张锦升。1964年张锦升从哈工大锻压工艺与设备专业毕业并留校任教，1986年调入威海。1987年，刚升为地级市的威海市要求学校推荐一位具有高级职称的民主党派人士作为市政协委员的人选，他被学校推荐到市里，并当选为市政协副主席，他还是九三学社威海支社主委、威海市侨联主席。他的研究成果获国家教委科技进步奖二等奖一次，航天部科技进步奖二、三、四等奖各一次，申请国家专利两项，编译教材四部。

1987年，教学楼、学生宿舍、教工宿舍都在建设中，初期的创业者们生活条件非常艰苦。彭锡鸿说："最初来的同志住在招待所，后来在干休所租了两套房子，住了四户。屋里没有暖气，冬天能把暖水瓶冻在地上，晚上我们喊着'一二三'一起钻被窝。"

房子建好后，威海分校也迎来了首批学生。1988年9月，首届机械制造工艺及设备和工业电气自动化两个专业205名学生入校。这批面向威海招收的学生来自威海三市一区，是计划内委培大专生；1989年又增加了焊接和铸造两个专业，招生专业扩展到4个，专业课教师又调来了张宝书和房文斌。因威海师资力量不足，焊接专业的学生后来又回总校上了一年专业课。

虽然物质条件艰苦，但办学质量一点儿不含糊。顾云飞介绍："当时分校的定位是为威海市培养应用型人才。为加强学生的动手能力，我们把学生带到威海技工学校做金工实习，实地观摩了钳、车、铣、刨、磨各种工艺；到沈阳机床一厂进行生产实习，了解现代化大企业的生产过程；带学生到哈尔滨做毕业实习，参观校本部的机械实验室和大型制造企业，开阔了眼界。虽然是专科学生，但我们坚持做课程设计和毕业设计，锻炼学生的实践能力。分校对学生的管理较严，每个班都有班主任，我当时55岁了还和学生一起出早操，实习时更是天天和学生在一起。就是这种对学生负责的态度，使分校继承了哈工大的优良校风和学风。"

彭锡鸿讲了一个非常有趣的故事。"我们特别注重学生的社会实践，各种实习环节齐全，老师带领学生去济南实习，8小时跟着学生，经常答疑、检查。1992年我参加一次鉴定会，企业老总是山大校友，他说我只要清华和哈工大的毕业生。哈工大威海分校早期的学生都出类拔萃。"

当时担任哈工大威海焊接研究所所长的顾根富在承接科研任务的同时还尽一切力量培养学生。这位新中国成立前就在上海国民电焊厂及上海沪东造船厂做学徒工和电焊工的老技术工人，1953年9月调到哈工大焊接教研室，是焊接方面的权威专家，1989年被评为焊接高级工程师，曾获航天部科技进步奖一等奖一项，电子工业部科技成果二、三等奖各一项，黑龙江省科技进步奖一项。他于1987年4月来威海，在哈工大与威海市锅炉厂合办的焊接研究所任所长，同时还担任威海市焊工等级考试的考官。他讲道："有一年我带了17个学生做毕业实习。有一个成绩不好的学生很不喜欢学习，来实习时他都想退学了。我说，不管理论课学得怎样，只要实习环节做好了，同样也能学到知识，找到工作。3个月的实习过后，他有了很大进步，到毕业时也找到了很好的工作。"

新创的威海分校很快走上发展轨道，参与早期创建工作的老先生也慢慢退出教学一线。但艰苦中不忘"规格严格，功夫到家"的传统，创业中永葆哈工大人的本色，机械学科的老教师们用自己的行动彰显了"哈工大精神"在威海的传承。

又是15年过去了，从当年的面对面采访到现在，文中提到的11位老先生已有5人离开人世，但他们在黄海之滨这片热土上留下的拼搏奋斗的足迹、自立自强的精神，将永远留在哈工大（威海）的发展历史上。

（作者系新闻中心记者）

自动化专业创建者的坚守

□ 丛爱娟

2010年5月，威海校区创建25周年前夕，我采访了自动化专业的创建者——梁景凯、韩静萍、林治安、马家辰、张颖、于长安——6位老师，听他们讲起当年经历过的那些人和事，回忆那段与校区共同成长的难忘岁月……

1988年4月，梁景凯以一名普通教师的身份和同为教师的妻子韩静萍一起来到了哈工大威海分校。他俩是1978年毕业于哈工大自动化专业的同班同学，留校任教10年后意气风发地来到威海。很快，郑玉祥、林治安、马家辰、张颖、于长安等也先后汇聚到威海分校，半年后孙玉德也加入到这支队伍中来。梁景凯担任电类自动化教研室主任，林治安任实验室主任。

1988年9月，威海分校招收了首届自动化专业的120多名专科生，共编成4个班。在校本部任教时所使用的教学计划是针对本科学生的，由于威海分校1988年招收的是两年制专科生，因此，梁景凯等几名教师开始组织制订工业自动化专科生的教学计划。

我从梁景凯老师保存的一本已经泛黄的、堪称威海校区发展史上的“珍贵文物”的“工作总结”中看到了这样的内容：“……1988年秋季学期共承担3门技术基础的授课任务，教研室的5名教师都是第一次讲授基础课，有的是首次上讲台。经过认真备课、试讲和教学法讨论，获得了良好的教学效果。课堂教学达200多学时，习题课20多学时，批改作业1464本次，完成了三门课的考试任务。”

1989年分校又增加了新专业，计算机应用专业的筹建、教学计划的制订和教学任务就落到了自动化教研室全体教师头上。

马家辰1988年从哈工大自动控制专业硕士毕业并获得当年的优秀硕士生“金盾奖”，与同专业的张颖双双来到威海分校。被同事们戏称为“才子佳人”的他们第二年在威海分校举行了简朴而隆重的婚礼，也是分校历史上的首场婚礼，那场全校老师帮忙筹办、几乎全校教职工家属都来参加的婚礼，至今提起都让他们感动不已。那时候对任课教师的要求非常严格，由于张颖是本科毕业，不允许上讲台，便给郑玉祥老师助课。郑老师讲的每一堂课，张颖都去听，然后批改作业、指导学生实验。教务处经常组织白富多、于永德等老教师示范教学，她更是节节不落。到了第一学年末，教研室决定让张颖独立讲授10个学时的课，当时教研室的同事们、教务处处长成美芳等都来听试讲并细心地指导。尽管毕业于哈工大，但张颖真正体会和受益于哈工大的“规格严格，功夫到家”应该是到威海分校工作之后。

虽然首届学生是两年制专科，却保持了哈工大“规格严格，功夫到家”的传统，教学、实验、实习、毕业设计每个环节都不缺，每一个环节都丝毫不马虎，尽管只有8周的毕业设计，却要求每个学生必须“动手”做出实际系统。那时马家辰一个学期要上2到4门大课，所有任课教师都要带学生上实验课，加之繁重的实验室建设任务，每周只有星期天晚上或许能看看电视。当时的教务处处长成美芳亲自跑到学生宿舍，找每一名学习不好的学生谈话。对考试不及格的学生，决不“放水”，坚决让他们补考。威海分校那时尽管各方面条件十分困难，但从教学计划的制订到培养质量都是很过硬的，坚持了高标准，固守了公益办学和承担社会责任的理念。2006年本科教学评估专家组查阅了首届两年制专科生毕业论文，给予了很高的评价。

林治安1974年从复旦大学微电子专业毕业被分配到哈工大五系任教，主要从事微波方向的研究与教学工作。1988年来到哈工大威海分校后，主持自动化专业实验室的建设。那时没有钱，只有一双手。学校在A楼给了一间空房子作为电类自动化专业实验室的场所，里面空空荡荡，一无所有。自动化专业的创建者只好发挥八仙过海的本领，四处“化缘”。梁景凯跑到校本部原来的教研室，要了一些仪表。当时给学生开“电工实验”课用的器材，是大家买回一些木板和接线柱，然后亲自动手做成的。桌椅板凳都是大家跑到槐云村里找木匠做的。

1988年，在校本部实习工厂工作的于长安来到威海分校，负责自动化专业实验室的设备管理工作。没有加班费，但大家没事就在实验室里待着。示波器、电表等一些测试设备都是校本部淘汰下来的，大家带回来后再接线、重新调试。那时在威海很多做实验用的材料买不着或价格较高，比如那种做电工实验用的小保险管，当时的威海每支要卖五六毛钱，而烟台只用一毛钱。为了节省资金，于长安总是坐车到烟台去买一批回来。他的工作特点是极其认真、敬业，十几年下来，做实验用的仪器设备一件都没有丢失。1989年，分校又建设了一个计算机实验室，所用的计算机都是由校本部更新换代赠予威海分校的电脑。于长安至今还清晰地记得当年所开的4门实验课的名称：数字电路实验、电子线路实验、计算机实验、电机拖动实验。后来从浙江大学买回一套电机实验装置设备，用于电机拖动课的教学和实验，一直用了好多年。

韩静萍来威海分校后一直承担计算机的公共课和专业课，给全校许多专业的学生上课。每周要上10到20节课，但一点儿不觉得累。她和张颖还跑到胜利油田采油厂去承担了“数据采油系统”的课题，同时还给四〇四医院和威海市税务局办过计算机短期培训班。后来韩静萍老师成为第一任计算机教研室主任，还当选为环翠区人大代表。

在科研工作方面，当时的威海分校秉承了哈工大重视科研和与企业联系紧密的优良传统。尽管条件有限，但建校初期的自动化教研室的几位老师坐公共汽车到荣成、文登、乳山、济南等地与企业联系科研项目，为企业维修进口设备，解决技术难题。同时老师们在上专业课时就把这些鲜活的事例融入课堂教学中，学生也能从中学到有用的知识，在做毕业设计时还会从老师这儿获得丰富的题目。1989年到1990年，自动化专业的几名老师在梁景凯的牵头下又承担了黑龙江省石油公司一个“液位仪”的研制任务。

那时，自动化专业的几名教师经常到威海市科委、威海市经委、威海市机械电子公司、潍坊市经委、文登市（现文登区）经委、蓬莱县（现蓬莱区）经委等单位考察，先后承担了济南第四仪表厂的转子流量计电远传系统、济南自动化仪表厂的压力变送器和胜利油田采油场首罐液位系统论证等科研项目。由于是异地办学，哈工大威海分校建校之初，与威海市的联系不是太紧密。自动化专业的老师主动办了几期计算机短训班，1989年分校又办了一个高技术产业管理人员培训班，增进了威海市各行各业对哈工大威海分校的了解。梁景凯和郑玉祥老师参加授课和教材编写工作，当时的国务委员宋健同志还欣然在他们编写的《高技术引论》一书的扉页上题了词。后来威海市要创建高技术产业开发区，梁景凯和分校的其他老师一起参与创建之初的调研和论证工作。可以说，他们是威海高技术产业开发区的第一批创业者，为高区的发展做出了贡献。

那时的自动化专业没有教学秘书，整个集体非常团结，打扫卫生、擦玻璃，都是所有人一起干。大家都有一股创业的激情，一心一意扑到教学上。晚上大家几乎都待在实验室里。遇到元旦、国庆节等大的节假日，自动化专业搞会餐，每家做几个菜拿到教研室去，然后再现场做几道菜。周末大家经常一起骑自行车沿着环海路游玩，锻炼了身体，增进了友谊，培养了团队精神。同事之间的关系非常融洽，谁家有什么喜事，大家共同分享；谁家遇到了困难，大家总是一起想办法解决。

坚守着对“家”的承诺，他们一路走过。

（作者系博物馆管理办公室工作人员）

哈工大汽车人的逐梦之旅

□ 刘占辉

在哈尔滨工业大学，有许多学科、专业、院系，都是肩负着为国家发展建设培养急需专门人才的使命而诞生的，汽车工程学院便是其中的一个。因为工作原因，我曾经详细了解过汽车工程学院的创建始末，追踪过它的发展历程，借威海校区办学40周年之机写下来，以便让更多的人了解那段历史。

国家需要　校友情怀

20世纪七八十年代，随着国民经济的发展和人民生活水平的提高，汽车工业即将进入迅猛发展期，对汽车专业人才的需求十分迫切。当时第一汽车制造厂（简称“一汽”）以耿昭杰总经理为首的几位主要领导都是哈工大校友，他们十分关心母校的发展，也非常渴望母校能输送更多的人才到一汽工作。

1987年6月26日，耿昭杰派马福生副厂长带队来哈工大，就加强厂校技术合作、交流教改经验、代培研究生和联合办学事宜进行协商，明确提出希望哈工大成立汽车工程学院。

80年代的哈工大工科门类学科设置齐全，汽车厂（如长春一汽）一直是学生认识实习、生产实习和毕业实习的最重要基地。学校也正在谋划建立汽车专业。

为了发展汽车工业和高等教育事业，1988年5月20日，中国一汽与哈工大联合办学的汽车工程学院在校本部挂牌成立，耿昭杰担任首任院长。按照合作协议，双方按教学、科研、生产一体化模式培养汽车工业领域所需高级人才。这种大校大厂合作办学，成为我国人才培养的新模式。

在院长耿昭杰和几任副院长的领导下，汽车工程学院走过了专业设置、培养方案制定、基础实验室建设、硕士点申报等平稳扎实的初期发展阶段，为一汽培养了大量人才，仅第一届54名毕业生中就有30人到一汽集团工作，他们很快就体现出了“规格严格，功夫到家”的水平和能力，有的走上领导岗位，有的成为业务专家和技术带头人。如今仅在一汽的哈工大校友就达上千人，他们为我国汽车工业的发展做出了重要贡献。

审时度势　重新定位

20世纪八九十年代，中国改革开放的大潮带动了汽车工业的迅速发展。山东人口众多，汽车工业有一定的基础且前景广阔。而哈工大威海分校随着办学层次和规模的提高，将如何让学科发展更具特色、如何更好地为地方国民经济服务逐渐提到日程上来。

那时山东济南有黄河重型汽车厂，青岛有轻型汽车厂，烟台正和韩国大宇集团合资创办轿车厂，文登除黑豹汽车集团外还有庞大的汽车配件生产基地，威海除有三角轮胎厂外亦在组建汽车厂。1994年，一汽集团董事会在青岛召开，一汽集团正式接纳青岛汽车厂为一汽集团成员。考虑到汽车工程学院在哈尔滨的处境和山东发展汽车工业的优势，双方都有意把汽车工程学院迁到威海办学，使其成为分校重点建设和发展的特色学科，更好地为一汽集团和山东汽车工业发展服务。

在征得中国航空工业总公司同意后，学校着手汽车学院搬迁工作。1996年10月12日，哈工大汽车工程学院挂牌庆典在威海分校举行，哈工大李昌老校长和威海市领导为搬迁后的汽车工程学院揭牌。

哈工大汽车工程学院迁址威海后，与威海分校合署办公，当年就面向全国招收本科生。学校非常重视师资建设，除了随迁来的教师，人事部门一方面动员退休的老教授重返讲台，一方面加强对威海分校优秀青年教师的培养，选送他们到校本部在职攻读硕士、博士学位，同时还多方引进人才。

这一阶段，车辆工程专业在2006年获评山东省“十一五”重点学科和特色专业，2007年成为黑龙江省普通高校本科重点专业。校区在本科院校率先建立新能源汽车专业方向，争取到车辆工程专业工程硕士学位和中职硕士学位授予权。0201101班成为校区首个获评全国先进班集体的本科班级，学生科创作品在首届全国大学生机械创新设计大赛华东区预赛中获一等奖，并作为山东省唯一参赛作品在全国总决赛中荣获三等奖。

汽车工程学院的搬迁，极大地提高了威海分校的办学层次、学术氛围和社会影响，为地方汽车工业的发展做出了重要贡献。

面向未来　深化改革

2015年，哈工大威海校区提出建设与世界一流大学相适应的高水平特色校区的发展目标，汽车与船舶、海洋被确定为三个重点发展的特色学科，在这一战略部署下，汽车工程学院面向未来，开启了深化改革的奋进之路。

围绕国家战略需求和行业发展趋势，学院不断增强内涵建设，广泛开展校企合作。2019年智能车辆工程专业获批全国首个汽车行业新工科专业、黑龙江省一流专业。2021年车辆工程专业获批国家一流本科专业建设点，并于2024年顺利完成工程教育认证进校考察。交通工程专业实现本硕在威海校区全过程培养。学院与一汽集团共建红旗E-HS9整车解剖实践教学平台，为各专业思政教学、专业课程教学和新能源业态实践教学提供支撑，获批山东省普通高等学校汽车工程实验教学示范中心。

瞄准国家急需的新能源汽车领域，学院成立智能电动车辆研究所，面向动力系统电动化和整车智能化，与中国汽车技术研究中心和华为合作，围绕驱动电机高效率控制、电池管理系统、新能源车辆三电HIL（硬件在环）系统、智能车辆VIL（整车在环）系统持续发力，拥有授权发明专利50余项，承担国家级、省部级各类科研项目30余项，累计获批科研经费5000余万，获评军队科技进步奖一等奖。新能源汽车电机模拟设备实现国产首台套交付，科研技术成果支持两家科技企业，实现科技成果转化效益三级跳，成功解决了进口设备替代问题，为汽车行业科技发展贡献了哈工大智慧。

立足学生创新能力培养，学院精心打造学生科创平台。成立于2009年的HRT车队每年吸引来自各个专业各个年级的200多名学生。车队下设燃油方程式赛车、电无人方程式赛车和巴哈越野赛车3支队伍，每年制造5辆赛车，从整车设计、建模、加工、总装及测试，全部由学生自主完成。截至目前，HRT车队共自主设计制造45辆赛车，参加了中国、德国、美国和日本的大学生赛车比赛，累计获得国内外300多个奖项，为汽车行业输送了近3000名优秀创新人才。2016年电动方程式赛车和巴哈赛车双双夺冠，2017年HRT车队获评共青团中央“小平科技创新团队”，2023年无人电动赛车和电动巴哈赛车双双夺冠，2024年获批中国汽车工程学会汽车科普教育基地。

从汽车工程学院首任院长耿昭杰的轿车梦到HRT车队的冠军梦，哈工大汽车人在逐梦的道路上已走过37个春秋。哈工大汽车工程学院搬迁至威海校区后的第一届本科毕业生、博士师从我国新能源汽车领域顶级专家孙逢春院士、汽车工程学院现任院长王大方在一次采访中讲道：“针对我国汽车产业面临的由大到强的转型、排气污染治理、汽车保有量快速上升带来的能源安全和低碳发展等重大挑战，我们将积极响应国家战略需求，培养更多‘底色亮、实践强、创新勇’的汽车领域创新人才，努力推进产业技术升级，在全球汽车的电气化、智能化、网联化、共享化等技术变革中勇挑重担、敢为人先，为实现中国汽车工业强国贡献更多哈工大力量。”

（作者系博物馆管理办公室主任）

计算机专业发展之路

□ 初佃辉

1995年我从哈尔滨工业大学计算机专业毕业留校，威海校区派驻校本部办公室的于树人老师得知我老家在山东，一再动员我来威海校区工作。那年7月，从没有到过威海的我拖着行李，出了码头，走到文化路，乘坐7路公交车，走进了没有大门的校园，开始了我与威海校区计算机学科共同成长的历程。

从教研室到学部的进化之路

计算机及应用专业1989年开始招生，每年招收两个班，不到70人，是校区招生比较早的4个专业之一。我入职后担任95级一个班的班主任，和学生的年龄相仿。教研室主任郑玉祥老师到单身宿舍看我，非常郑重地告诉我作为哈工大的老师一定要做到“为人师表、身正为范”，要过“三关”（教学关、科研关、水平关）。这与我的毕业设计指导老师郭子海教授对我的嘱咐一样，也成为我职业生涯的第一遵循。

1995年下半年，为了进一步加快专业建设和学科发展，计算机教研室成立。1997年成立计算机科学与工程专业，开始招收第一届计算机科学与技术专业的本科生。办学层次的提升，为后续学科发展奠定了基础。2001年成立计算机科学与工程系，2004年成立计算机科学与技术学院，同年成立软件学院，信息安全和软件工程两个专业开始招收本科生，专任教师也增加到30多人，办学力量得到增强，学科专业方向也更加明晰。

为确保办学质量，时任校本部计算机学院和软件学院院长的徐晓飞教授兼任威海校区软件学院院长，校本部计算机学院副院长王亚东教授兼任校区计算机学院院长。我们特意邀请方滨兴院士指导信息安全专业的建设和人才培养，方院士还将哈工大计算机专业创始人之一的胡铭曾教授介绍到威海，指导我们的教学工作。2011年，计算机学院、软件学院和广播电视编导专业合并组建成立新的计算机科学与技术学院（软件学院）。

2019年，信息安全专业改名网络空间安全专业，人工智能专业开始招生。2020年教育部第一个面向现代服务业交叉学科人才培养的新工科专业——服务科学与工程开始招生。这三个专业都是响应教育部号召、按照新工科专业的建设标准要求、为满足社会对创新型复合人才的迫切需要而新建的。

2020年，哈工大迎来建校100周年，学校整合本部相关学院并统筹威海和深圳校区计算机学院，成立计算学部，旨在打造国内领先、世界一流的计算学科群，探索一校三区计算学科“共建、共享、互通、互补”的新机制，推动计算技术、人工智能与各学科的交叉融合。

从教研室到系、到学院，再到计算学部，计算机学科在威海校区一步一个脚印发展建设。近年来，学院新引进的青年教师都是高水平大学的优秀博士毕业生，专任教师队伍发展到70余人，其中30多位教师具有海外留学或访学经历。学生培养也发展到今天本、硕、博各学段都涵盖的2000多名在校生，生源质量不断提升，毕业生在研究生推免和求职就业中颇受欢迎，办学质量和水平得到社会广泛认可。

这期间，我一边工作一边读书，相继取得了硕士和博士学位，从助教到教授，2014年5月开始担任计算机科学与技术学院兼软件学院的院长，实现了个人成长与校区事业发展的同频共振。

从零开始的科研平台与研究项目

我刚入职时全校有一台Vax小型机，我尝试着用起来，带领学生做一些工作流管理、人事与工资管理等之类的小型软件。1996年，我借了3500元，到北京中关村组装了一台486电脑，带领学生从编写小型应用软件开始，开展了研究工作。

起初我在威海校区原校长乔晓林教授的实验室做软件开发工作，初步学习如何开展科学研究工作。1999年开始跟随徐晓飞教授攻读研究生，逐步奠定了独立从事科学研究和技术攻关的基础。2015年在徐晓飞教授和战德臣教授等支持下，我牵头组建了山东省企业网络化与电子商务工程技术研究中心，2024年成功申请到山东省数字服务计算技术与系统重点实验室。

在多任老领导和全体老师的共同努力下，目前学院拥有实验室面积3071平方米，建有10余个专业实验室和3个新工科专业实验室，计算机实验中心是山东省实验教学示范中心，还与华为公司合作建立了“未来前沿技术”创新实践基地。

学院的科研平台从无到有，如今已拥有信息内容安全国家工程实验室（威海分部）和大规模个性化定制系统与技术全国重点实验室协同创新中心两个国家级平台，建有工业和信息化部工业互联网平台安全技术与测评重点实验室等10余个省部级重点实验室或工程技术研究中心，同时与华为、深信服、海尔集团、浪潮集团等知名企业建立校企联合实验室10余个。这些科研平台不仅为研究提供了坚实支持，也有效促进了产学研协同发展，增强了威海校区在国际学术界的影响力。

近年来，学院紧密结合国家战略需求和产业发展，形成了企业与服务智能计算、网络空间安全、人工智能和大数据管理与智能分析技术四大研究方向，主持承担国家重点研发计划、国家自然科学基金重点项目、工信部高质量发展专项、山东省重大科技专项等省部级科研项目以及横向合作课题150余项，授权发明专利100余项，获得省部级以上科技奖8项，部分研究成果在华为、海尔集团、潍柴动力、众阳健康集团以及公安、司法等政府部门实现了产业化应用和成果转化。我们自主研发的大数据智能处理平台，为威海校区自主研制的“威海壹号”01/02卫星的成功发射以及稳定运行提供了坚实的智能计算技术保障。

我作为项目负责人主持承担了两项国家重点研发计划项目，牵头完成的面向大规模个性化定制的工业互联网平台、智能化医养融合服务平台等成果分别获得山东省科技进步奖特等奖、山东省科技进步奖一等奖和吴文俊人工智能科技进步奖一等奖。

面向未来的卓越之路

随着大模型、大数据、边缘计算等新一代人工智能技术的广泛应用，智能时代已经到来。计算机科学与技术作为一门理论和技术实用性非常强的学科，知识和技术更新迭代速度非常快，如何快速将前沿技术引入课堂，确保学生能够快速掌握最新技能，特别是在人工智能和网络安全等要求较高的领域，如何培养学生具有计算和创新思维、实践能力和解决复杂问题的能力，是学院在人才培养中面临的重要课题。

哈工大计算机专业创办于1956年，是我国最早成立和招生的计算机学科专业，也是最早一批入选重点学科和“双一流”的学科之一，历史悠久，人才辈出，培养出了4位院士和近10名学术大师，还有很多工程领军人才和工程技术人员。计算学部统筹一校三区多个专业，我们威海校区计算机学科自然也是在同一个轨道上、按照同样的标准和目标来发展。

在威海校区即将迎来办学40周年的历史节点上，面对哈工大4类杰出人才培养目标，我们深感在人才培养、学科建设等方面任重而道远。唯有不懈奋斗，方能续写辉煌。

（作者系计算机科学与技术/软件学院院长）

数学系的创建与发展

□ 丁效华

1993年我来威海时，数学系还是公共基础课教研室下面的教学小组。当时除了我还有一对夫妻，整个分校只有3位数学老师。随着校区的发展，我教过的学生从最初的专科生，到后来的本科生、研究生，我们数学系的学生也从最早的师资班专科生，发展到本专业的本科生、硕士和博士研究生。

我刚刚毕业走上教师岗位时，分校培养的都是专科学生。当时新开的课程比较多，我又是硕士，所以数学方面只要有新课都是我开。1994到1996年，我们招了3期数学专业师资班，虽然是专科，但“规格严格，功夫到家”，学生培养质量不逊于其他学校的本科生。现在这些学生大部分已成为威海市各中小学的教学骨干。

1994年有了本科生，我有幸给第一届本科生上高等数学课，那时候花了很多心思，每天都认真备课，认真上课。当时我们住在单身宿舍，我经常点名让那些不好好学习的学生到宿舍补作业，有时熬夜到很晚。因为不同的专业所学的版本不同，我曾经同时教5门课，基本上全校的学生都上过我的课。那几年参加运动会，满操场的学生都给我加油！最辉煌的时候，我在M楼上概率论，走廊过道都是学生。

1997年汽车工程学院搬迁，车辆工程学科的研究生在威海单独培养，我又成了第一届硕士研究生的老师。

1997年数学教研室成立，陆续来了七八位老师；2002年开始招收首届数学专业本科生，同年招收首届计算数学硕士研究生；2003年4月，数学系正式成立，我是主任，开始抓数学的业务发展，招学生招老师，搞学科建设。

当时我们有刘铁夫老师、孙振绮老师和伊晓东老师作为工科数学带头人，崔明根老师和我作为计算数学的带头人。在吴从炘老先生和我的博士生导师刘明珠先生的指导下，我们2004年引进的一批年轻教师迅速成长，扩充了师资力量。数学专业是校区继车辆工程专业后第二个独立培养研究生的硕士点，我们的计算数学专业是第一个山东省省级重点学科。我们还打造了第一批省级精品课程：高等数学、概率论、线性代数、数理方程、计算方法和实变函数等等，工科数学教学团队还被评为第一个省级优秀教学团队。

2004年5月王克老师从东北师大来到我们学校，2009年魏俊杰老师也来到威海。在老先生们的带领下，我们的教学梯队开始形成，教学研究水平提升很快。王克老师的科研精神、教学方法给我们留下了很多珍贵的学习资料，就在去世前两天，他还在坚持为本科生上课。

2009年魏老师担任数学系主任，我则调到教务处，但仍承担教学工作。魏老师上任后，“两条腿走路”，教学科研齐头并进，师资力量整体迈向了一个新的台阶。同时他拓宽了我们的对外交流尤其是国际交流渠道，给了年轻人一个提升素质、增强学术的好机会。数学系还有个非常好的传统，无论是年纪大的老师，还是年轻的老师，讲课都非常好，对学生也都非常好。大家真正传承着哈工大精神，传承着我们的八字校训！

当时杨薇老师担任我们系的辅导员，她的工作思路非常好。她会在不同的阶段着重培养学生不同的能力，比如大一阶段的适应能力、大二阶段的课程抗压能力、大三阶段的就业准备能力，大四阶段的毕业设计能力。而且她对学生非常上心，每个人的性格她都了解，也很懂得因材施教。她来我们数学系以后，学生的就业率、升学率都有很大提升，国外录取通知拿到很多，数学系学生的稳定工作和精神面貌都很好。

回想我刚来威海时数学系的样子，再看看现在欣欣向荣的数学系，我感觉很欣慰，也很自豪！

（本文作于2015年初，由丁效华老师口述，徐忆宁同学整理）

威海校区的材料人

□ 王卫卫

我是1999年底调入哈尔滨工业大学（威海）的，那时本科正式招生没几年，材料还是机械系下最小的专业教研室，材料专业本科生有3个年级3个班，97级一个班36人已经进入专业基础阶段的学习。我们的办公地点设在E楼二层，与机械教研室共用一间小教室，中间用文件柜隔开。当时也没有实验室和实验设备，全部家当就是4台电脑、7套桌椅和3个文件柜。

成形实验室初建

从1997年开始，材料成型及控制工程专业招收本科生，到1999年已逐步进入专业课程的学习。考虑到随着教学逐步走向正轨，科研工作也必须跟上，我来后考虑的第一件事情就是建设实验室。

在校区和系领导的大力支持下，我们开始了材料成型及控制工程专业实验室的建设。学校给的经费不多，我们经过反复讨论、多方考察，购置了最基本的实验设备。315吨液压机设备自身高度就达到5米，但当时教学楼里最高的屋子就是A楼的阶梯教室，最大高度只有不到4米。恰逢浴室连同锅炉房搬迁，得知空出的房子净空高度为6米多，基本上能够满足设备要求，我们马上提出申请，学校同意转给我们做材料成形实验室，这才解决了场地的问题。

为了满足教学需要，老师们想方设法从其他渠道获得或者自制部分实验设备。得知校本部要对部分实验室进行升级改造，我们立刻安排老师去哈尔滨对接，接收了部分设备；2000年通过崔令江老师从济南汽车总厂协调按废料价购买了部分废旧模具，作为成形工艺课程的教具；做镦粗实验需要铅柱做原料，孙志杰老师自制铸模，每次试验后的废料都拿来再次熔化后自行铸造铅柱，大大节约了实验成本；实验室的显微镜不能配合摄像头与计算机连接，老师们就自己做了一个连接管，将摄像头连接到目镜上，再通过计算机投射到屏幕上，大大便利了课堂教学。

从实验室建设起，我们就同步准备实验教材，针对实验开设情况编写了新的实验讲义，设计了统一的实验报告纸，很好地规范了实验教学过程和实验成绩管理。

学生实习

按当时的教学计划，学生在校期间有两次实习，即认识实习和生产实习，认识实习在本地进行，生产实习到长春第一汽车制造厂进行。

2000年春季学期97级学生即将开始认识实习的时候，威海的企业数量和规模远不及现在，能对口接纳我们学生实习的企业不多，威海船厂是我们的一个备选企业。当时我刚来，对威海的企业还不熟悉，而教研室的其他老师对该企业也不熟悉，派老师去联系时被企业直接拒绝了。这可怎么办？

恰好当时威海有个企业出了一起安全事故，威海市相关部门联系我参与事故鉴定，初步认定事故是企业操作不当造成的。我去以后听说企业之前就发生过类似状况，感觉不全是操作问题，通过分析设备状态和与企业相关人员交流，并要来设备的相关图纸进行详细计算分析，最后证明造成事故的主要原因是设备设计不当，事故责任应主要由设备生产企业承担，此结论后来也得到了设备生产厂家的承认。为此市相关领导和企业都十分高兴，我就借机说起想去船厂实习又不被接受的情况。在市相关领导的协调下，船厂不仅同意我们去实习，还对我们非常热情。后来，船厂这个实习基地我们一直合作着。

2006年以前，生产实习都是到长春一汽进行的。2000年97级学生第一次到长春生产实习时，为保证实习效果并为后续的实习奠定基础，首次实习由我和张锦升老师带队，第二年由我和崔令江老师带队，第三年由我和张文丛老师带队，从第四年开始才由其他老师带队。这样通过连续几年的努力，逐步形成了一整套实习要求与规范，同时也为后续青年教师带实习做出了榜样。后来，院内逐步形成一条不成文的规定：以后新开发的实习基地如洛阳一拖、景德镇景航等首次实习均是由老教师带队，以后逐步增加青年教师。

首届本科毕业班9712

为保证首届本科学生的培养质量，教研室对97级学生采取了导师制培养模式。虽然当时硬件条件差且教师数量少，但老师们都不计较，积极参与，从专业课阶段开始一直到毕业设计，事无巨细全方位指导，教研室从早到晚都是人来人往，学生与老师探讨专业课学习和毕业设计论文，老师们相互之间也积极探讨和交流，这种氛围大大有利于学生的成长，首届本科毕业班9712班最终以读研率超过50%、就业率100%顺利毕业，并获得了山东省优秀班集体的称号。从那个时候开始，材料学科就逐步形成了一个很好的传统：老师与学生打成一片，教师之间相互协助、相互支持，为专业的发展和建设奠定了良好的基础。

比如，当时为了学习三维设计软件，我通过在台湾工作的学生搞来了几套UG和PRO/E，教研室老师首先自己学习，很快全教研室老师就基本掌握了软件的使用，然后面向本专业学生开展培训，使多数学生很快掌握了相关软件的使用，这一点在当时全国高校也是遥遥领先的。

又比如，毕业设计很多学生都要做实验或者做数值模拟，但实验室设备都是单台套，计算机也只有4台，学生只能排队使用。很多学生早早就到实验室或教研室一边排队等候，一边主动帮助前面的同学做实验、分析模拟方案。在老师和学生的共同努力下，很好地完成了首次本科毕业设计。

独立成系

2000年威海分校招生数量增加，材料成型与控制工程专业2000年招生增加到2个班，从2001年起每年招收4个班，这个规模一直延续了十多年。2001年材料学科从机械系脱离成立材料科学与工程系，并搬入C楼2层新办公地点。原来单位留下10多套旧电脑桌椅，孙志杰老师把这些桌椅全部修好，保证了搬到C楼后每位老师都有一张电脑桌办公。校长王尔德把自己科研经费提成的一部分转给系里，使材料系渡过了头两年的经济难关。

独立成系后，材料学科虽然有了更为自由的发展空间，但由于学生多老师少，每个老师都承担着很重的教学任务，同时还要承担实验室管理和学生教育工作，很多老师都是身兼数职。比如韩飞老师担任系书记兼副主任，还要负责学生工作和教学工作；贺文雄老师兼任实验员，还要负责实验室的管理和运行。那时候学生党员人数不够成立党支部，需要教师党支部来承担发展学生党员的工作，大家都毫无怨言，很好地保证了学生工作的开展。

为保证学生不掉队、不落伍，我们对每个学生的学习情况进行深入摸底，筛查出确实跟不上或者不学习的学生，系领导带头，每个老师承包几个人，白天辅导员和班干部检查学生的上课情况，晚上集中到金相实验室集体上自习，老师轮流值班监督。材料系也逐步形成了人人关心学生工作、个个关注学风教风的传统。

为加快发展步伐，尽快提升教学与科研水平，经与校本部材料学院多次交流协商，双方于2002年达成一体化发展框架协议，从教学工作到学科发展，纳入到统一框架下谋划和发展。我们利用每年到长春一汽实习的机会，带领学生到哈尔滨，与校本部材料学院交流，参观实验室和校园，既增强了学生对学校的感情，也为相关老师与本部联络提供了方便，同时也相当于为学生做了一次考研动员。在相当长的时间内，材料系学生的考研录取率在威海校区都名列前茅。

成立学院

2004年经校区党委批准，材料科学与工程系升格为材料科学与工程学院。2006年由于学院规模扩大，同时为迎接教育部本科教学工作水平评估，材料学院从C楼搬迁至A楼。材料学院首次有了全部归属自己管理使用的独栋建筑，办公和实验条件也有了明显改善。

当时向A楼搬迁可谓是时间紧、任务重，从正式确定搬迁到专家进校评估，中间只有短短的两个多月。宋亮老师带领实验室的几位年轻老师连续奋战了两个多月，韩飞老师带领全体老师一直忙到教学评估的前夜，最终在全体老师的共同努力下如期完成搬迁任务，顺利通过评估并受到学校领导和评估专家的好评。

现在回想起来，在材料学科起步发展的那几年，经费紧张、硬件不足，逼着我们养成了“锱铢必较”、勤俭节约的好习惯；人手紧张、工作繁忙，培养出我们团结协作、踏实工作的好传统；条件艰苦、环境恶劣，使我们形成了任何条件下都积极应对和从不放弃的好作风；基础薄弱、压力巨大，提升了我们利用校本部等外部资源发展自身的能力……

今天，学院规模扩大了，工作条件比以前有了很大改善，各方面能力和水平得到了大幅度的提升，我们有了1000多名本硕博学生、10多个省部级以上研发平台、10多名国家级和省部级高层次人才，一大批研究成果在航天科技、深海蛟龙号、港珠澳大桥建设、新一代高铁技术研发、核电设备升级等重大工程项目中得到应用。但学院的优良传统“团结、协作、刻苦、奋进”并未改变，而是在新的院领导带领下得到了进一步的发扬光大和继续提升。这就是材料学院！这就是威海校区的材料人！

（作者系材料科学与工程学院首任院长）

海洋资源与环境工程系的筹建之路

□ 雷振环

21世纪到来之初，哈工大威海校区的校园里一片繁忙——主楼建设如火如荼，大教室（M楼）、运动场也开始奠基……当时有很多问题摆在决策者们面前：哈工大在威海办学要办哪些专业？分校的定位究竟是什么？俗话说："他山之石，可以攻玉。"当时的校区领导在检索资料的基础上，先行考察了威海周边地区乃至我国海洋工业现状，组织相关专家进行研讨后制定了初步方案，再进行调研与论证，最后决定创建海洋资源与环境工程系。

顶层设计

谈到顶层设计，我们不能忘记为威海校区海洋学科发展做出重要贡献的3位老教授，他们是：决策者——当时的分校校长王尔德教授，践行者——宣世伟教授，建言者——蔡伟民教授。

1999年春季学期，时任哈工大环境工程系主任蔡伟民教授来威海分校给环境工程专业工程硕士班上课时，不止一次提到，威海校区若建设与环境相关的院系，最好设立资源与环境相关的学科。据说蔡教授也向王尔德校长建议过设立资源与环境相关专业。

关于威海分校新专业的设置，据说王尔德校长还征求过我校资深教授周定和生物工程系杨谦教授等人的意见。他在广泛征求专家意见的基础上，开始引进相关师资，首先找到了时任东北农业大学生物工程学院院长的宣世伟教授。鉴于宣教授在新专业建设方面的特长和经验，王校长顶着压力引进了当时已经超过55岁的宣世伟教授，作为新院系建设的领军人。

在王校长的带领下，宣世伟教授等专家经过反复讨论，确定了以科研项目带动院系建设的基本方针。王尔德教授率先垂范，以自己牵头的“城市生活垃圾处理及其设备研制”课题作为带动项目，启动了新专业的建设，同时安排宣世伟教授带头组建新专业调研组，于1999年秋季学期着手调研工作。

调研论证

1999年秋季学期，建设方针确定后，就进入了新专业建设的调研阶段。谈到这个阶段工作的贡献，首先要说的是另一位长者，他就是我国海洋生物学著名专家、我校兼职教授、时任国家海洋局第一研究所党委书记的博士生导师李光友教授。哈工大威海分校涉海院系建设调研小组（以下简称调研小组）在李光友教授的指导和帮助下确定了调研方案、行程路线和拟采访的人员。

调研小组在组长宣世伟教授的带领下，于1999年国庆节后踏上了调研的行程，由山东半岛东部出发经黄海到东海最后至南海，完成了近3000公里海岸沿线上的大专院校和国家级海洋研究机构的国内海洋科研与教育现状的调研工作。在青岛市，调研小组首先拜访了李光友教授。李光友教授说：“21世纪被誉为海洋的世纪，各国对海洋资源的争夺将更加激烈，领海主权之争会更加频繁，同时海洋权益的保护难度加大。必须加速发展我国海洋事业，制定切实可行的中国海洋发展战略。哈工大作为我国重点国防院校，理所应当在海洋发展领域做出应有的贡献。我建议你们抓住机遇，利用威海的地缘优势，建立海洋学科相关的院系，这是你们得天独厚的优势。开办新专业一定要起点高，要瞄准国际前沿，选择世界热点领域、国家急需，为国家高等教育做增项。”

在李光友教授的大力支持下，我们顺利完成了在青岛海洋大学（现中国海洋大学）生命科学学院、环境与化学学院、食品工程学院和水产学院等相关学院的交流参观，然后又去了中国科学院海洋研究所和中国水产科学研究院黄海水产研究所两家国家级研究机构，用三天半的时间完成了我国北方海洋科研与教育基地的调研工作，对我国海洋领域的科研与教学现状有了初步了解。

按照调研方案，我们又先后走访了上海水产大学（现上海海洋大学）、复旦大学、上海交通大学、浙江大学、国家海洋局第二海洋研究所（现自然资源部第二海洋研究所）、厦门大学、国家海洋局第三海洋研究所（现自然资源部第三海洋研究所）、中国科学院南海海洋研究所等多所高校和知名海洋研究机构，搜集了大量教学计划、培养方案和国内外有关海洋战略与海洋教育方面的资料。在厦门走访国家海洋局第三海洋研究所时我们受到了热情接待，当时国家海洋局第三海洋研究所的科技处处长说："你们哈工大能上天，就一定能下海，工程能力是你们的强项，要在发挥你们的特长上下功夫。"在这里我们还受到了著名海洋生物学家徐洵院士的鼓励，更坚定了创建哈工大海洋学科的信心。从该所出来后，调研小组的同志们开玩笑地说：这回就看我们能不能"功夫到家"了。

回到威海后，调研小组向校区领导汇报了调研情况。宣世伟教授又利用他在日本的学术关系，寒假时走访了包括东京水产大学（现东京海洋大学）在内的六所涉海高等院校。回校后，他立刻着手组织撰写调研报告，并在2000年春季学期一开学就向校区领导班子提交了调研报告。经校长办公会讨论，决定由理学系承担筹备海洋资源与环境工程系的任务，责成宣世伟教授负责具体的筹建工作。

方案实施

理学系确定由宣世伟、周保学和张军政三人组成筹备工作领导小组，以原化学教研室全体教职员为主体，吸纳部分生物学科教学人员组成海洋资源与环境工程系筹备组（以下简称为筹备组）。

筹备组人员在完成原有教学、科研工作的同时，以当年秋季学期招生为目标，立即开展准备工作。时间紧、任务重，老师们有的翻译国外教学文件，有的整理国内各院校教学文件，紧锣密鼓、忙而不乱，理清了专业的学科设置、培养方向、学分比例等细节，经过几番讨论，最终确定了新专业的教学计划和培养方案，并赶在“五一”前将招生计划上报校本部。然后又对新开课人员备课、新教材购置等工作做了充分准备。

2000年秋季学期，哈工大威海分校海洋资源与环境工程系（筹）迎来了首届新生。当新生的辅导员和理学系的高年级同学把新专业的同学们迎进系里的时候，新生们看到那个“（筹）”字，可就真的“愁”了起来，有的同学想“打道回府”明年再考，有的提出转专业。此时，我们的辅导员和系领导们苦口婆心做思想工作，同学们才留了下来，决心与我们共同艰苦奋斗。今天想起那些可爱的学生，我们心中的感激之情油然而生，就是在那样的艰苦环境下我们培养了柴春燕、王婷等一批非常优秀的学生。

那时没有今天这样好的大教室，没有现在这样美丽的校园，更没有今天这样完善的教学设备和条件，然而，就是这样一批可爱的带着（筹）字标签入学的孩子，毕业后走上了国家机关工作岗位，攻读了清华、人大等国内名校或国外名校的研究生。这批活跃在各行各业的（筹）字校友，每当提起母校总是那样自豪，他们都把当年的艰苦当作命运对自己的“恩赐”，道出的都是对母校的感激！

2001年秋季学期，我们又迎来了一批新的“海洋人”，此时又增加了一个新专业——海洋生物工程专业。就这样，经过一年的努力，海洋资源与环境工程系（筹）完成了筹备阶段的工作，正式挂牌成立了海洋资源与环境工程系。

从此，哈尔滨工业大学的第一个涉海院系扬帆出航，驶出了威海金海滩，向着大洋深处开始了她的探索海洋奥秘之旅！

（作者系海洋科学与技术学院退休教师，曾任海洋资源与环境工程系主任助理）

向海图强的船舶工程系

□ 桂洪斌

2007年6月，为实现与校本部差异化发展和服务山东省海洋大省需要，校区决定设立船舶与海洋工程专业，同时把机械设计制造及其自动化专业划入，成立船舶工程学院。值此校区办学40年之际，讲几个关于船舶专业建设过程中的故事，以示纪念。

“你来了，我来了，咱们船舶系的人齐了”

2008年11月1日我入职威海校区时，院长是校本部过来的刘文剑老师，副院长是李哲老师和从哈工程返聘的聂武老师，系主任是边文凤老师。边文凤老师和我在系办公室（F楼108室）正式见面时说的第一句话就是：“你来了，我来了，咱们船舶系的人齐了。”师资紧缺，可见一斑。

我来时船舶工程学院已经有三届学生。2006级一个班，是从其他专业转来的；2007级、2008级是以机械设计制造及其自动化专业（船舶方向）的名义招收的一个班。2009级以后才以船舶与海洋工程专业正式招生。2006级学生毕业时，就是从船舶与海洋工程专业毕业的。

由于最初是以机械设计制造及其自动化专业（船舶方向）招生，培养方案也是在机械专业培养方案基础上加入若干门船舶课程形成的，我来后承担的一项重要工作就是制定船舶专业自己的培养方案。除了正常的为低年级学生上课外，当时还要为执行早期培养方案的高年级学生补船舶专业的主要课程，2010年春季学期曾经出现过4个年级同时分别上“船体结构与制图”的情况，由刚入职的于昌利老师和鲁国春老师讲授。

当时学院党政领导对船舶专业建设非常重视。实习是专业培养中的重要环节，我刚来时跟周边船厂不熟悉，刘文剑院长和李哲副院长就亲自联系威海的船厂，张颖书记亲自带队实习，保证了前几届学生的认识实习和生产实习顺利进行。聂武副院长也利用他在船舶界的名望，为专业与相关船舶企事业单位建立了联系。

在稳步发展中不断跃升

随着教师队伍的壮大，船舶专业的教学工作开始步入正轨。2011年船舶与海洋工程学科一级硕士点获批，从2012年起正式招收硕士研究生。2012年成为学校“985”重点建设学科，2013年船舶与海洋结构物设计制造列入山东省“十二五”重点建设学科。王大政老师在海洋能利用方面卓有成效，先后承担了国家海洋局（现自然资源部）的多项海洋能利用装置的研发项目，促进了工信部和国家海洋局签署共建哈工大船海学科的协议，也带动了船舶学科的科研工作。

这一阶段，校区对学科建设非常重视，在人才引进、学科建设等各方面都给予了支持政策。校区专门组织召开船舶学科人才引进工作会，冯吉才教授在威海校区开拓水下焊接新方向，助力船舶学科发展。轮机实验室、敞水动力仪等也是这一时期批复建设或购置的。

2015年后，校区明确提出船海车特色学科发展的战略，对船舶学科的建设提出了明确要求，船舶学科逐渐形成了海洋工程水动力、船舶安全性与安静性、水下装备等科研团队。船舶学科的科研条件也日渐完备，尤其是拖曳水池和综合水池的建设，标志着学科的科研基础条件已经具备，为学科的进一步发展奠定了基础。

2020年4月18日，船舶与海洋工程学院与土木工程系合并为海洋工程学院，学科又开始了新的发展，确定了新的建设目标：打造面向海洋的国之重器，培养经略海洋的杰出人才。

办学十八载成果初现

18年来，在校区的大力支持下，在兄弟学科专业的帮助下，在船舶专业教师的努力下，初步取得了一些成果。2020年，专业获批第二批国家一流专业建设。

科研方面，与国家海洋技术中心共建国家海洋综合试验场（威海），建设了山东省船舶设计与装备工程技术研究中心等6个省级科研平台，2024年“高端船舶与海工装备山东省学科创新引智基地”获山东省科技厅批准建设。先后承担了国家重点研发计划、国家自然科学基金等国家级、省部级项目100余项。充分发挥哈工大工科优势，突破了多项关键核心技术，成果成功应用于“百台万吨”深远海养殖网箱、载人潜水器、高端客滚船、大型船舶主机、南海信息浮台等国家重大工程。

教研方面，2023年，作为第一核心地位申报的“服务现代海洋产业的船舶与海洋工程专业发展共同体建设与实践”获得山东省普通本科高校重点领域教学改革试点项目，单位成立服务现代海洋产业的山东省船舶与海洋工程专业发展共同体并担任理事长，实现省内开设船舶与海洋工程专业全部8所高校的“实体联盟+虚拟教研”的教学共享共建双轮驱动。近5年，通过组织带动和积极申报，船舶系获批并结题教育部主题案例建设1项，主持省部级教学改革项目10余项、校级教学改革项目20余项。“船舶结构力学”获批山东省一流课程，“船舶结构振动噪声控制技术”获批山东省课程思政示范课程，同时获得多项校级优秀课程。教学成果方面获国家教学二等奖1项、山东省教学成果一等奖等省部级奖3项、校级教学成果奖3项。

在高层次人才方面，现有国家教学指导委员会委员1人、国家级高层次人才1人、山东省教学名师1人、泰山产业领军人才等山东省高层次人才5人。学院被评为“山东省黄大年式教师团队”，智慧海洋工程装备技术创新研究团队获评山东省高等学校“青创人才引育计划”。毕业生获得中船集团的沪东、江南、外高桥等多家用人单位好评，船舶与海洋工程中外合作办学首届毕业生继续深造的学生占比高达91.18%。

回望专业建设的18年，仿佛就是瞬间的事情。与校区其他传统优势专业相比，船舶专业还处于成长期，相信在校区党政领导的带领下，未来船舶专业一定会在海洋强国和山东海洋强省建设中做出更大的贡献。

（作者系图书馆馆长，曾任船舶工程系主任、海洋工程学院副院长）

匠心筑梦的土木工程系

□ 邱志贤

山东是中国经济大省之一，进入“十一五”后，山东的基础设施建设不断加速，对土木工程领域的专业人才需求日益提升。哈工大土木工程学院历史悠久，享有盛誉。因此，校区于2006年底启动土木工程专业的筹建时，时任校区副校长钟诗胜同志就多次强调，要充分借助校本部土木工程学院的专业实力，把土木、道路和桥梁融合到一起，在威海校区建立有土木工程背景的大土木工程专业。

按照学校安排，我和校本部土木工程学院副院长吕大刚老师作为主要筹备人，负责编写土木工程专业建筑工程方向和道路桥梁工程方向的本科生培养方案并制订教学计划。2007年，我从哈尔滨来到黄海之滨，开始了与威海校区土木工程系的第一次接触。

教师队伍的成长之路

2007年秋季学期开学，威海校区土木工程系成立，由吕大刚兼任系主任，我担任副主任并负责日常管理工作。当年招收两个本科班共65人。

土木工程系成立初期，专业教师队伍组建是头等大事。钱宏亮是在校本部博士毕业后第一个到土木工程系任教的专业教师，这两个班就由我和钱宏亮担任班主任。由于办学条件有限，我们特别理解和关爱这些学生，对他们的问题都耐心倾听、热心解答，也赢得了学生的尊重和喜爱。2008年3月，国家教学名师王焕定教授到威海校区工作，他亲自讲授“结构力学”课程，并组织筹建了结构力学实验室，为校区土木工程专业的教学科研和后续发展出谋划策。我们先后聘请了几位有名望的校本部老教师给土木工程专业学生授课。在毕业实习阶段，威海校区土木工程系的学生都是与校本部对应专业的学生搭伴完成，促进了两个校区之间的学生交流，也帮助我们的带队教师更深入地了解了校本部的专业建设情况。

2009年9月，原哈建大副校长张耀春教授就任土木工程系主任，2011年王幼清教授从校本部调到威海校区工作，一批年轻老师加入教师队伍。令人骄傲的是，土木工程系所有在职教师均具有博士学位，这在当初的校区也仅此一例。沈世钊、谢礼立两位院士也多次应邀为学生做学术讲座，开阔了学生视野，激发了学生的专业兴趣。

2012年5月，系新一届班子成立，王幼清教授担任主任；2018年，系领导班子换届，钱宏亮教授任系主任。2018年和2019年，威海校区自己培养的本科生陈德珅、赵国臣先后博士毕业并加入土木工程系教师队伍，实现了教师队伍的自我造血补给。2020年5月，土木工程系与机械学科和船舶学科合并成立海洋工程学院，进入了新的发展阶段。

这些年来，土木工程系教师队伍不断壮大，师资水平也不断提升。董科和边文凤分别于2011年和2017年荣获全国徐芝纶力学优秀教师奖，陈再现和曾森先后于2014年和2016年荣获全国工科结构力学及弹性力学课程青年教师讲课竞赛二等奖，张耀春教授主编的《钢结构设计原理》于2018年入选全国普通高等教育精品教材，陈德珅于2022年荣获第三届全国土木工程专业青年教师教学竞赛一等奖，钱宏亮教授于2023年荣获全国五一劳动奖章。

一路走来，我对土木工程系的发展和壮大历程深有感触。是学校一批批经验丰富的老同志、充满活力的青年教师和优秀博士生陆续到威海校区土木工程系工作，才使得哈工大土木工程的优良传统在威海校区生根、发芽和成长，哈工大“规格严格，功夫到家”的精神旗帜才得以在黄海之滨延续和飘扬。

专业建设与人才培养

2008年，校区拨款30万元用于专业实验室建设，马新伟老师负责筹建土木工程材料实验室和测量实验室，基本满足了两门课程的实验需求。后来，我们又争取到第二批专业建设经费建成了专业计算机房，方便了土木工程专业本科生上机制图和实习。

这些年来，土木工程专业发展脚踏实地，一步一个脚印。2012年，土木工程系荣获哈工大先进集体称号。2018年5月土木工程专业通过教育部本科教学工作审核评估，2019年8月土木工程专业获批成为山东省一流学科专业建设点，2021年11月土木工程系同步参加哈工大土木工程专业工程教育专业认证考察并顺利通过，这是对土木工程系办学的充分肯定和认可，更加坚定了我们不断前进的信念。

这些年来，土木工程专业的毕业生综合素质扎实，作风优良能打硬仗。自第一届学生开始就形成了“规格严、学风正、功夫硬”的传统，升学率保持在45%左右，很多同学被保送到校本部以及其他知名高校继续攻读硕士、博士学位，很多导师都反馈威海校区的学生综合素质高。2010年土木工程系首届学生代表队参加全国首届混凝土设计竞赛并荣获全国二等奖，给了我们非常大的鼓舞。2019年，土木工程系学子荣获第十二届周培源大学生力学竞赛“理论设计与操作”团体赛全国一等奖（全国第2名）、“基础力学实验”团体赛全国一等奖（全国第3名），让我们感到非常自豪。2023年，土木工程系学子在全国大学生结构设计竞赛中摘得一等奖。这些竞赛让威海校区土木工程系的名字出现在全国多个舞台。

高起点科研与平台建设

土木工程系成立之初就明确，除了为国家和地方培养人才以外，还要充分利用威海校区临海的优势，突出海洋特色开展科学研究，与校本部形成优势互补。

为了加快土木学科的建设，2009年12月哈工大土木工程学院召开了首届“一校三地共建土木工程学科会议”，确定了资源共享、优势互补，共同促进哈工大土木工程学科发展的总体思路。2012年，威海校区承办第三届“一校三地共建土木工程学科会议”，校本部和深圳研究生院土木工程学科领导和教师第一次到威海交流和指导，感受威海校区的自然风光，也为校区土木工程学科的发展出谋划策。至今，许多老师仍然与另外两个校区保持着联系和合作。

科研平台是开展科学研究的重要支撑。在土木工程系成立伊始，沈世钊院士科研团队就在威海校区成立了空间结构研究中心，为土木工程系教学科研并重型发展和打造高起点科研平台打下了良好基础。2008年1月，由国际地震工程协会副主席、中国工程院院士谢礼立任名誉主任的土木工程灾害与防御研究中心成立。2013年11月，由李惠教授（现为中国科学院院士）担任名誉主任的近海工程结构研究中心正式成立。

研究生是科研事业的有生力量。根据第二届“一校三地共建土木工程学科会议”的建议，威海校区土木工程系开始申报硕士学位点，结构工程硕士点于2010年7月获批，并与校本部联合培养结构工程和工程力学专业的博士生。2012年5月，土木工程系第一届工程硕士招生22人，其中威建集团11人，为威海当地建筑企业人才素质提升提供了“家门口平台”。如今，当初的工程硕士毕业生早已经成为各部门的领导和骨干，一直与威海校区保持着密切联系，他们为在校本科生实习、专业硕士培养提供了非常多的机会和支持。

实验设备是科研事业的重要支撑。土木工程系成立之初，只有几台具备基本性能的试验设备和冻融循环试验机，老师和同学们只能到材料学院、省内高校和校本部开展试验。后来在校本部的支持下组建了两个大型自平衡反力架和加载设备，基本解决了构件力学性能试验的难题。老师们也利用科研经费和企业赞助接连购置并升级试验设备，减少了研究生异地做试验的奔波之苦。2017年4月，“土木工程结构与防灾实验室”获批山东省高等学校重点实验室。尽管不少大型试验仍然需要到校本部土木工程学院实验中心进行，好在一校三区的跨学区交流通道已经打通并运行良好，师生差旅往返也非常便利，学生还能在校本部学习生活一段时间，也算乐此不疲了。

土木工程系的科研是在校本部院士、国家级高层次人才的引领下开展的，起点高、定位清晰，收获也比较喜人。自2011年起，徐龙军、边文凤、钱宏亮等先后荣获国家级科技进步奖一、二等奖各1项，省部级科技进步奖5项。同时，土木工程系依托各研究中心和平台，与威海中复西港船艇有限公司共建“山东省玻璃钢船艇工程技术研究中心”。这些联合中心和实验室的成立，对助力我们融入威海、服务山东和面向国民经济主战场发挥了重要作用。

新时期的方向与展望

威海校区土木工程系始终瞄准国家重大战略需求、国际前沿科学技术问题，结合威海校区的区位优势和围绕“海洋”的办学特色，积极服务于山东省蓝色经济区的建设与发展，形成了基础理论扎实、专业知识宽广、实践能力突出、具有协作创新意识和国际视野的专业人才培养特色。近年来，以威海校区“一个蓝色，二个智慧，三个重点，四新优势”的特色发展规划为指导，土木工程系在继续传统土木学科方向的基础上，瞄准海洋土木工程方向，突出海洋特色，为哈工大土木工程学科的发展提供新增量。

土木工程系自成立以来，已完成国家级或省级纵向科研项目60余项，横向课题60余项，在国际知名期刊共计发表论文240余篇，在《土木工程学报》《建筑结构学报》《振动工程学报》《工程力学》等国内知名期刊发表论文200余篇，出版教材与学术专著10余部。相关成果获得国家科技进步奖2项、省级科技进步奖5项，其他社会力量科技奖20余项。

站在2025年的门槛回望，威海校区40年砥砺风雨，土木系18载劈波斩浪，恰似一部波澜壮阔的史诗。既有山的坚韧，又有海的包容，站在山海交汇处，土木工程系的每一步都浸透着汗水，也绽放着希望。这片土地教会我们：真正的工程，不在钢筋混凝土中，而在代代相传的匠心与信仰里！

（作者系土木工程系原副主任）

语言文化教学的初心与使命

□ 史光孝

语言是沟通世界的桥梁，是文化传承的载体，更是教育领域中不可或缺的重要组成部分。在时代的浪潮中，威海校区的语言文化教学历经40年的风雨兼程，从无到有，从小到大，一路砥砺前行。回首往昔，那些筚路蓝缕的开拓者用智慧和汗水浇灌出语言文化教育的繁花；展望未来，语言文化教育肩负着新的使命，将在新时代的征程中继续奋勇前行，为培养具有国际视野和卓越能力的高素质人才而不懈努力。

追寻从无到有、从小到大的开拓脚步

1988年校区（时称威海分校）第一届学生入学时只有两位英语教师，都是从校本部来威海工作的，属于当时的公共基础课教研室。两位老师承担了两个专业7个班205名学生的英语教学任务，每周4学时英语精读课和2学时泛读课，一个学期将近800学时。

1989年曹菁老师和颜英俊老师到校工作，因为英语课同时在两个年级开设，所以几位老师的工作量仍然非常大。从1992年开始基本上每年增加一位英语教师，张敏、陈忠良、夏清文等老师陆续到学校工作。以上各位老师是校区英语教学的开拓者，他们在当时的艰苦条件下承担了大量的教学任务，为校区早期的人才培养做出了贡献。

1996年校区首次招收英语专业专科师资班66人，主要为山东省各地市培养中小学英语师资，开启了专业学生的培养之路。如今，这批学生已经成为山东省各地市中小学的骨干教师，很多还走上了所在学校的领导岗位。1997年校区面向全国各省份招收英语专业本科生60人，办学层次又上了一个新台阶。

为了适应教学的发展，从1996年开始英语教师引进速度加快，英语教学从公共基础课教研室独立出来，历经了英语教研室、人文系、外语系和外国语学院等建制的变化。

为发挥毗邻韩国的区位优势，更好地对接国家的对外开放政策和服务区域经济发展，2007年开始招收韩国语专业和汉语言文学专业本科生，开始了多语种人才的培养工作。2011年校区对办学资源和力量进行整合，外国语学院和人文学院合并组建了语言文学学院，语言专业的办学力量不断发展壮大。

追念勠力同心共克时艰的创办岁月

我是1996年到校区工作的，正好赶上英语专业准备招生。当时英语专业的办学条件极为有限，别说语音室，就连图书资料室都是空白，英美国家的外教也没有。我们通过个人关系找了一位居住在威海的印度尼西亚外教Linda来给学生开设英语口语课。

为了让学生们能接触到原汁原味的英语和练习听力，系里通过学校向威海市主管部门申请在B楼的楼顶安装了一套卫星地面接收系统装置，这样学生就可以在教室收看国外的新闻节目。为了节省费用，卫星接收系统装置底座安装所需要的水泥、砖块和沙子等材料都是当时的系主任带着我们几个年轻教师去采购、爬上爬下运送到B楼楼顶的。

为了解决语音室的问题，系里申请了专项经费，我们到上海普陀区的语音室制造厂家和对方反复沟通，以最优惠价格订购了一套语音室设备。新的教学录像带价格昂贵，我们就在采购完语音室设备后到上海外国语大学的电教室复制后再带回威海。获悉中国国际图书贸易总公司要低价处理一批英文原版图书，系里马上组织安排几位老师到青岛选购，购置了几千册英文原版图书，解决了图书资料室从无到有的问题。

2007年朝鲜语专业办学的图书资料建设也借鉴了类似的做法，韩国驻青岛总领事馆捐赠了一批朝鲜语专业图书资料。

当时的条件虽然艰苦，但老师和同学们心往一处想，劲往一处使，一心想把专业办好。系里给每个班级分配了专用教室，集中在B楼的四楼，老师们的办公室也设在同一楼层，这样老师们和学生们除了课堂以外，每天都可以见面，老师们从学习、生活和情感上关心关注学生，学生们有困惑和想法也会及时和老师们沟通，效果非常好。

追求“教学为要，质量为先”的教育目标

校区创办之初底子薄，要想在短时间内立足进而有一定的影响力，就需要把教学和人才培养的工作做好。这是建校之初全校上下的共识，这一点在外语老师身上体现得更为充分。

老师们坚持集体备课，共同研究教材和教法。青年教师到校工作后安排有经验的老教师做指导教师，使其不仅能够快速通过教学关，在很多方面也得到较快的成长，这种“传帮带”的做法一直延续到现在。以我自己为例，在跟着夏清文老师学习的几年里，恰好赶上3本教材和教辅材料的编写工作，从材料的选择到练习题的编写我全程参与其中，系统梳理了英语语法体系，为我后来通过硕士和博士的英语能力测试打下了坚实的基础。

与理工科教师不同，语言专业教师中哈工大本校毕业或有哈工大学缘关系的不多，绝大多数来自全国不同院校，可以用“五湖四海”来形容。但无论学术背景如何，老师们加入哈工大后都秉承“规格严格，功夫到家”的校训，自觉加强对学校的认同感。教师们潜心教学，钻研教学，真正把教学放在最重要的位置。2007年汉语言文学专业开始招生，时任校区宣传部部长的杨东霞老师辞去了部长职务，转任专任教师，教学中她对学生关爱有加，被学

生们亲切地称为“杨妈妈”。朝鲜语外籍教师朴昌镐十二年如一日，为朝鲜语专业人才培养倾注了大量心血。多年来我们坚持小班授课的做法，语言专业的主干课程比如精读、口语、语音和听力等授课班级人数控制在15人以内，教学质量和人才培养质量不断提高。学院连续多年在校区院系本科教学工作状态综合得分中名列前茅，其中2015、2016连续两年位列第一。

教师队伍不断壮大，教育形势快速变化，但不变的是老师们对教学质量的坚守和追求，“教学为要，质量为先”的传统一直得以延续。老师们在课程建设、教材编写和成果凝练等方面投入了大量的精力，取得了一系列可圈可点的成绩。大学英语教学构建了以“核心课程”为主体，以“泛在英语学习环境”和“英语创新竞赛”为支撑的三元协同大学英语教育体系，为理工科高校的人才培养提供了重要的支撑作用，大学英语教学相关成果2022年获得山东省教学成果一等奖，《大众日报》以《“三翻转”让英语教学结硕果》为题进行了专题报道，引发了广泛关注。“大学英语”和“通用英语B”2021年和2024年分别获评山东省一流课程。由我们主编、外语教学与研究出版社出版的《新一代大学英语视听说教程》在北京语言大学和北京交通大学等全国200多所高校使用，累计发行量超过100万册，2023年获评山东省高等教育一流教材。“研究生英语”2022年获评山东省课程思政示范课程。在中国管理科学研究院组织的全国院校韩国语专业评价中，我们与北京大学、复旦大学等高校处于同一方阵。

追梦“文明互鉴、强国有我”的民族复兴

我们的语言教育取得了良好的效果。2018年英语专业学生专业八级口语考试100%通过（全国平均通过率56%），优秀率更是达到了15.4%（全国平均优秀率0.6%）。2020级学生王骏扬在英语专业四级考试中获得全国最高分，学生们先后四次在全国大学生英语辩论赛中获得一等奖，2013级朝鲜语专业学生杨淇淇获得“锦湖韩亚杯”中国大学生韩国语演讲大赛亚军。

从语言专业人才培养的特点出发，在办学过程中坚持国际化办学理念，不断完善“国际化+复合型”的办学特色。通过交换学习、假期研修、实习实践和联合培养等多种形式，与国（境）外高校广泛开展学生联合培养项目，致力于培养家国情怀和全球视野兼具的国际化人才。

英语专业学生可以到美国密苏里大学堪萨斯分校进行一学期或者一年的交换学习，学生可以选择homestay（家庭寄宿）的形式住宿在当地人家庭中沉浸式体验异域社会文化。韩国语专业从2007年招收第一届学生开始就实行全员国际化的培养模式，所有学生以1.5+1+1.5的形式培养，即前三个学期在校区学习，第四、五学期到首尔市立大学、仁荷大学和亚洲大学等韩国高校交换学习，第六至八学期回到校区学习。在此基础上从2017级学生开始我们与釜山大学开展2+2学生联合培养，学生前两年在校区进行韩国语和工商管理课程的学习，后两年在釜山大学进行经营学专业的学习，学生成绩合格授予两校学士学位。

学院积极鼓励学生申请到联合国总部、世界资源研究所、欧洲博物馆学会和亚欧文化组织等国际组织实习。设立“知行合一”奖学金，对积极参与国际化活动的学生给予鼓励，学生们参与国际化的热情不断高涨。2024届毕业生国（境）外升学率达27.5%，全年出国（境）学生35人次，参加各类国际化项目46人次，参加国际组织实习8人次，具有国际化经历的学生占在校生的比例达到51.5%。这些经历极大地开阔了学生的国际视野，提升了他们的跨文化沟通能力。

我们所培养的毕业生具有良好的综合素质、扎实的语言基本功和很强的跨文化沟通能力，他们熟练使用语言从事涉外行业、教育教学、学术研究等相关工作，在各个领域都取得了优异的成绩。他们中既有任伟（北京航空航天大学教授、博士生导师）这样的全球高被引学者，也有吕琪（宝洁中国人力资源部总监）这样的企业高管，还有孙红卫（江苏苏美达工程设备有限公司总经理）、王艳伟[华普特科技（深圳）股份有限公司董事长]这样的企业负责人。

近年来，社会的快速发展催生了语言教育的巨变。察势者智，驭势者赢。语言教育必须顺应时代潮流，顺势而为，因时而动。然而，无论时代如何变迁，接续奋斗的精神不能丢，艰苦努力的传统不过时，质量为先的理念要坚守，追求卓越的品格要发扬。新时期，新使命，新作为，语言学科在构建校区“大通识”教育体系和国际化战略中将更好地担当作为，发挥基础支撑作用。

（作者系语言文字学院院长、基础教学部主任）

大学体育课的“记忆”

□ 周文福

大学体育是大学生人人必上的公共必修课程，从能开出课到开出受学生欢迎的好课，校区大学体育课程从小到大、从弱到强，一步步走到今天。

星星之火可燎原

1988年校区首届招生之际，体育教学组也随即成立，属于公共基础课教研室，两名教师承担起了全部体育教学任务，开设田径、太极拳、体能训练等项目，周教学工作量超过20学时。

1989年又有3位老师来到校区，开设的体育项目增加了乒乓球、篮球和拳击选修课，建起了学生篮球队。这一年的6月份，老师们开始在金海滩海水浴场给89级的学生上游泳课，在海水里上游泳课是一大特色，同时也展现出学校和老师们敢于担当、迎难而上的勇气。

1994年新老师来校后增加了轮滑、排球和健美操课，还增加了女生的篮球课，进一步丰富了体育教学内容，学生对体育课的满意度也越来越高。2023年我去上海学习期间遇到了一位威海校区97级的校友，他说起当年教过自己的包建勋老师，并在包老师的影响下养成了定期打乒乓球的习惯，这可能是对一名体育老师最高的褒奖了。

当时的威海校区几乎没有什么体育设施，D楼后面的篮球场、A楼前面的黄土地就是全部的体育场地，很长时间运动会都是在一片黄沙绿草上平整出来的场地上举行。就是在这样艰苦的条件下，老师们坚持下来，努力教好学生，积极拓展办学资源。校本部也雪中送炭，送来了一批急需的教学器材，为分校体育教学工作的快速发展提供了巨大的帮助。

并肩作战谋发展

为了适应威海分校办学规模的不断扩大，从1995年起体育教师的引进速度加快，增加了足球、武术、散打等运动项目，还增强了田径、篮球的教学力量。1995年在原体育教学组的基础上成立了体育教研室，1998年体育课开始实行普修与选项相结合，学生可以根据自己的兴趣和特长选择一个体育项目进行提高性学习。

那段时间老师们在课程建设方面的积极性都很高，但场地器材仍是制约体育教学发展的主要因素。一年一度的田径运动会就成了体育老师展示智慧的舞台。据王建军老师回忆，那时田径场是煤渣跑道，每次有比赛特别是校运动会这种大型活动，体育老师都要自己画场地，大家一起捡石子、量尺寸、撒白灰，干得不亦乐乎，可有时前天下午画好了场地晚上又下雨了，第二天早上还要重新画，但没有人抱怨。王丹佳老师在荣休仪式上深情地说，看看当年的老照片，仿佛那激情燃烧的岁月就在眼前，希望年轻老师不要丢了艰苦创业的传统，一定把校区体育工作干好，争取取得更好的成绩。

2001年在原体育教研室的基础上成立了体育教学部，2002年校区更名后体育教学工作也加快了发展的步伐，师资力量进一步壮大，体育设施“鸟枪换炮”。2003年，拥有400米塑胶跑道和标准的人造草皮足球场、能容纳8500人的体育场建成，从此成为举办全校大型活动的主要场所。体育场周边还设有室内乒乓球室、健美操室、健身房、体质健康达标测试中心等，校区体育教学设施上了一个新的台阶。随着体育师资力量的增强和体育设施的不断完善，2002年开始在大一、大二学生中全部实行体育自主选项课，同时教学内容也增设了学生喜欢的网球、健身、太极拳等项目，还面向全校学生开设了体育舞蹈、现代礼仪与健身、跆拳道、武术套路、球类裁判等深受广大学生喜欢的体育选修课。

勤耕不辍创佳绩

随着大学生对体育课要求的不断提高，校区新进教师的学缘结构、运动等级也不断优化。2003年以来先后从北京体育大学、天津体育学院、沈阳体育学院、山东师范大学、山东体育学院、西安体育学院、哈尔滨体育学院、华中师范大学等引进多名教师。2011年入职的毕剑峰老师是前CUBA西北工业大学队明星运动员，2017年带领威海校区篮球队获第二十届CUBA中国大学生篮球赛山东赛区阳光组亚军，开启了校区业余体育运动训练的序幕。杨勇从小喜欢功夫，从西安体育学院毕业来到校区成为一名跆拳道主讲教师，他曾连续8年学生评教A^+，获评哈工大优秀思想政治工作者、哈工大优秀社团指导教师、威海校区立德树人先进个人、“我爱我师——我心中的好老师”等荣誉，是体育教学部妥妥的“明星”老师。

这一期间校区体育课程建设进入了快速发展阶段。从“二段式”教学模式到“体育教学俱乐部管理模式”，再到“课内外一体化管理模式”，通过实践后再到“新的体育课程观”，校区体育课程建设一步一个台阶，终于迎来了收获的喜悦。2010年“大学体育”课程被评为山东省精品课程，2011年“拓展训练”课程获黑龙江省教学成果二等奖，2012年大学体育系列课程教学团队获山东省优秀教学团队称号，2017年在科学出版社出版“十三五”规划教材。2015年以来共参加了四届山东省高校体育教师基本功大赛，获一等奖8项、二等奖3项、三等奖8项。体育教学部教师累计发表论文100余篇，编写出版大学体育教材6部，获省部级教学、科研立项20余项，科研成果奖2项、出版各类研究著作20余部。佟艳华老师获评山东省教学名师、宝钢优秀教师，当选环翠区第十八届人大代表。

奋勇争先求特色

2017年校区综合球类馆建成，馆内设有篮球场、乒乓球场、羽毛球场和健美操教室，2018年校区拓展训练中心建成，中心设有高空项目、低空项目和场地项目，校区体育课程建设的硬件条件更加丰富。同年体育教学部启动“大学体育课程群建设”，成立了基础课课程群、球类课程群、运动技能课程群。通过课程群建设可以使学生根据兴趣及身体条件选择合适的项目进行学习，以充分满足学生个性化体育培养的需求。2018年韩珂老师来校区工作后，带领校区羽毛球队连续三年获得山东省大学生羽毛球锦标赛男子团体冠军，为校区赢得了荣誉。

2020年哈工大迎来建校百年，体育教学部根据疫情情况制订了网课教学工作计划和网络课程建设实施办法，老师们在开展线上思政教育的同时还录制了居家锻炼视频，使得疫情期间的体育网课更加丰富多彩。贾连堃老师组织的线上活动“我要‘用力’爱你‘100’次”鼓励学生线上挑战自选训练动作“100次”，毕永兴老师组织的线上活动“百人百球传递庆祝百年校庆”引导学生在“100次”传递中感悟百年工大的坚守，一时间爱运动、爱工大的热潮迅速席卷体育“云课堂”。

2021年以来校区体育课程建设进入了特色发展阶段，桨板课、健美操课、户外运动等课程都是一开设就广受好评。我们还通过引培并举，增开了水陆拓展、路亚垂钓、帆船、飞盘、毽球等项目，在提升学生选课满意度的同时，不断将课堂体育教学、课余体育活动、校园体育文化建设紧密结合在一起。这一年也开始尝试给研究生开设体育课，虽然只开设了桨板和羽毛球两个项目，但研究生们的选课积极性都非常高。

2023年校区与国家体育总局水上运动管理中心签署桨板项目推广协议，作为该项目签约的国内第一所高校，我们加快了水上项目的建设，帆船队、桨板队已经在全国比赛上摘金夺银，为校区争得了荣誉。李秀红是北京体育大学博士，2021年来威海校区工作。在她的带领下，校区桨板队自组建以来已经获得了国家级比赛的冠军近20项。2024年校区水上运动中心建成，更为校区水上运动的进一步发展奠定了坚实的基础。

“薪火相传，大道行远。”立足新起点，肩负新使命，体育教学部全体教师必将秉持哈工大“八百壮士”精神，坚守“规格严格，功夫到家”的校训，在教育强国中发挥体育育人的独特作用，助力实现中华民族伟大复兴的中国梦。

（作者系基础教学部副主任、体育教学部主任）

机器人工程专业的特色人才培养

□ 黄博

我是1997年作为研二学生随本部汽车学院搬迁至威海校区的，1998年4月提前留校当了老师，先后为车辆、机械和机器人等专业开设过近20门课程，担任过“机械设计制造及其自动化”专业的负责人，也负责从头开始建设“机器人工程”专业。值此校区办学40周年之际，特撰此文回溯校区机器人工程专业的人才培养发展历程。

机器人工程专业的创建渊源

哈尔滨工业大学机器人研究所成立于20世纪80年代，由蔡鹤皋院士等知名学者领导创建，依托机械工程、自动化、计算机科学等学科优势，逐步发展成为国内外知名的机器人研究机构，并领衔建设了机器人技术与系统国家重点实验室，为中国机器人领域输送了大批高素质人才。

2004年，在蔡鹤皋院士的支持下，威海校区成立了机器人研究所，蔡院士亲任名誉所长，并指派本部机器人研究所所长孙立宁教授兼任威海机器人研究所所长，威海校区李哲教授任副所长，负责培养威海校区的机器人研发力量。孙立宁教授指导的博士生先后成长为副教授和教授，这批学生指导的博士生毕业留校又成长为校区的讲师和副教授，正是该研究所带出了威海校区机器人工程专业的主体师资队伍，也是这批人后来创建了机器人工程专业。

2017年3月，时任威海校区校长徐晓飞教授作为教育部新工科研究与实践专家组成员，认为威海校区作为哈工大“一校三区”办学格局的重要组成部分，应该及早推行“新工科”教学改革与建设，并得到校本部的同意。他在系统分析国家新工科战略、威海校区的现有专业布局和人才培养发展特色之后，召集校区各学院与学科主要负责人商讨，同时邀请老校长杨士勤、强文义和校本部多位名师专家审定，最终敲定了威海校区新工科路线图，确定了“机器人工程”“智能车辆”“网络安全”等具备深厚的科研底蕴和未来战略需求的6个方向作为首批新工科专业，并立即着手筹建。我当时担任船舶与海洋工程学院院长，邀请李哲教授和我一道筹建新专业。

何以为“新工科”

关于新工科人才的培养应该如何开展，李培根院士的观点很有代表性，他指出“新工科”的目的是培养能够适应，甚至引领未来工程需求的人才。因此，结合教育部的要求与新工科人才培养的体系，充分考虑哈工大在机器人方向的特色，我们在进行机器人工程新工科专业的培养目标设计时，更加注重“新素养”和“新结构”，而在培养模式过程中则采用更为科学的“新方法”来达成新工科人才培养目标。

机器人工程是一个典型的多学科交叉工程，该领域的综合型、创新型人才需要具备“机械、自动化、计算机”三个学科领域的知识与能力。其中机械结构是机器人的底层坚实支撑，完成各类任务需要设计相应的机构，且应提供其动力学模型以实现更佳的控制性能，所以机器人工程专业的学生应具有机构设计能力与动力学建模能力；控制系统是衔接底层机构与上层交互软件的核心环节，要提供各种传感通信方式，且实现机器人的鲁棒控制，所以机器人工程专业的学生应具有传感检测、自动控制等相应知识结构与解决问题的能力；机器人的智能化发展趋势越来越显著，多机互联乃至基于大数据背景的人工智能交互是机器人的智能化目标，所以机器人工程专业的学生应具有计算机与嵌入式系统的编程能力与人工智能技术的相应知识结构。

本着哈工大“去重（chóng）、去重（zhòng）、去陈”的总要求，我们将原有课程按知识点打开，重新修订各门课程的知识体系，优化课程与具体的教学设计，尤其强调“制定若干机器人问题案例库，在每门课程适时推出问题引领学生的建模能力，启发其思考与关联，以更好达成解决问题的能力要求”。

人才培养能力达成与条件建设

在能力培养过程中，所有的本专业课程与跨专业课程均单独开课，采用独立的课程大纲进行教学，课程由机器人专业老师与交叉学科授课老师共同承担。开课前先结合机器人工程的实际案例设计若干个问题库，并通过层进式引入问题来不断启发学生联想与思考，尤其重视其数学建模能力。部分课程引入MOOC/SPOC方式开展翻转课堂教学，进行小组式研讨与去中心化教学。每门课程结课后都有学生问卷调研与教学目标达成度评价，据此评价完善下一环节的教学过程。

能力培养特色更多体现在实践环节的培养过程，我们根据能力培养目标制定了“层进式的项目驱动实践环节能力培养体系”：大一学年主要是大一年度项目计划和创新设计，要求学生具备“机器人系统级的基本理解能力、机器人3D建模能力”；大二学年主要有2个课程设计，学有余力的同学可以参与创新实验室和科创竞赛，要求学生具备“开放式的机器人创新设计能力、轻量级软件系统开发能力和基本的电控能力”；大三学年有生产实习与2个课程设计，同时可参与多个创新实验室和系列创新赛事，要求学生具备“机器人多传感融合控制与导航建模等能力”；大四学年则有毕业设计和科研实践环节，要求学生具备“独立进行中等规模机器人系统级设计、建模与开发能力”。

比如，2017年开始的“大一机器人创新产品概念设计”，要求学生在4周时间内完成SOLIDWORKS三维建模软件课程和机器人创新产品概念设计两项任务。执行8年来，同学们表示完成该任务虽然压力较大，但收获很大、感受良多，且很大程度调动了学习的主动性与求知增能的胃口，对整个大学学习过程都有较大正向激励。

在师资队伍方面，通过本专业教师与交叉学科老师组队、哈工大一校三区的优秀师资共享、聘请机器人行业企业专家进校讲座、聘任企业兼职导师指导等多种方式建设多学科多元化的教师队伍，形成既贴合机器人工程的教学案例，又具有相应课程体系的教学模式，给学生更大的发展空间和实践锻炼机会。

校内外的科创与实践条件建设方面，利用校内已有的HRT车队等大学生创新平台，实验中心主任罗念宁开发的“多传感器融合的轮式移动平台实验室”、机器人研究所利用科研发展资金捐建的“开放式的机器人构建实验室”、实验中心于东老师建设的“智能船舶实验室”等多个校内实验室，还在威海市优选了9家智能制造示范企业作为认识实习基地，与钱江机器人、江苏汇博机器人、埃夫特智能装备等国内领先的机器人企业搭建了生产实习基地，并在2017—2020年承担了近20项教育部产学协同育人项目，这些都进一步丰富了办学资源。

科研引领卓越人才培养

我们深知一流的本科生必须有一流的视野、一流的问题感和一流的科研实践机会，要带领学生在科研道路上勇于创新、不断尝试，方能培养出卓越人才。

因此，我们首先开拓科研方向，申请前沿方向的国家级课题和国民经济发展过程中的重大产学研课题。近年来，机器人研究所在多传感融合SLAM技术、医疗机器人、水下机器人、农业机器人、软体机器人等方面开辟了多个前沿研究方向，获批了国家重点研发计划、国家重大专项、国家自然科学基金重点、山东省重大专项等百多项课题，建有3个省级科研平台，取得了山东省科技进步奖二等奖等一批科研好成果，帮助企业解决了多个“揭榜挂帅”重大技术需求，并有30多项成果实现产业化。

这些科研课题都成为本科生培养的载体，学生参与实际科研课题的经历也为他们斩获了多个国家级的奖项，2024年在国家最高水平的“挑战杯”全国大学生课外学术科技作品竞赛中，赵建文教授指导的学生队伍从几百支队伍中脱颖而出，一举拿下了全国特等奖。姚玉峰教授指导的学生团队带着“‘神胞妙选’——全自动细胞分选平台”项目参加第十四届“挑战杯”中国大学生创业计划竞赛捧回了金奖，这在哈工大学生课外创新比赛中都是非常难得的成绩。

培养质量的提升得益于多个方面的改进，但贡献度最大的在于“问题空间的引领”“知识结构的优化”和“去中心化的小组式学习方式”开发了学生的学习潜能，让更多同学有能力与兴趣化“被动学习”为“主动求知”，而且相互学习、相互促进。

新的技术与新的业态是不断衍生发展的，我们还需持续不断地将卓越人才培养理念落实到各项具体的工作中去，重视交叉学科知识边界的打磨，不断完善课程建设与问题空间，不负党和国家交给我们的“为党育人、为国育才”使命！

（作者系海洋工程学院教师，现任机器人研究所所长）

与时俱进的能源与动力

□ 郝晓文

我的博士生导师是秦裕琨院士的学生，所以读书期间与哈工大校本部能源学院合作较多，也对威海校区的热能与动力工程专业有一定的了解。2007年12月，我从山东大学工程热物理专业博士毕业后，选择来哈工大（威海）工作。

哈工大的热能与动力工程专业（即原内燃机专业）成立于1987年，是哈工大与一汽、原航天部合作办学的汽车工程学院的两个专业之一，1997年8月随汽车工程学院迁至威海，1998年根据教育部新的专业目录，更名为热能与动力工程专业。

2005年在校本部能源学院的支持下，校区成立能源与环境研究所，由秦裕琨院士任所长，汽车工程学院杨建国教授担任副所长。研究所开展了燃烧与环境治理方向的多项科研项目，如国家科技支撑计划“工业锅炉高效烟气脱硫技术研究”和“链条锅炉室燃技术$PM/NO_x/SO_2$增效脱除技术”等，我到威海工作后也参与了部分工作。在校本部的大力支持下，我们专业教师的科研水平迅速提升，工作热情非常高，示范工程效果也非常好，与校本部的合作也在不断深入。

同时，热能与动力工程专业扩展为内燃机和能源与环境两个专业方向。内燃机属于车用动力，二级学科为动力机械及其自动化，能源与环境的二级学科属于热能工程。两个方向前两年半课程相同，后续的专业课设置上，能源与环境方向侧重于能源转换与利用、热管理、节能与环保，是传统能源与新能源领域的交叉。

能源与环境方向创办伊始，专业课都是新课。为了保证教学质量，本部能源学院派出教师到威海校区协助我们开展部分专业课的教学以及实践环节的指导，保证了本方向教学工作的顺利开展，同时也在师资培养方面起到了传帮带作用。从2006届开始，我们的学生可以保送到校本部能源学院读研，报考能源学院研究生人数也逐年增加，生源质量得到能源学院的肯定。

在与燃烧所持续密切合作的过程中，我们还通过吸引王富强、王成安等老师来校区工作的方式，与本部能源学院航空航天热物理研究所谈和平和帅永教授团队建立了合作关系，研究领域也拓展了强化传热技术、新型热控技术开发、太阳能光热化学转换等方向。教师队伍快速成长，成为教育部创新团队和国家自然科学基金委创新研究群体成员；谭建宇老师入选教育部新世纪人才支持计划、山东省中青年科学家、威海市有突出贡献的中青年专家，并当选为山东省政协委员；王富强老师获得了国家级青年人才、吴仲华优秀青年学者、斯坦福全球前2%顶尖科学家（2022年度、2023年度、终身双入选）、山东省青年人才、威海市有突出贡献中青年专家称号。

2018年5月，校区积极响应国家对可持续能源发展的重大战略需求，面向碳达峰和碳中和的战略规划，根据教育部“新工科”建设方针设立了新能源学院。能源与环境方向的教师和学生全部并入新能源学院成立能源与动力工程专业，同时又新设新能源专业，专业教师也根据研究方向进行了分流。

虽然按照培养要求，能源与动力工程专业的课程设置偏向传统能源，教学架构也已成熟，但随着国家的发展及能源结构的调整，学生培养也要满足行业的发展需求。因此，我们对能源与动力工程专业的课程进行了较大的调整，即在传统能源课程中加入新能源相关课程。我开始上储能课，其他老师也新开设了太阳能、风能和氢能等更符合社会需求的课程，同时还根据教师的科研特色和数字化趋势设置了航天、海洋遥感、Python和数值仿真等选修课和创新课。我们的学生创新能力进步很快，每年都会在节能减排竞赛等国家级比赛中获奖，毕业时保送或考研至上海交大、浙大、西安交大、哈工大等高校，就业形势非常好，社会认可度也很高。

专业的发展不但需要年轻力量，也需要高层次人才，在校区和学院领导的支持下，我们引入了国家级人才吴荣华教授，并聘请其担任学科负责人。吴老师的到来使我们专业的科研水平进一步提高。目前，我们专业在吴荣华和王富强老师的带领下，在国民经济和国防领域共同发力，围绕能源产生及源、网、储、荷的框架下开展创新性的研究。年轻教师入职两年后基本就能获得国家自然科学基金青年基金的资助，2024年学科人均到账科研经费超过200万元。

但是，从全国层面看，能源与动力工程专业面临着社会认可度下降、本科生招生困难的问题。变革势在必行，而且越早越好。所以即使面临很多困难与阻碍，我们也决定尽早进行专业的调整。

校本部也在顺应时代发展，于2022年成立了碳中和科学与工程一级学科，能源学院获批全国首批储能科学与工程专业。因此，在学校和学院领导的支持下，能源与动力工程专业与新能源专业进行交叉融合，在威海校区设立储能科学与工程专业，并于2023年完成了第一批本科招生。校区储能专业与校本部采用相同的培养方案，开设物理储能、化学储能、热储能等课程，毕业生可在能源、动力、环境、汽车、化工、新能源等国家战略性新兴产业领域从事能源和储能相关的工作。这是本专业的第三次重大调整。这次调整顺应时代变革的要求，将使本学科在能源行业有更广阔的发展空间。

随着时代的发展，“能源与动力”的内涵与外延也在发生着变化，唯有主动求变，方能满足国家需求和产业需要。虽然改变自己很难，但只要是利于学生培养、利于学科发展的事情，即使再难，我们也会迎难而上。我们始终坚信，路虽远行则将至，事虽难做则必成。

（作者系新能源学院院长助理）

中英联袂育海工英才

□ 于昌利

2019年10月哈尔滨工业大学与英国思克莱德大学合作开展的船舶与海洋工程专业本科教育项目正式获得教育部批准，2020年秋开始在威海校区招生，2024年有了第一届毕业生。同年9月，该项目接受教育部的评估。2009年我进入威海校区工作，2014年取得韩国蔚山大学船舶工程专业博士学位回国后开始参与此项工作，见证了这一中外合作办学项目从萌芽到茁壮成长的历程。

哈工大与思克莱德大学的合作由来已久。2014年，威海校区聘请思克莱德大学工程学院院长Atilla Incecik教授、轮机工程系系主任周培林教授为兼职教授。2015年4月，任思克莱德大学副校长的Atilla Incecik再次访问威海校区，与徐晓飞校长商讨举办“2015海洋科学与船舶工程国际研讨会”，中英双方共同牵头发起“海洋科学与技术国际论坛（ISOST）”，至今已成功举办了7届。2015年7月，威海校区聘请Atilla Incecik教授为船舶与海洋工程学院院长，着手开始申请船舶专业合作办学项目。

双方一直保持着良好的人才互访与科研合作往来。2016年至2017年，共有7名思克莱德大学本科生参加哈工大举办的“陆海空国际暑期学校”；2017年至2018年，共有8名哈工大学生进入思克莱德大学造船、海洋和轮机工程专业学习。Atilla教授2017年入选山东省“双百外专计划”，2018年获评威海市友谊奖。王大政教授团队和思克莱德大学Atilla教授团队在潮流能发电领域合作密切，每年有两名以上教师互访学习授课。

2020年首批学生入学后，在海洋工程学院党委的领导下，我们成立了船舶与海洋工程中外合作师生党支部，从最初的几名党员教师和学生党员，发展成为覆盖中外合作办学核心群体的基层党组织。针对中外合作办学的特殊性，党支部通过专题党课、组织生活会和“一对一”谈话等形式，引导学生正确认识国际形势，强化文化自信。对于那些即将赴国外学习的学生，党支部更是严格落实思想教育工作，确保他们在国外也能保持政治上的坚定和思想上的清醒。

在教学管理方面，我们积极引进和借鉴英方院校的先进教育理念，致力于培养具备国际视野、跨文化适应力和专业技能的复合型人才。我们深知，只有让学生具备自主学习能力、创新能力、团队合作精神以及实践能力，才能在全球化竞争环境中立于不败之地。因此，我们引进了大量国外优质课程，优化了教学模式和教育方法，采用互动式教学、项目驱动学习和小组合作学习等先进方法，不仅增强了课堂的互动性和实践性，更激发了学生的自主学习和创新能力。在毕业设计环节，我们采用“外方教师主要指导+中方教师辅助指导”的联合指导模式，确保学生的研究方向具有全球视角，同时又能结合本土化的文化背景和实践应用。为了确保培养质量达到国际标准，我们还积极引进了国外权威的认证体系，对课程内容、教学方法、师资力量以及评估机制进行了全面优化与提升。

立德树人是人才培养的根本任务。我们始终坚持把正确的政治方向和价值导向贯穿学生培养全过程，通过党建带团建，引领青年学生不断增强社会责任感和使命感。同时，重视强化学生的实践能力和创新精神的培养，组织学生走进知名企业开展实习实训、邀请行业专家进校开展思政实践课，引导学生深入了解行业现状，提升专业自信。

国际化交流合作方面，我们始终注重将国际先进的教育理念与中国的教育实际有机结合，定期举办国际学术会议，不断拓展学生的国际化视野。同时还积极与国外高校和研究机构开展战略合作，共同申报与研究国际科研项目，不断扩大双方科研领域的深度与广度。中英双方共同牵头发起国际论坛、申报引智引才基地以及承担教学改革试点项目，不仅提升了学院的国际影响力，更为学生们提供了更多与国际接轨的机会和平台。2025年船舶与海洋工程专业获批山东省学科创新引智基地。

值得欣慰的是，首批中外合作办学项目共有34名学生，毕业时有31人继续深造，其中22人进入全球前100位高校，在全国海洋航行器设计与制作大赛、全国大学生节能减排社会实践与科技竞赛、中国桨板瑜伽公开赛等各类比赛中累计获得国际和国家级奖项30余项。他们的优异成绩和出色表现，不仅为学院赢得了荣誉，更为我们未来的招生和人才培养工作打下了坚实基础。

未来，我们将继续秉承“规格严格，功夫到家”的校训精神，为培养更多具备家国情怀和国际视野的新时代优秀人才而不懈努力。

（作者系海洋工程学院副院长）

那些我们一起“造星”的日子

□ 罗清华

2024年2月3日，这个镌刻在团队每个人心中的日子——

11时06分00秒，搭载着“威海壹号”01/02星的“捷龙三号”火箭在广东阳江海域腾空而起；

11时18分38秒，当接到双星在520公里轨道与“捷龙三号”火箭成功分离的消息时，现场爆发出经久不息的掌声；

22时13分，威海地面站传来所有系统正常运行的确认信号，大家心潮澎湃，激动不已：“五年鏖战，终成正果！”

与时间竞速的创新路

2015年的某一天，时任信息科学与工程学院院长的周志权教授问了我一个问题：“如果要设计一颗卫星，在天基遥感成像方面，你有没有问题？”我思考片刻后，说：“没有。”这次短暂的对话，是我和“威海壹号”卫星研发团队最早的“缘分”。

2018年8月“太空与海洋”高峰论坛上，与会的专家首次提出了将航天技术延伸至海洋领域的构想。彼时的威海，涉渔违法违规活动是打击整治的重点。记得当时与周院长一起在海边散步时，他指着远方的渔船对王晨旭和我说：“要是能用卫星实时监控这些船只的安全该多好。”这个朴素的愿望，最终演变成了“威海壹号”的雏形。从那时起，我们便加入了这场历时5年、与时间赛跑的科技马拉松。从调研策划到实施，几乎是从零起步，难度可想而知。

2020年8月接到山东省重点建设项目征集通知时，我们正在攻关星间激光通信技术。项目组全员转入“战时状态”，白天集中技术攻关，夜晚集体撰写申报材料，办公室成了临时指挥所，墙上贴满进度表，咖啡机24小时待命，为的是让卫星能够有更好的平台。大战百天后，我们迎来了最终的考验。

2020年12月30日，张文丛副校长带队赶赴济南，那趟高铁成了移动作战室：周志权教授在车厢连接处与后方技术团队召开视频会议，科技发展处处长张兆心逐字核对政策文件，王晨旭和我作为技术负责人留守威海，远程修改技术路线图。直到31日凌晨3点，申报材料还在进行最后一版的修订。

经过多轮汇报和答辩，在山东省科技厅、威海市科技局、威海市海洋局的支持下，校区“海空天一体化天基海洋信息获取关键技术研发与应用”项目终于在2021年10月成功获得资助。卫星研制有了资金支持，各协同部门也相继到位，那一阵，我们几个人的办公室里都放着行李箱，随时准备出发。

2023年4月10日，“威海壹号”02星设计方案通过审核，马上进入紧张的研制阶段。暑期里，课题组的师生不顾天气炎热，利用假期的整块时间集智攻关。“人歇设备不歇”，大家分成三组，紧锣密鼓地开展激光通信载荷的性能测试、桌面测试、整星系统集成、模飞、热真空、热循环等试验测试。从开始研制到出厂，02星仅用时260天，创造了卫星高效研制的新速度。

当时面临的另一个难题是申请卫星频率许可和电台执照，要与多家单位反复沟通协调，通常需要8到12个月的时间。为了抢时间，课题组想了各种办法，发函不回复就打电话，电话打不通就上门沟通。在各方的支持和努力下，课题组只用了3个月的时间就完成了同55家单位的协调，顺利拿到频率许可和电台执照。

最难忘的是星箭对接的通宵达旦。2023年12月31日，01、02星相继进入海阳东方航空港山东长征火箭有限公司。“捷龙三号”发射是一箭九星，分配给“威海壹号”卫星的装配和测试时间只有6天，这是只能成功不能失败的任务。我带领课题组12人就驻扎在星箭对接厂房，历经15道工序，终于成功完成装配、测试和总装任务。那是我一生都难忘的6天。

冲破认知边界的科技突围

给卫星命名也经历了多次的会商，既要体现齐鲁特色和海洋元素，也要突出技术特征，经各方领导多次会商，最终确定卫星名称为“威海壹号”，既承载城市荣光，又彰显硬核科技，因为这是团队最重要的目标。

卫星研究过程中，我们多次去威海市海洋发展局、渔业执法大队等调研应用需求，针对实际应用中的难点、卡点确定卫星载荷功能，并最终取得了高速星地/星间激光通信、双星协同即时遥感等多项关键技术突破，为实现在轨“传输速率快”“即时遥感”“智能识别准”奠定了坚实基础。

赵占锋教授负责星地/星间激光通信载荷研制，他和小组成员首次采用无信标解决方案，避免了信标光和信号光光轴漂移问题，突破了动态环境下激光通信实时对准技术，解决了无信标下的快速捕获、跟踪难题。研制的激光通信载荷速率可达40Gbps，相当于每秒钟可传输一部4G的高清电影，是传统微波的几十倍，达到了国内领先水平。“威海壹号”01星和02星之间借助星间激光链路可以实现高清遥感信息的即时高速回传，从卫星入轨后的测试结果来看，在轨星间激光通信、星间遥测遥控等试验取得初步成功，这也验证了我们关于双星协同遥感、即时遥感等关键技术是正确的。

海上目标的遥感探测是“威海壹号”卫星星座的主要任务，多源遥感成像对海目标探测技术的负责人是王军教授。海上目标探测的难点是传统单一模式探测“看不远、看不清、看不准”，需要卫星光学遥感和机载雷达/红外遥感进行“空天协同、多源融合”才可实现对目标精确探测。王军教授课题组突破了卫星光学与机载雷达/红外遥感数据时空配准、基于深度神经网络框架的“雷达—红外—光学”多源遥感成像对海小目标探测等关键技术，实现了对海面渔船目标超过90%的探测概率，为“威海壹号”卫星应用于海面渔船管控、海上安全监测等提供关键支撑技术。

李剑锋副教授课题组通过遥感图像校正、噪声抑制和云雾去除等各种手段，提升了遥感图像的质量。同时提出了基于级联特征融合和基于深度学习的多种遥感目标检测算法，开发了遥感目标检测系统，实现了船舶的快速精准检测和识别，使得在“威海壹号”01星搭载的可见光相机拍摄幅宽6.7公里的遥感图像中，我们依然能识别出长度仅10余米的渔船。

当船舶处于什么姿态时就可判断有倾覆的危险？这就需要王新胜教授团队的研究成果了。他带领课题组成员完成了高精度船舶姿态感知芯片、高精度模数转换芯片和信号处理专用芯片的研发，同时研制了船舶姿态解算算法及系统研制，装配到船舶上，就可感知并智能判断船舶的姿态，及时给出预警，将极大提升船舶安全感知能力。

星空下的青春方阵

卫星是一个复杂系统，需要多学科交叉融合。“威海壹号”卫星研发团队融合了信通、控制、仪器、电科、计算机等多个学科和专业，先后有15名老师、18名本硕博学生参与。

来自计算机科学与技术学院的李春山副教授将自己分析处理大数据的丰富经验运用到海洋大数据处理中。“威海壹号”卫星每天获取的数据相当于400万册电子图书或1.5万个小时视频节目，海洋大数据技术就如同海洋信息的超级处理器，它对这些海量的遥感数据进行高效整合、智能挖掘与综合应用，揭示出海洋现象背后的深层规律与潜在价值。借助高精度、大范围、全天候的观测能力，可以实时监测我国辽阔海域的动态变化，为我国海洋权益的维护、海洋资源的开发利用以及海洋环境的保护提供强有力的技术支撑。

徐天亮博士从2018年跟随项目成长，5年多来一边学习一边研究，经历了“威海壹号”卫星研制的全过程。2021年9月，关键的项目申报书正在紧张准备中，他和课题组所有老师在探海楼集体办公。大家一起讨论，分头撰写，熬夜是常态，最终报告提交后，他跟我感叹了两个数字：“10天，184页！”在参与卫星研制过程中，他感受到了统筹和团队协作的重要性，也对“规格严格，功夫到家”有了深刻的认识。

最让我惊喜的是本科生的爆发力。为培养学生的科研能力，团队为本科生开设了创新课，营造科教融合、学术育人氛围，吸引了测控技术与仪器、电子信息工程、自动化等专业多位本科生参与卫星图像遥感目标检测系统的研发工作，既保证项目的顺利开展，又培养了学生的创新思维，提高了学生的创新能力。这些孩子把行军床搬进了实验室，把课堂所学的知识变成了实实在在的实验数据。验收那天，我看着他们满是黑眼圈却闪闪发光的眼睛，满是欣慰。

李迎春老师负责设计和建造国内第一个微波/激光综合地面站，每次听他讲项目进展，就像听荒野故事：顶着高温，带着电磁设备、勘测设备，徒步攀爬到远遥山顶，做建设前期准备工作；和技术工人现场探讨问题，偶然间一低头，发现自己正踩在一条有毒的小青蛇上，幸好是幼蛇，没有造成伤害；操控无人机查看地面站建设过程，无人机差点被盘旋的老鹰抓走。

“建设过程苦多乐少，但在发射现场看到火箭升空的一瞬间，感觉自己的付出都是值得的！”这是李迎春的心里话，也是我们“威海壹号”卫星所有团队成员共同的心声。

探天问海的新起点

如今，每当双星划过威海的上空，我总会想起那些灯火通明的夜晚。发射成功不是终点，而是新的起跑线。我们正在组建卫星海洋产业应用联盟。在实验室里，“威海壹号”星座的新规划正在开展。而当年参与研制的博士生即将留校任教，硕士生已经在带着学弟学妹攻关新的技术难点，看到他们的身影，我恍惚间仿佛又回到2018年那个海风轻拂的夏日。

从黄海之滨到浩瀚星海，一代又一代仰望星空的哈工大人，正在用青春续写通往星辰大海的新篇章。

（作者系信息科学与工程学院仪器科学与技术系副主任）

下部

岁月如歌

我为和美校园筑“地基”

□ 毕永祥

我的祖籍是山东威海的毕家疃。1958年我考入哈工大工业企业电气自动化专业学习，1963年毕业后一直留校工作。1984年，威海分校筹建组成立的时候，我正在学校一家下属企业担任总经理兼党总支书记。

一天一位校领导找到我，说：“老毕，我知道你的老家在威海，协调各方筹建分校的事宜比较便利，想不想回到威海工作？”

当时我就动心了，能回到家乡干点事，机会难得。当时就向领导表态，干事可以，但筹建分校这么一大摊子活计是个大事业，最好我能当副手做具体的工作。

威海分校三人筹建小组很快成立了，成员有金光、我和朱法义，我们代表哈工大与当时的威海市政府开始了前期准备工作，分配给我的具体工作是负责分校征地、规划设计和基本建设工作。

1985年1月24日，筹建小组在学校时任党委书记李东光、校长杨士勤率领下赶到威海，与当时的威海市委副书记李仕恩、副市长李同轩、市人大常委会副主任门兆英等人起草了创建哈尔滨工业大学威海分校协议书。1月26日，双方代表在协议书上签字。

协议签订后，分校筹建的各方面工作开始推进。当时分校定下了以教学工作为中心，全面开展师资招募、专业筹建的工作任务，但这一核心工作的前提是必须先把教室和学生宿舍、教职工宿舍盖起来。

搞基本建设必须先做规划设计。最初威海市划拨了1800亩土地给分校，土地很广阔，却一片荒凉，没有路，没有水，没有电，不通车，原始地貌基本都是农田、苹果园和菜园。我回哈尔滨校本部请求基建处处长牵线，联系到哈尔滨市规划局时任规划处处长徐礼白，请她为分校做校园基本建设规划。

做基建规划要依据地形图和地质图，这下可把我难住了。当时分校的筹建经费非常紧张，根本没有多余的资金请专业勘探公司来勘探。于是我开动脑筋想方设法拿到了远遥山前面的地形图，地势标高什么的都有，这可帮了我们的大忙。后来我又找了威海市本地的两个专家，把老河沟、新河沟的分布和走向等都勘探明白了，最后才完成了地形图。地质图也很关键，我跑到威海市政府求助，由政府出面直接协调一家地质钻探公司，以远低于市场价完成了地质图。

1800亩土地的地形图和地质图拿到手，地势的高低起伏，沟渠、河流的走向等都标注清晰，地下情况也有了详细说明。1986年春，徐礼白带着助手利用周末休息时间匆匆来到威海市，她站在远遥山前，面前的地势高高低低，农田、果园和烂泥塘遍布。经过实地勘察、听取意见，徐礼白在脑海中初步确定了1800亩土地的规划方案雏形。然后，徐礼白和助手回到哈尔滨后连续作战一个星期，终于完成了威海分校首张校园规划图的手工绘制。经学校及威海市审核，规划图于1986年5月20日获批通过。

规划蓝图有了，但分校基本建设面临的困难还有很多，要钱没钱，要人没人。我感到肩上的担子很重，白头发也多了不少。从规划设计到敲定方案，从购买基本建设所需的各种材料到建筑工地的实时监工，基建工作牵扯的事务繁杂，每一项都需要与威海市的相关职能部门协调、沟通和攻关，其中反复拉锯的事情还真不少。幸运的是，当时的威海市政府对分校创建的各方面工作都给予了政策支持，这些难关最终都被我们一一攻克。

1988年上半年，我受分校筹建小组的委托，前往航天部为分校申请到了100万元的建设经费，同时还前往北京、沈阳等地争取到了100吨的紧缺钢材，为分校基建工作的后续发展打下了基础。

从1987年2月到1988年6月，分校基本完成了近一万平方米的一期基本建设，先后建设了第一栋教学楼A楼（现在的安学楼）、综合楼（D楼）、卫生所（500平方米）、教工一生活区1到6号楼等基础设施。在建设过程中，我的脸晒黑了，体重也减轻了，但我始终做到坚守初心，奉献第一。后来一说起筹建时期的基建工作，总共盖了多少栋楼，面积各是多少，修了几条路，威海分校规划土地的东西南北边界在哪里，我张口就来。校园的角角落落我都很熟悉，各种数据和地形地貌就好像印在脑海中一样清楚。

人心齐，泰山移。团结是把各项工作干好的前提和法宝。综合楼落成的时候，我提议做了一件事：在靠近食堂路边的墙上写了八个字的标语——“团结奋斗　艰苦创业”。那是筹建组成员第一次因为工作有分歧的时候，党支部为聚拢人心定下的口号。这个标语挂了一年多，直到1988年开学之后才被刷掉。

1989年基建工作暂时告一段落，我被学校任命为威海分校首任专职工会主席，负责协调与威海市各方面的关系，1994年退休后又在雷达站做了12年的值班员。

在金海滩这片家乡的土地上，我倾注全部心血，参与了威海分校的筹建和初期建设，用十年的时间为后来的和美校园打下基础。这十年，是我人生最重要、最沉甸甸的部分。

（本文作于2019年初，由毕永祥同志讲述，丛爱娟同志整理）

我所经历的三个“第一次”

□ 庞滔

从1955年入读哈工大，算起来我已在学校学习工作生活了70年。在威海校区工作的时间虽然不是很长，但生活在这里的时间实在不短。尽管我不是最早的一批建设者，但因为工作关系，也见证了威海校区科研发展史上的很多“第一次”。

第一次在威海组织国际学术会议

1987年，我还在哈尔滨超精密加工实验室担任负责人，因为早年去日本访学时与同行沟通过促进两国学术交流的事宜，并且1986年在哈尔滨顺利举办了第一届中日精密加工学术研讨会，因此在组织第二届中日学术研讨会的时候，我就考虑是不是换个地方。

就在这时，我接到了老同事彭锡鸿的信，说他们如今刚刚起步建设哈工大威海分校的工作。我想是不是可以在威海召开这次会议呢？因此1987年10月末，我和科研处的一名同志提前到威海考察。

坐火车到大连，再转乘晚上的客船，第二天早晨到达威海码头后，我俩步行入住市政府招待所，吃完早饭后便按照老彭信封上的地址找到威海市干休所，见到这批筹建威海分校的哈工大人。

他们当时住在从干休所暂借的一所居民楼的一楼里，两室一套的房间里住着两家，虽然家还没完全搬过来，可还是显得有点拥挤。听我们说明来意后，彭锡鸿带我们去找分校第一任副校长金光同志。

金光听后当即表示："这是个好事。现在分校还在建设，教学楼正在盖，预定明年招生。教学楼里能容纳二百多人的大教室有四个，肯定可以满足会议的要求。"

金光和彭锡鸿带我们到正在建设的校园里转了一圈。虽然建筑不多，但空气新鲜，风景很好，离海边特别近。站在没经过人工修整的沙滩上，听着海浪轻轻拍打着沙滩，远看着大海，仰望着天空，真觉得太美了。

我担心一年的时间完不成校园建设，但金光信心十足。为让我们放心，他又带我们去市里拜见了威海常务副市长李同轩和人大常委会副主任门兆英。二位领导都表示将协助哈工大一起筹办好这次会议。门主任还说，如果明年哈工大还不具备开会的条件，市里将提供会议场所、安排好国内外客人，确保会议成功召开。

回哈尔滨后我们向学校和学会的领导汇报，最终决定在威海召开第二届学术会议。

1988年7月末，正式开会前的一个星期，我带着工作人员和三个研究生，带着几箱子印好的会议论文集和开会必备的物品从哈尔滨坐火车到了大连。因海上大风在大连停留了三天，终于在开会的前两天赶到威海。分校变化很大，所有的建筑都已竣工，大教室、招待所、食堂都已运作，具备了开会的基本条件。

因为交通不便，国内的专家、学者很少有人来过威海。可能就是因为这个缘故，这次来开会的人出乎意料地多，而且来得早。日方来了二十几人，还有两位韩国的学者，外国客人住在市里的东山宾馆，近150名中方学者把分校的招待所挤得满满的。

8月3日，第二届中日精密加工学术研讨会准时召开。会议使用半导体收音机做同声翻译，开幕式很隆重，李同轩副市长和中国生产工程学会秘书长及分校的几位领导、门兆英及市科技局的几位领导都参加了会议。

学术会议一共开了3天，中外学者进行了广泛的交流，都对这次会议很满意。尤其是威海市领导们，为能在这里举行国际学术会议而高兴，会议闭幕式后还宴请了中外学者。

第一个国家自然科学基金资助项目

1993年，我正式加入威海分校机械教研室，成为一名老师，给本科生讲授机械制造工艺学，同时指导学生的毕业设计。

当时分校纵向科研工作还没有正式起步，但威海市的工厂经常来请教技术问题，我也曾和伙伴们一起被请到企业帮助解决难题，入职不久的年轻教师也渴望着在学术上有所提高。搞惯了科研的我，琢磨着找点事干，也带带这些年轻人。

1994年初，我牵头申报的“弹性电化学超精密研磨及其设备的研究”项目获得国家自然科学基金资助，教研室的周泽信、王振龙、谭兴达、孙正鼐、陈军、王冬生等一批年轻人都加入了课题组，正在组建机械实验室的工程师朱昌盛也参与进来，学校在B楼一楼靠东边给了三个房间让我们建实验室。

我领着这些年轻力壮的小伙子，除了吃饭、睡觉和上课外，全身心地投入到科研中。因为所搞的项目是前人没做过的，所有实验装置都必须自己动手研制，先是看书，后是设计，接着是实验设备的加工制造，购置实验用的仪器、设备。

我在日本相识的学术界朋友，神奈川工科大学教授桥本洋先生知道了我在搞的项目，也很感兴趣。我们聘请他做顾问教授，他和夫人一起来威海待了半年。虽然当时校区还很简陋，但他喜欢大海，更喜欢中国人的创业精神，知道我们科研经费紧张，还为我们购买了一台超声波发生器。

半年之后，超精密复合加工试验样机的设计终于完成。因为威海市没有可以承担加工制造的工厂，我带着图纸和朱昌盛一起回到哈尔滨，完成试验样机的加工制造。再把机器运回威海，装配上超声波装置和电解装置，进入试验阶段。开始的几个月一直得不到可靠的实验数据。我让年轻人努力探索，对每次实验的过程和各种实验数据认真分析，从中找出问题，探索出可改进的因素。经过反反复复的实验研究，半年之后大家终于看到了希望，被加工件表面光洁度和去除精度都在逐步提高。

1996年夏季，在分校开了鉴定会，最后的结论是：“超声波电解复合超精密加工属国内首创，达到国内先进水平。希望能把这一成果转化为正式产品。”

这是在威海分校完成并经过正式鉴定的第一个国家自然科学基金项目。

第一次合作科研项目成果鉴定

1995年夏，威海分校举办了一次“硬脆非金属材料全自动超精密研磨抛光机床”的鉴定会。这也是在威海校区举办的第一次合作科研项目成果鉴定会。

这个项目是我来威海之前搞的。1989年哈尔滨量具刃具厂（简称哈量）总工程师曹聚盛和我协商，要把硅片、石英片等硬脆材料的超精密加工实验用的机器，研制成全自动化机床，并推向市场，供硅片及硬脆非金属材料的生产和研究使用。我负责提出机床的性能指标和设计方案，哈量负责设计和加工制造。

我完成自己负责的部分后，就调到威海分校工作。1995年春节我回哈尔滨休假时，接到了曹总的电话，他告诉我超精密研磨抛光机已经研制成功。应他的邀请，我到工厂车间亲眼看到已喷好深灰色油漆、漂亮的全自动研磨抛光机床和大控制柜。在讨论成果鉴定的问题时，为了扩大威海分校的知名度，我强烈建议到威海召开鉴定会，曹总最终同意了我的建议。

1995年6月，曹总按照约定，带着十几位工程技术人员，把机器运到威海。学校里的职工和哈量的工程技术人员一起，花了一个下午才把机器和控制柜搬到鉴定现场，又花了一周时间终于把机器安装调试好，开始加工试验。

这期间校内的孩子们天天都跑来看热闹，教职工们也对这台全自动超精密研磨抛光机床很感兴趣。一边实验一边调整，几天后加工出了质量很高的硅片，具备了开鉴定会的条件。

鉴定会开得很隆重，有从北京、上海、哈尔滨来的专家，也有来自山东省科委和威海市的领导。因为是超精密加工，怕人走动有震动，大家围着机床走一圈后便回原位就座，边看边等待加工结果。当专家们把第一块加工好的硅片拿到手里时，看着光光亮亮的工件，都不由得交口称赞。

专家们一致认为这台全自动研磨抛光机床的自动化程度和精度都很高，属国内首创的新型研磨抛光机床。这一结论让我和曹总都很欣慰，那些为这台机床辛勤工作了几年的工程技术人员也很高兴。

（作者系海洋工程学院离休教师）

母校伴我成长

□ 张华强

威海校区迎来办学40年，我也从懵懂的少年成为花白头发的教师。回首走过的青葱岁月，有太多的怀念与感激。

求学篇

1988年9月，哈工大威海分校迎来首届机械制造工艺与设备和工业电气自动化两个专业的205名大专生，我作为工业电气自动化专业的一员也踏上了在哈工大的求学之路。

当时只有一栋教学兼办公楼、一栋宿舍楼、六栋家属楼，没有公路，没有大门，没有围墙。与简陋的硬件设施形成鲜明对比的是学校的教学计划充实饱满，规章制度严格有序。虽然是两年的大专学制，我们不但学习了本专业本科的所有专业课，还完成了毕业论文设计。学校非常重视学生文体活动、社会实践、动手能力等综合素质的培养，音乐协会、篮球协会、书画协会、围棋协会等经常组织各类比赛，丰富大家的业余生活。老师们对学生的名字和家庭状况都很熟悉，从校领导到食堂的师傅都对学生关爱有加。

为了增加社会实践和锻炼的机会，我们班承担了学生一公寓的卫生保洁工作。我们认真向保洁员请教清扫步骤和注意事项，分头清扫走廊、厕所、楼梯、门口，搬运垃圾、维修工具，全班29人全员参与。为了让拖布更干净，同学们直接用手拧洗拖布，体验累并快乐着的磨炼。班主任韩静萍老师全程参与我们的劳动，她每天从家里带一块抹布，将公寓从1楼到4楼的楼梯扶手擦一遍。因为细心的韩老师发现，这是我们任务分工的盲区。当时，韩老师还承担着我们的计算机课程——dBASE Ⅲ数据库，她为班级建设和学生成长付出很多。

为了让学生提高动手能力和开阔眼界，学校安排我们到工厂实习。机械专业的学生由教研室主任王启平老师带队到哈尔滨量具刃具厂和沈阳机床厂实习，工业电气自动化专业的学生由教研室主任梁景凯老师带队到哈尔滨电机厂、锅炉厂和东北轻合金加工厂实习。实习采用白天参观和晚上上课相结合的方式进行。电气专业课“电器控制”是在实习过程中由梁景凯老师讲授的，课程生动形象，理论联系实际。在东北轻合金加工厂，工程师给我们讲授了“自动控制系统”中的单闭环、双闭环和逻辑控制的无环流可逆调速系统。实习前，我们对电机的了解只是停留在书本原理和农村水泵、风机的认识层面，到电机厂后全班29人一字排开宽松地站在一台发电机转子上，才知道什么叫“大电机”！

实习之余，老师组织我们参观了哈工大航天馆，主讲老师满头白发、精神矍铄，听得出他和老一代哈工大人对航天事业的挚爱和付出。部分学生代表登上主楼顶端，一览学校风貌和哈市全貌。遗憾的是，因为恐高，我没敢上去，但我步行走遍了校本部，和当时的威海分校相比，校本部之大难以想象，一个主楼就让我们晕头转向。实习结束后，老师组织我们游览了太阳岛。太阳岛、松花江和哈工大深深地刻进我们的记忆。

两年的学习生涯，紧张而有序，课堂教学严谨、课后作业丰富、考试纪律严格、实践训练有素。一批深具战略眼光的老师奋斗在领导岗位，一批具有敬业精神的老师奉献在管理岗位，一批富有治学经验的老师活跃在教学岗位。年长老师“德高望重”，年轻老师“风华正茂”，老师们呕心沥血、因材施教，让我无法忘怀。

为了鼓励我们好好学习，学校给首届学生四个专升本指标到哈工大学习。机械专业王冬生、滕燕，电气专业我和林亚美带着母校领导和老师的嘱托来到了哈尔滨，开始了我们本科阶段的学习生活。因教学计划和课时的原因，我们需要随90级重修高等数学和大学物理，补修大学化学，随89级重修大学英语和概率论与数理统计，随88级重修部分专业课和本科毕业设计。我们4人互相帮助、互相学习，不但收获了知识还收获了三级校友的友谊。

最让我们感动的是，每次威海的老师到校本部出差，都会抽时间看望我们，带来校长、书记的问候，带来校区的经济补助。在校本部和校区双重助学金的支持下，我们衣食无忧、专心学习，顺利完成了本科学业。我也光荣地成为哈工大教师队伍的一员。工作期间，我又在哈工大完成了硕士和博士阶段的学习。

两个校区十多年的求学经历，哈工大精神的耳濡目染，使我养成了勤奋学习的习惯和踏实工作的作风。在校区办学40周年之际，我诚恳地向老师们道一声：老师，谢谢你们！

工作篇

开始工作后我先被安排在实验室工作，后来走上教师岗位，经历了“台上一分钟、台下十年功”的历练（在哈工大当老师要求必须过三关，即教学关、科研关和水平关）。

首先是教学关。时任自动化教研室党支部书记的郑玉祥老师给我安排了“电器控制”和“自动控制系统”两门课程的授课任务。我愿意接受“电器控制”，却不敢接受“自动控制系统”授课任务，因为该门课程需要有深厚的电机学、半导体变流技术、自动控制等理论功底和丰富的工程实践经验，讲课难度大。郑老师看出了我的疑虑，鼓励和开导我要大胆迎接挑战，有问题向老教师请教。经过多次试讲，我终于自信地走上了讲台。更加幸运的是，1999年8月学校聘请校本部退休老师方月泉教授到威海任教，方老师主讲的课程就是“自动控制系统”，从此我和方老师成为忘年交，他对整个课程做了一个系统规划，按照专题的形式讲授，我给方老师做助教。在方老师的悉心呵护和精心指导下，我系统地掌握了讲好本门课程的要领，后来自己成为该门课程的主讲教师时，仍然保留着方老师的授课特色，只是增加了计算机辅助工具而已。现在，两位老师已经去世，但是他们的传帮带精神和诲人不倦的风格，作为弟子一定会继承和发扬光大。

我留校当老师以后，也承担起带队到哈尔滨实习的任务，道路交通、饮食住宿、实习内容、安全保障等都需要做出周密的安排。我结合老师留下的实习教案和自己曾经的实习经验，每次都圆满地完成了任务。这些实习经历，不仅锻炼了我的组织能力，也深化了专业理论知识，为讲授“电器控制”和“自动控制系统”课程奠定了实践基础。后来，我作为副主编编写了普通高等教育“十一五”国家级规划教材《电气控制与可编程序控制器》，主持了“自动控制系统”山东省精品课程建设，获得了省级高等教育教学成果二等奖。

其次是科研关。教学科研并重，二者辩证统一。不过教学关，就不能安心做科研；不过科研关，教学只是过了理论关。1993年5月，时任自动化教研室主任马家辰老师为了加强自动化教研室同企业的产学研合作，派出我和张天敏老师到山东康威电子有限公司从事通信设备软件的联合开发工作。我们初到，不了解生产工艺、不懂得技术需求，但大家都知道我们是哈工大老师，压力可想而知，我们加班、熬夜，快速掌握研究方法，最终顺利按时开发出程控交换机通用计费系统。这次研究和合作经历为我后来的科研工作开辟了道路。

2001年9月，我师从徐殿国教授攻读博士学位，和哈尔滨电站集团发电设备国家工程研究中心合作，研究“变速恒频风力发电”控制技术。这一课题属于学术前沿，理论研究和实用价值较大，从而确定了我的学术研究方向。在博士攻坚阶段取得每一点成绩都值得高兴，而这些成绩都浸透着导师的智慧和汗水。我们“风电组”每周三晚上例会，每人都要汇报课题进展和问题的解决思路，然后导师点评。这样的例会对于我们一周一次，可是导师有五大研究方向，例会一周五次，每天晚上都要讨论。在导师的影响和带领下，我的科研层次也逐渐得到提升，先后承担了中国博士后科学基金面上一等资助、科技部中小企业创新基金、山东省科技发展计划基金等课题，发表学术论文50余篇，获得授权发明专利8项。

对于水平关，我只能说自己还在路上。

在历任系、学院和校区领导的支持和厚爱下，我从一名讲师成长为副教授、教授，从一名普通教师成长为教研室主任、系主任、副院长和机关干部。滴水之恩当涌泉相报，我唯有勤奋学习、踏实工作、廉洁自律、勇于担当，才能不辜负母校的培养，不辜负老师的期望。

哈工大“规格严格，功夫到家”的校训和“爱国、求是、团结、奋进”的精神是哈工大人勤于钻研、善于拼搏、勇于奉献的精神导航。历代哈工大人都是这种灵魂的缔造者、践行者、传播者和受益者。我幸运地学习、工作和生活在这样的环境中，潜移默化地受着影响并影响着他人。

桃李篇

如今，我和当年的同学即将步入耳顺之年，仍然肩负着时代赋予的使命和责任。大多数同学留在威海工作，经常回母校看看。

今天的校园已今非昔比，高楼林立、绿树成荫。带有地域色彩的远遥路、槐云路，富有学生气息的学子路、学苑路、学堂路，通往大海的探海路、望海路，敞开怀抱的湖东路、湖西路，学术荟萃的科苑环路以及教工生活区梅苑、桃苑、柳苑，将校园分割得错落有致、井井有条。气势恢宏、巍峨壮观的主楼高高耸立在碧海蓝天之中，别具一格的南大门、校训石、日月湖、回廊、学子松、学子林、青春坡是哈工大的象征，也是哈工大精神的延伸。昔日的老师已年过花甲，童颜鹤发、炳烛之明，是“春蚕到死丝方尽，蜡炬成灰泪始干”的光辉写照。

为了表达对母校和恩师的感谢，我们88级校友于2008年为母校捐建了“八八学子林”，88棵亭亭玉立的玉兰树洁白无瑕，象征着友谊，象征着青春，象征着希望。学子林旁矗立着“规格严格，功夫到家”的感恩石，激励着我们开拓进取、勇往直前。

我在教师岗位工作了33年，作为学生我享受到老师的关爱，作为老师我正在传递这种爱。回想起来，为学生做的两件事情值得一提。一件是虚的，创办了“观海听涛”论坛，让学生在虚拟的世界里表达真实的情感；一件是实的，创办了自动化研究所，让学生在知识的海洋里探索科学的奥秘。虚虚实实，学生既是教练也是演员，既是观众也是裁判。

“观海听涛”论坛创建的本意是方便学生的学习和交流，后来延伸到虚拟世界的全部。“观”和“听”是人的感官，代表探索和发现，“海”和“涛”是水之灵魂，代表人才和成果。为了把握正确的舆论导向，我们将论坛的精髓概括为“观海听涛是一个习惯、观海听涛是一种心情、观海听涛是一股力量、观海听涛是一份责任”，寓意网友养成良好习惯、保持乐观心情、汇聚正义力量、担当社会责任。

自动化研究所主要为电气工程和控制工程的学生搭建创新实践平台，研究所同学有的获得了“挑战杯”“ADI中国杯”“飞思卡尔杯”和“机器人大赛”等奖项，有的参加了实际课题并发挥了巨大的作用，有的攻读了博士学位，有的出国进修。从研究所毕业的学生充满阳光、充满自信、团结协作、奉献进取。昔日的莘莘学子，今日的桃李芬芳，他们是老师的骄傲、母校的自豪！

当前，哈工大正向世界一流大学前列发起冲击，威海校区正在打造与世界一流大学前列相匹配的高水平特色校区，提出了“学术大师、工程巨匠、业界领袖、治国栋梁”四类杰出人才培养目标，更加注重学生的创新精神和实践能力的培养，更加注重学生的家国情怀和奉献精神的培育。

“育人先育德，育德先育魂”，母校做到了；“纸上得来终觉浅，绝知此事要躬行”，学生做到了；“燃烧自己，照亮别人”，作为老师，我做到了吗？

青春岁月，不负韶华，一分耕耘，一分收获。就让我和我的学生们共勉吧！

（作者系威海分校工业电气自动化1988级学生，现任威海校区副校长）

温暖的记忆

□ 王杰

芳华意气逐憧憬，携子双双别省城。

绿树成荫浑不觉，悄然霜发已丛生。

每每漫步在校园的花草之间，眺望着绿树掩映着的一幢幢教学楼，心中都不由得升起一种自豪感，这里是我挥洒青春的地方，是我付出心血的地方，也是让我享受桃李芬芳的地方。每当驻足在主楼前的学子松下时，我的思绪总像回放电影镜头一样将记忆带回到三十多年前。

1989年10月19日，我们举家起程南迁，告别了美丽的哈尔滨，告别了我工作了七年的哈尔滨工业大学校本部，和爱人带着刚刚21个月的儿子奔赴威海——这座位于胶东半岛的滨海小城。

从哈尔滨乘火车到大连再转乘轮船，经过十来个小时的海上颠簸，终于到达了目的地——威海港口。我们随着人流匆匆下船后，环顾着没有几个人影的码头，感觉很是茫然无助。那个年代威海市没有公交车，也没有出租车，没有交通工具到校，也没有通信工具能直接与相关人员联系。我和爱人包建勋只好抱着孩子，拖着大小行李，步行到坐落在统一路上的校区联络点，用那里的座机给学校办公室打了个电话，告知了我们的情况，对方说马上派校车来接我们。忐忑不安中大约半个小时后，一辆面包车停下了，下来两个人，热情地把我们接到车上。驶往学校的路上几乎见不到行人和汽车，楼房稀少，还有成片的庄稼地。由于新的家属楼尚未完工，我们被安置在招待所二楼（D楼）。从喧嚣热闹的大都市哈尔滨来到寂静的海边小城威海，从楼房林立、人流穿梭的哈工大校园来到满目芦苇、处处黄沙的威海校区，这种感官冲击和落差的确很大。不过望着眼前新盖的楼房、新栽的树木、新修的小路，心中还是对未来充满了美好的憧憬与期待。

当时校区刚刚开始建设，专业少，学生也不多，教学机构的设立也比较精简。全校的教学单位总共只有三个教研室：计算机与电气自动化教研室、机械与焊接教研室和基础课教研室。基础课教研室虽然教师人数不多，但是专业的“品类”却很齐全，包括物理、数学、化学、外语、体育及人文社科等学科。当时以教研室主任黄净老师和副主任霍彬茹老师为首，汇聚了一批朝气蓬勃的年轻教师。现在的好几个院系都是从老基础课教研室分出来的，如经济管理学院、语言文学学院、光电科学系和数学系等，所以老基础就是这些院系的“娘家”。

当时的基础课教研室就像一个和睦的大家庭，大家互相关心、互相帮助，这个集体的每个人都给我留下了非常美好而深刻的印象。其中印象最深的就是霍彬茹老师。霍老师待人热情，作风严谨，对待工作更是一丝不苟，认真负责。物理课的实验量比较大，没有专门的实验教师，老师既要上理论课又要上实验课，还要负责实验室的建设和维护。由于海边气候潮湿，许多仪器放置一个暑假就会生锈。为了保证教学的需要，她就牺牲休息时间，利用假期对实验室仪器和设施逐一进行保养。建校初期学校资金很紧张，为了将有限的经费用在刀刃儿上，她总是精打细算，甚至亲自动手，废旧利用，制作了很多实用的实验用具来满足教学需要。

1993年，校区决定增设会计学专业，我和林洪进、李晓玲一起开始了会计教研室的筹建。专业新建之初，一切都要从头开始。没有经验，就边干边学，多方求教与考察，制订、调整和改进专业培养计划，使之符合威海校区的具体情况和人才培养目标的需要。大家都积极主动多承担工作任务，尽管很忙很累很辛苦，但是非常愉快。从930031班开始，威海校区就有了“3”字打头的专业。

在那段艰苦“创业”的日子里，大家眼里只有工作，没有分内分外之分，只要能做的都会抢着承担，年轻教师更是积极主动，毫无怨言。老师们不仅对教研室的工作满腔热情，校园的各种活动也都积极参与。春天利用课余时间种植柳树，秋天帮新建的学生宿舍搬床和桌椅，麦收季节甚至集体出动帮周边村民抢收麦子……

1997年之前教职工宿舍只有一个生活小区，即现在离大门最远的一区，这里虽然僻静但并不冷清。大家相处得像一个大家庭，逢年过节青年教师们就会端着自己的拿手菜集中在一起聚餐庆祝。无论谁家有个大事小情，大家都会当成自家的事情去关心。特别是如果有哪个年轻老师要结婚，那更是全校的盛大节日，男女老少齐上阵，有布置新房的，有帮着掌勺上灶的，还有帮着扯婚纱的，当然这是小朋友最喜欢干的，这时也是他们最开心的时刻。

对这个“大家庭”我有着更深厚的感情，更温暖的记忆。因为在那个特殊的时期里，这个大家庭给了我更多的关心与帮助。当时校区离市区很远，周围没有幼儿园，家里也没有老人来帮忙，我们夫妻都去上课时，不足两岁的儿子无人照看。这时很多老师都伸出了援助之手，很多老师的家都成了我儿子的临时“寄存处”，很多老师都成了儿子的临时“保姆”。那时经常是下了课回到家不知道孩子在哪儿，不过不用着急，只要站在家属区的大院中间大喊一声：“包特（我儿子的名字），在哪里呢？”立刻就会从某一家的窗户里传出回应声：“在这里哪！”每每回忆起这些，我的心中都充满了温暖、感动与感恩。

我与威海校区共同走过了36个春秋，亲手送走了25届毕业生。目送着一届又一届满怀信心奔赴前程的学生，总在心里默默地为他们祝福；看着一批又一批回母校“省亲”的学生，由衷地为他们在工作岗位上取得的成就而感到骄傲。每当收到学生们发来问候与祝福的短信时，心里都会由衷地感到幸福和快乐。这也许就是做了一辈子教师的人所得到的最大的、最好的回报。每当想到这些，觉得这辈子把最好的年华和最宝贵的时光留在哈工大（威海），献给我热爱的学生和教师岗位，也算值了！

（作者系经济管理学院退休教师）

当60岁遇上40年

□ 张步先

今年是威海校区办学40年，我也进入花甲之年。当60岁遇上40年，心情有些复杂。

我是1997年7月14日来分校报到的，当时汽车工程学院刚刚完成全部的搬迁工作，本科招生第一次增加到540多人，我来校后没多久就和另外一名老师开始为刚刚入学的97级本科生上课。当时思想政治理论课教学组隶属于经济管理系，一年后划归刚成立的人文系，并成立社科教研室，开始引进思政课教师，2002年4月我离开社科教研室的时候，我们已经有十几名思政教师了。

2002到2018年间，按照校区工作安排，我先后在学生工作处和资产管理处担任行政职务。在学工处工作的9年中，我把抓队伍、带团队作为工作核心，建立并完善了有关学生工作队伍建设、学生管理、就业、助学、心理健康教育等方面的规章制度，建起了学生工作的基本体系和框架，工作逐步规范化、精细化，形成了工作有布置、过程有督导、结果有考核的工作机制。2011年轮岗，我竞聘到资产管理处担任处长，为这个新成立的部门招兵买马、建章立制，摸清了校区资产现状，实现了资产从采购到处置的全生命周期管理，推进了公用房分类管理、定额配置、效益评测、动态调节改革。回想这段经历，我的体会是在工作中不管遇到多大的难题，只要方向对、肯努力、能坚持，以公正之心对待，就一定能解决问题。

在机关工作的16年中，我一直没有放下思政教学，社科教研室也在2011年成为直属的思想政治理论教学部。2018年10月工作轮岗时，我再次回到思政部，担任直属党支部书记。此时正好赶上党中央和学校高度重视思政课，我们开始筹建马克思主义学院，梳理课程体系，建设师资队伍，加强学科建设。2020年4月16日，哈尔滨工业大学（威海）马克思主义学院正式成立，校区的思想政治教育进入了一个新阶段。我有幸成为学院首任党总支书记，后来又担任了院长。

几年来，学院紧紧围绕校区党政工作要点，对标对表《普通高等学校马克思主义学院建设标准》(2023)，紧扣落实立德树人根本任务，按照教学立院、学科强院、队伍保障、服务拓展的思路，稳步推进学院各项工作，初步形成了一支以36名专职教师为主、12名兼职教师为辅，专兼结合、素质优良的思政课教师队伍，推动思政课教学改革，课堂教学实效得到全面提高，科学研究和学科建设水平得到提升，研究生校区全过程培养得以实现，教师积极开展社会服务和理论宣讲活动，社会影响力不断扩大。

回顾自己的工作经历，从1987年7月大学毕业留校当老师，1997年调入哈工大威海校区，到今年退休，其间从事过教学工作，从事过行政管理工作，也有过讲师团支教经历，还担任过一届威海市人大代表，岗位变换了几个，经历也不少，但一直没有离开学校，没有离开过学生。每个岗位上我都认认真真做事，从内心讲，我时刻牢记自己就是一名老师，喜欢和学生交流的初心没有变。

人的一生往往会面临很多选择，无论选择走哪条路，只要坚持下来，都会成为你人生的宝贵经历。到退休的时候，当你回忆过去的时候，感觉自己工作期间每天忙着做有意义的事，没有把时间荒废了，这就可以了，这就是有意义的人生。

由于人工智能时代国家对创新型人才的要求和思政课“立德树人”使命的强化，未来思政课教师的压力可能会越来越大。我的体会是，有压力才有动力，要敢于迎接挑战，直面困难，才能保持激情和活力。希望大家尽快结合博士学习方向和学科建设目标，确定自己的研究方向，并持之以恒地坚持做下去，学术研究最忌讳打一枪换一个地方。对于一般人来讲，博士毕业差不多30岁了，实际上有效工作时间非常短暂，需要我们静下心来对工作阶段做一个整体的安排，一个阶段做好一两件事就可以了，不要觉得工作压力大就躺平了。对于年轻人来说，做事一定要赶早别赶晚。不要说什么“等孩子长大就好了”“等孩子上大学就好了”，什么时候都不会万事俱备，选择定了目标就尽早去做。

另一方面，我们要争取一切机会，多参加学术活动，多参加社会实践，主动承担社会服务，丰富自己的人生经历。有的老师遇到一点困难就觉得天要塌了，有时候遇到难办的事又不知所措，那是因为经历得太少了。经历多了，就会从容地面对那些困难，也可能很容易找到解决问题的办法。有人问我，你退休了有没有什么遗憾？遗憾当然有，作为高校老师，没有读过博士，越来越感到力不从心。实际上在职攻读博士学位一直是我的一个愿望，最后一次是2002年联系南开大学历史系，手续都办好了，赶上干部竞聘，最终选择了放弃去读书。当然这个选择也有好处，学生教育管理和资产管理的工作丰富了我的经历。我想一个人认知的改变，一个是坚持阅读，读经典，还有一个就是广泛的社会交往，在社会服务中提升自我。眼界也是一种能力，大家一定要争取机会多去交流，这件事计划好不会耽误太多时间，却会改变一个人对社会、对人生、对自然的认识，对于从事哲学和社会科学的人非常有意义。

（作者系马克思主义学院退休教师，曾任马克思主义学院院长）

优良教风　一脉相承

□ 井岩

在哈尔滨工业大学（威海）办学40周年之际，能有机会讲一讲信息科学与工程学院在教学方面的优良传承，我备感光荣。作为学院教学传承的亲历者和受益者之一，我怀揣敬意，讲讲许承斌、张秀珍、马秀娟、戴伏生四位教授同青年教师之间“传帮带”的故事。

许承斌教授与青年教师

我2003年4月硕士毕业后来到威海校区，成为当时信控系电工电子教研室最年轻的老师。领导给我安排的第一项工作就是为教学带头人许承斌教授助课。我跟着许老师系统完成了“电路”课程的所有教学环节，许老师的教学示范使我受益终身。

许老师备课时习惯将讲稿详细地写在活页纸上，上课时左手拿着单页讲稿，右手拿着粉笔，一边讲解，一边写板书。每堂课我都听得很投入，笔记记得也很详细，用心体会许老师讲课中怎么把课程内容讲清楚，怎么具有逻辑性，怎么自然地做好前后内容的衔接等等所有细节。后来在上第一门课“信号与系统”时，为了向老师看齐，我下足了功夫，从教学内容设计到板书布局安排，从课堂教学组织到具体一步步实施，每个环节都提前精心设计并反复演练，每节课都按教学设计顺利完成。我的课堂也得到学生们的欢迎和认可，看着课堂上学生们专注听课的样子，我觉得所有的付出都是值得的。

那时授课教师同时还要带实验，许老师也不例外。实验课开课前，许老师会带着我把所有的实验内容提前做一遍，事无巨细，心中有数。后来在实践教学中，我不仅传承了许老师的风格，更加注重对学生创新意识和创新思维的引导与培养，在指导实验的过程中启发同学们迸发出创新的火花。

除了理论授课和实验课，课后还有许多工作要学，我跟着许老师学习怎么批改作业、实验报告和考试卷，如何答疑，等等，所有和教学相关的工作处处都体现着“规格严格，功夫到家”。我顺利通过教学关后，许老师说在教学上站住脚了，可以试着找找科研方向，指导我开展了有关磁流体推进的相关科学研究。

2003至2006年，许老师每年指导一位年轻教师。通过教学上的“传帮带”，许老师将哈工大电工电路教学的优良传统带到了威海校区，传承给了我们这批年轻教师。许老师对待工作一丝不苟的工作作风、对待教学严谨治学的工作态度、对待他人平易近人的处世风格，这些都潜移默化地影响着我们，让我们不知不觉地向老先生看齐。

2020年哈工大建校百年之际，校区新设了教育教学“校长奖”，首届获奖的3人中，87岁的许承斌教授获得“教育杰出贡献奖”，我获得“青年教师卓越奖”。荣誉的获得既是偶然，更是信息学院多年来传承“规格严格，功夫到家”校训精神的必然。

马秀娟教授与青年教师

2004年秋季学期，我上第二门新课“电工学（上）电工技术”，2009年春季学期，我上第三门新课“电工学（下）电子技术”。从备课到讲课再到上实验课，都得到了时任教研室主任马秀娟老师的无私指导和帮助。

马老师是山东省电工学研究会副理事长，获评过宝钢优秀教师，既是哈工大教学带头人，还是山东省教学名师。从熟悉教材到撰写教案，有问题我随时请教马老师。为了把课讲得更好，我走进马老师的课堂把这两门课程完整听了一遍，感受着治学严谨的哈工大式授课风格，受益良多。记得马老师说过："要想讲好课，就要把教学打磨成一种艺术，为此每一堂课、每一个知识点，都要精心准备、反复雕琢，这样才能把深奥枯燥的电工学知识变得清晰易懂，甚至妙趣横生。"

从2005年开始，我一直跟随马老师进行课程建设。我们的"电工学""电工技术"课程都曾获评省级优秀课程。参与课程建设的20年，对我个人成长起着非常重要的作用，我的教学能力和水平不断提升，逐步形成了自己的教学风格。在此期间，我也多次参加各个级别的教学比赛，每次比赛都得到了马老师的专业指导和大力支持。

2006年和2009年，我两次参加校区青年教师教学基本功大赛，都获得二等奖。2016年我抓住最后一次机会报名参赛，终于获得教学基本功大赛的一等奖。2017年参加山东省高校青年教师电工学课程教学竞赛获得一等奖，后被推荐参加"第二届全国高等学校青年教师电工学课程教学竞赛"。备赛期间马老师不仅对参赛课件给出专业的改进建议，还千里迢迢陪我到兰州参加决赛，给予我莫大支持。那次比赛我不负众望荣获特等奖，这是对我十几年潜心钻研教学的最好认可，也是马老师以及学院其他老教师对我多年支持和帮助的结果。

马老师非常重视对青年教师的培养，为每一位刚从事教学工作的青年教师制订培养计划，在教学上严把质量关，在生活上关心关爱。她还发挥自己的爱好特长，经常组织各类活动，努力营造良好的团队氛围，使大家在和谐友爱中共同成长、共同进步。

张秀珍教授与青年教师

2011年秋季学期，我主讲第四门新课"数字电子技术"时，全程旁听了教学经验丰富的张秀珍教授的授课。

张老师是哈工大教学带头人、哈工大教学名师、校区教学督导专家。张老师曾经说："我不追求学生上课的出勤率，更看重抬头率。"张老师的课堂学习氛围很浓厚，学生们全神贯注求知若渴，她用不徐不疾抑扬顿挫的“播音腔”为学生们传道授业解惑，循循善诱“启发式”教学激活了学生的创新思维。

听张老师的课再一次让我领会到讲课真是一门艺术，将讲课节奏、语言表达、时间把控等做到恰到好处不是一朝一夕的事儿，要经过长时间的刻意训练和经验积累。与张老师同在一个教研室办公时，总能看到张老师批改的作业摞得高高的，占据了半张桌子。每到假期来临前，总能看到张老师集中几天凝练教学成果，撰写教研论文，这让我意识到不仅要上好课，还应该进行教学研究。

2004年入职的刘晓宁给张老师助课半年，后面陆续入职的杜海、李剑锋和王永玲都主动旁听过张老师的课。在学院优秀老教师的带动下，我们年轻人很快成长起来。在校区青年教师教学基本功大赛中，2013年王永玲获得一等奖，2014年李剑锋获得一等奖，2018年刘晓宁获得一等奖。

戴伏生教授与青年教师

“模拟电子技术基础”也是教研室承担的一门重要的专业基础课程，戴伏生教授主讲的模电课程被奉为经典。

戴老师作为宝钢优秀教师、校区教学督导专家，素来教学严格，被学生戏称为“名捕”。刘晓宁给张秀珍老师助课半年后，给戴老师也助了半年课，教研室的杜海、菅维乐、王永玲在讲模电课时，也都主动旁听过戴老师的课。王永玲说：“戴老师讲课高屋建瓴又幽默风趣，教学的各个环节处处体现着‘规格严格，功夫到家’，让我意识到在注意修炼教学艺术的同时更要提高自己的知识素养，才能做到学高为范。”

戴老师也时常说起他在备课、讲课、课后及考试等环节的具体做法，讲自己的成长，讲学生的期盼，讲教学的重要性，希望大家把教师作为自己的职业和事业，严格要求自己，过好“教学关”。戴老师说，基础课老师不能只教学，还应该搞研究，老师要全面发展。戴老师认为老师的职责是传道授业解惑，广义上的解惑不是解决课堂问题的答疑，而是当学生遇到新的问题时候的指导。作为教师，只有做到爱护学生才能规格严格，只有做到甘于奉献才能功夫到家。

信息学院始终把全面保证和提高教学质量作为学院发展的生命线，把人才培养作为学院的根本任务。前浪牵引，后浪奔涌，青丝变成白发，容貌不再年轻。老一辈名师以身示范成为年轻教师的榜样，他们在教学岗位上默默奉献、薪火相传，将哈工大优良的教学传统、规格严格的教学精神传承延续。而今进入不惑之年的我们正逐步成长为学院的教学骨干，相信优良教风的接力棒必将从我们手中继续传递下去。

（作者系信息科学与工程学院教师）

打造学生成长的“和谐号”

□ 李华军

刚来学校时我在理学系大学物理实验教研室上实验课。实验室设在C楼（现在的崇学楼）四楼的两个房间，全部仪器和实验室桌柜都来自本部，周六晚上要把撤下来的仪器搬到二楼，再把要用的仪器搬到四楼。当时的理学系包括数学、大学物理、大学物理实验室和大学化学四个教研室，教职工一共不足30人。

2002年8月威海分校更名为威海校区后，为了快速发展，就要设立更多的专业。在化学教研室的基础上成立了海洋资源与环境工程系，后来演变成如今的海洋科学与技术学院。数学教研室成立数学系，2003年有了第一批学生。2005年8月正式成立光电科学系，当年同时迎来了第一批博士、硕士研究生和本科生。如今第一个博士生郭忠义已经是合肥工业大学的教授、博导、黄山青年学者，第一个硕博连读并留校任教的李岩已经是光电系教授、博导、系主任，第一批本科生、硕博连读并留校任教的刘一已成为特聘教授。

2005至2020年，随着院系调整，我先后担任光电系、理学院、理学土木、理学院等分管学生工作的副书记，见证了光电系、理学院、土木系的成长发展，也贡献了自己的绵薄之力。

学院副书记最重要的角色是学生工作者

至今我还清楚记得我在主楼120室，面对光电第一批学生讲过的话：“你们不要急于对我评价，因为教育具有延后效应，等你们离开学校，踏上工作岗位若干年后，闲下来回味大学生活，想到我，说老李这个人还是比较公平的，就是对我的最高评价。”

副书记是领导岗位，要有思想和理念，要以身作则，要事事公平；同时副书记分管学生工作，又是学生工作者。学生工作者首先要讲政治，保证学生思想跟党走；其次要为人才成长创造良好氛围，围绕学生成长成才开展各项工作；还有一点，要坚信威海校区的每一个学生都是精英，根据学生特点给予针对性指导。

我们在入党前答辩过程中发现，有些党支部把发展党员当成三好学生评选，候选人对时事掌握不多且肤浅。2015年4月我们成立理学土木“望星空”时事讨论班，整个理学土木学生党员及部分积极分子组成讨论大班，由分管党建的辅导员老师担任大班班长，五个学生支部委员会各成立小的讨论班，每2至3周进行一次班级讨论。讨论班成立后，大大提高了学生的政治素质，党员质量有了明显提升。2018年5月我们成立了学“习”知路实践队，利用暑期，沿着习近平总书记成长的足迹，到河北正定县、陕西梁家河村和福建的厦门、宁德、福州等地考察，引导学生更加深刻理解习近平新时代中国特色社会主义思想。

育人需要文化，小范围文化就是风气，任何人的成长都离不开优质的文化氛围。作为光电系首任副书记，我很重视文化建设，把创造优质的学风、和谐的人际关系、搭建锻炼学生才能的平台作为工作的主要抓手。我们引导学生关注国家时事、政治、经济的发展，指导帮助学生量身定做职业规划，特别注重抓大学英语四六级通过率，鼓励学生考研深造。2009届首批毕业生创造了54%的升学率纪录，1410202班实现了100%升学深造，这就是优良学风起的作用。感恩不仅是美德，更是一种自我激励。每年毕业季，我都要求学生给自己的中学班主任或任课老师发去一封信，报告自己的毕业去向，感谢中学老师的培养，这给了学生积极表现的动力，同时也对招生工作产生了很好的宣传效果。为加强寝室建设，我们成立了“寝室长联盟”，把寝室长纳入学生干部队伍进行培养和考核，组织“十佳寝室”评比大赛，每年举办“我寝我秀”晚会，那些年全校宿舍评比光电系年年都是第一。

无论从国还是从家的角度看，我们的学生都是精英、都是宝贝、都是可用和可塑之材，但他们又很年轻，不成熟，有缺点，比如贪玩、迷恋网络游戏，这些缺点极易耽误学业。大一是学生成长的关键期，在关键期绝不能放弃任何一个学生。于是我们要求大一期间，除了周六周日，没有特殊情况，21:30之前不允许回宿舍，都必须集体上自习，学习部长要组织学习好的同学给大家集体答疑。我极其重视学院团委副书记和学生会主席的选拔工作。我的原则是首先看人品，然后看能力和积极性，从小事看人，重用甘于吃亏的人。2005年刚成立光电系时，史永敏同学自告奋勇承担取信件报纸的工作。经过长时间观察，我发现她确实说到做到，于是就重点培养。后来她放弃保研考上清华大学，并且带领她们寝室同学全部考研成功，成为有名的“八朵金花”，为光电系学子做出榜样。对主要学生干部的使用，我们的做法是“放手组阁”，因为我坚信“信任的力量”。为了防止有的学生干部图虚名，任职资格都是工作一年后经述职考核合格后下发的，每年都要淘汰一些不称职的学生干部。为了让学生干部大胆工作，只要出发点是好的，出了问题一般不追究责任。

爱学生是做好学生工作的前提，学生工作者要不怕得罪学生，更不能偏袒和讨好学生。记得有次换届选班干部，两个班的原班长由于工作做得好，得到大家认可，又都被高票当选，可这两个班长挂科太多。我得知后勒令他们辞职，先把学习搞上去，后来他俩顺利毕业，现在发展得也不错，都理解了我的良苦用心。光电系从无到有，最初就业是难题，为此我们走访四大光机所、武汉光谷、长三角企业等。土木头几年毕业生都得到本部去找工作，为了把企业引进威海，我到本部土木就业招聘现场挨个摊位邀请企业来威海，利用假期带领辅导员走访中建八大局及其子公司和著名的建筑设计院并建立3个实习基地，2018年54家企业入校招聘。为了扩大威海校区的影响，我们加入山东物理学会，2009年11月承办了山东物理学会学术年会暨院长（系主任）年会。有一次在西安走访企业时巧遇哈工大物理学院张宇书记带队参加全国大学生物理竞赛，应我们邀请，张宇派老师来威海指导培训我们的老师和学生。经过几年努力，我们不仅取得全国一等奖的好成绩，还锻炼出一批年轻老师。特殊学情是学生工作者最难克服、最耗精力和时间的“顽症”，由于具有多年的工作经验，我发现特殊学情主要的根源之一与家庭有关。因此，我们早调查、早准备，在新生入学家长会上把这些因为家庭造成的问题讲清楚，建立起与家长有效沟通的渠道，家校配合做好特殊学情工作。

现象级优秀学生代表——“和谐者”的培育

2006年12月的某一天，获国家奖学金的刘苑同学来到我办公室，说要从国奖中拿出2000元帮助同宿舍的家庭贫困又没好意思申请助学金的曹武刚同学，为了照顾对方自尊，让我把现金以系里名义转交给他，得知父母也很支持后我答应下来，并说等毕业时再说明真相。

刘苑走后，我陷入沉思：以前学生工作者常抱怨评国奖、励志奖学金、助学金时犯难，说独生子女想事办事如何以自己为中心、如何自私等，但刘苑的做法令我改观，深感这不正是思政工作者梦寐以求的“精神酵母”吗？于是我下决心培育其成长扩大，不能让其在嘲讽冷语中受伤甚至夭折，要其带动全系和谐风气，因此有了为此类同学设立“和谐者”荣誉称号的想法。上报系党政会议同意后，很快又出现了一系列好人好事：刘苑同学又从人民奖学金中拿出900元做班费；史永敏和颜世林同学把自己已获评4000元励志奖学金名额让给了更困难的同学，还有一批同学主动捐助学金给其他相对贫困的同学。于是，在2007年春季总结表彰大会上，第一次授予了刘苑、史永敏、颜世林、刘欣等“和谐者”称号。

荣誉称号的授予，不但没有受到冷嘲热讽，反而受到热情追捧，效果极佳。

2006级的邓磊敏来自江西南昌，家境不富裕，父母常年外出打工，自己课余时间勤工俭学。2008年他因家乡冻灾而获得二等助学金1600元，可他豁达地让出名额。当他得知系里要成立创新实验室时，兴奋地捐出自己勤工俭学得来的1600元。

“以前别的同学无私关心我，如今我姐研究生毕业工作，我家经济条件好转，请把这500元助学金转给其他需要的同学。”曾被其他“和谐者”帮助过的2006级藺玲同学怀着感恩的心把500元交到系里。

2008级的张迪用自己的奖学金为处于考研冲刺阶段的学长学姐每天送上一包奶，她说：“有能力付出，我感觉很快乐……”

首批“和谐者”颜世林在校就成为干细胞捐献志愿者，毕业后保送到哈工大能源学院直攻博。2010年5月他得知与一名白血病患者配型成功，毫不犹豫到济南为患者捐献干细胞。

邓磊敏毕业后到华科大国家光电实验室直攻博，仅用了四年就取得博士学位，他在美国深造后回国到华中科技大学武汉光电国家研究中心工作，不到30岁就成为教授、博导。目前担任中心主任助理、二级教授、国家重大项目总师，2024年9月受聘校区兼职教授。

一名“和谐者”带动一个寝室，一批“和谐者”带动一个院（系）。正是在这种和谐向上精神的熏陶下，光电系建系至今，无一名学生因违纪受处分。2011年7月理学土木党委成立后，继续传承弘扬和谐文化，2007—2019年度共奖励个人119人，集体15个。

2020年，我离开副书记的工作岗位。出于对理学院的深深感情，离开那天我就下决心，一定回到理学院退休，如今遂愿。在此特别感谢和我一起做学生工作的学院同事。

（作者系理学院退休教师）

全国五四红旗团支部是这样炼成的

□ 麻志滨

0702101团支部是校区历史上第一个，也是迄今为止唯一获得全国五四红旗团支部荣誉称号的班集体。回想它的成长经历，很让人感慨。

大一下学期，0702101班全班平均学习成绩专业倒数第一。当时，身为班主任的我如坐针毡。如何带领全班同学摆脱学习困境？如何才能形成良好的班风和学风？如何让这群风华正茂的孩子，在宝贵的大学四年里学有所获，引领他们成长、成才？显然，靠说教和强迫，对于青春叛逆期的他们来说，绝对没用！恰逢此时，院团委开展了“创建学习型团支部”的活动。经与辅导员申万兵认真讨论后，一个“以创建先进班级为目标，以培树优秀学生典型为引领，以大学生创新为突破口，以班委会和团支部为抓手”的班级建设思路初步形成。

思想启蒙引领创新

2007年9月，自动化专业一班团支部正式成立。来自广西南宁的蒋翔担任首任团支书兼班长。为了让同学们确立前进的目标，我经常与五名班委在一起学习全国先进班集体——我校汽车工程学院0201101班的先进事迹。

寒假前，我召开了班会，和同学们讨论怎样利用假期去企业实习，成绩不好的同学需要补补课，有余力的同学可以搞搞创新。刘裕良就是我们班第一个“吃螃蟹”的同学，在我的启发下，他利用假期时间自学了单片机。寒假返校后不久，在校区首届电子设计大赛上，抱着试一试的态度，他与黄之燊、卢雨龙、赵文涛组成了两个团队参赛，获得二等奖一项、三等奖一项。接着，他又和黄之燊、魏强组队参加了山东省大学生电子设计创新竞赛，捧回了一个二等奖。“参赛获奖给我们最深的感受就是，科技创新原来也不是很难啊，完全可以通过自己的努力达到一定的目标。”刘裕良在科技创新上屡获奖励且学习成绩一直保持优异的成功事例，极大地鼓舞了同学们的士气，也带动了全班同学积极参与科技创新的热情。

创新助力超越平凡

班委会经过重新选举，科技创新带头人刘裕良当选团支部书记，焦云飞任班长，王磊当选为学习委员。由班委起草、全班同学修改审议的“班训”和“班级宣言”正式出台。0702101班全体同学立下了铮铮誓言：“我有权成为一个出众的人……我要做有意义的尝试。我要有梦想，我要创造，我要拼搏，我要失败，我也要成功……我不会被任何困难吓倒，也不会因任何恐吓而屈服……”

在各项比赛中屡屡获奖的刘裕良带领同学们坚定地走上了科技创新的道路。他根据自己参赛的经历，在班级内部组织电子设计比赛，发动全班同学参与其中。在此基础上，全班同学又报名参加全校的电子设计大赛，动手能力得到进一步提升。当时担任院学生会实践部部长的卢雨龙负责赛事的组织工作，他惊奇地发现，全校参加比赛的学生中有一半是0702101班同学。2009年秋季开学初，“天华杯”全国电子专业人才设计与技能大赛山东赛区的比赛在淄博职业学院拉开帷幕，这次比赛他们捧回了山东省唯一一个全国二等奖、一个赛区二等奖、一个赛区三等奖。

升入大三后，像刘裕良、黄之燊这样动手能力强、基础扎实的同学在专业课学习中的优势逐渐显露，班级的平均成绩也开始遥遥领先于另外两个兄弟班级。在大四上学期确定的推荐免试研究生名单中，专业排名前五的学生中我们班占了四个。而在考研和就业面试过程中与来自其他院校的学生同场竞技，更让同学们体会到了创新带来的自信和超越平凡。

自信点亮璀璨星空

全国性的、山东省的、学校内部的科技竞赛参加了很多，同学们的理论知识得到了巩固，创新意识和能力得到了提升，也打开了一扇通向社会的大门。被同学们誉为“财子”的黄之燊因为经常去公司购买电子元件而与相关企业熟悉，了解到企业的工程师因年龄偏大不擅长编写程序后，他们就主动与企业合作，承揽了编程工作，先后完成“超声波焊接控制器设计”“CAN总线电路开发”等9个项目，获得经费35000余元。看到自己的科技成果能够转化为现实的生产力，同学们都很高兴，也由此增加了专业学习的兴趣和信心。

来自山东淄博的赵文涛被同学们戏称为“机器人专家”，这个多次获科技创新奖项的学生说自己读大学最大的收获就是开阔了眼界。“我们寝室6个同学来自6个省份，具有不同的文化背景和成长经历，在一次次的碰撞和摩擦中加深了感情，在一次次的深谈中开阔了眼界。”升入大四后，他以专业第五的成绩获得外推保研资格，选定中国科学院沈阳自动化研究所。“面试前与同去的其他高校的学生交流，我感觉他们很多人只懂学习，只关心社团，对专业发展前沿和工程应用前景不甚了解，眼界不宽。因此面试时我特别自信，一点儿都不紧张。”他把自己的简历递给考官，凭借着过硬的成绩和坚定的自信获得了中国科学院沈阳自动化研究所硕博连读的资格。

同样被保送中国科学院沈阳自动化研究所读研的刘裕良谈及面试时也强调，丰富的研发经历是他在与清华、天津大学的学生同场竞争中胜出的绝对砝码。而被保送到西安交通大学的王燕霞则根本不用面试就凭借出色的参赛作品和学术论文被导师直接接收。保送到校本部航天学院的蔡起超思路开阔，自信成熟，注重团队作战，他认为“1+1+1 > 3”（参加比赛时都是3人一组）。建立在实力基础上的自信成就了他们的卓越。

除了4名保研的学生外，还有8名同学考取研究生。黄之燊被香港大学接收，贺静去北京化工大学读研，庞慧去了校本部，王磊和张旭要去深圳研究生院，而蓝天翔和焦云飞则留在威海校区继续读研，懂英、法、日三门外语的白莉要去日本富士国际语学院进修。选择继续考研的李书郁说自己“懂事太晚”，本科阶段没什么突出成绩，但他发现我国的航空气动力学与国外相比差距较大，立志未来从事这方面的研究。很多找工作的同学都有这样的经历，只要把务实厚重的简历往考官面前一放，基本上就OK了。

团结凝聚永恒动力

六公寓最东头的4个寝室是0702101班男生的聚居地，这里干净整洁，是温馨的家。同学们都是设身处地为别人着想，有了问题拿到桌面上解决。103室的寝室长蔡起超说：“老想着自己是对的，就搞不好团结。”五公寓的425和424室则是7朵金花的住所，无论是公开检查还是临时抽查，这里的卫生总是优秀，连一年级的小师妹都自愧不如。

曾经担任团支部委员的石莹深情地说：“不管是班主任，还是班委、普通同学，当你需要帮助的时候，总会有人伸出援助的手。”大一下学期班级平均成绩在三个平行班级中最低，还有三四名同学感觉学习吃力，学习好的同学就主动与他们结成对子，一对一帮扶，不让一个人掉队。班里的每一项活动，无论多忙多累，同学们都一定要参加。张旭还记得参加学院里的“寝室一家人”活动，为了不耽误学习，他们不仅利用中午休息的时间，晚上还在寝室打着手电筒排练小品。哈工大建校90周年庆典时很多同学忙着考研、参加比赛，但学院的诗歌朗诵节目他们全体参加。

考研的同学忘不了学院领导对他们的关心和照顾，在复习最紧张的关头因学校公用房调整，他们经常学习的教室不能用了，学院在紧张的实验用房中给他们挤出一间，暂做考研专教。前院长曲延滨教授作为指导教师曾经亲自为同学们提供技术指导，党委书记师雄达更是经常与同学们交流、座谈。

到毕业时，全班31名同学中有12名同学加入中国共产党，2名积极分子完成了党校学习培训，有1人担任院学生会副主席、3人担任部长，几乎占据了院学生会的半壁江山。当我回顾与他们四年中朝夕相处的点点滴滴，亲历和见证他们的成长和进步，作为这个大家庭的家长，我感到无比欣慰和自豪！

在校、院各级领导的关心和老师们的帮助、支持和教育下，经过全班同学的共同努力，2011年0702101团支部被评为山东省五四红旗团支部、全国五四红旗团支部，成为那一年山东省学校系统唯一一个获评的优秀团支部，也是哈工大（威海）建校以来首个获此殊荣的团支部。

（作者系信息科学与工程学院退休教师）

母校在我心中

□ 刘群

我们每个人的初心和梦想，就是激励我们在人生道路上坚持走下去的动力源泉，哈工大“规格严格，功夫到家”的校训和“八百壮士”精神一直贯穿于我在母校工作的岁月里，“今天我以母校为荣，明天母校以我为荣”的誓言至今仍激励我自信自强，不断成长。

忆往昔　峥嵘岁月

从1995年来到哈工大威海校区读书到参加工作，至今已30载。是母校培育了我，把我塑造成为现在的这个我——一个乐观向上、积极进取的人。

每年迎新生时，我都不由得欣羡这些大一新生，因为作为1995年在威海校区入校的学生，那时的哈工大（威海）条件真是非常艰苦。我们来报到时，沿着一条荒凉的小路走到校园，没有大门，只有一栋教学楼和一栋办公楼矗立在草地里，小小的篮球场是我们唯一能组织文体活动的场地，实验室、机房建设也不完善。但就是在那样的环境里，我们仍然积极地学习生活，参与组织各项文化活动，当时唯一的念头就是想学出个样来，再到哈工大本部继续读研找出路。

校区虽然硬件条件不好，但老师们给予我们很多关爱，对我们的指导也很细致。教我们大学物理的霍彬茹老师讲课生动，教学严谨，年纪虽大但激情四溢，深受学生敬佩和喜爱；教数电的张秀珍教授不仅课堂上耐心讲解，课下也十分细致地回答同学们的问题。老师们在教授我们知识的同时，也在训练我们的工科思维方法，使我们具备了工科生特有的严谨治学、踏实务实的思维模式和精神风格，为我们日后踏上工作岗位打下良好的基础。

因为硬件条件限制，部分学生出现思想不稳定问题，引起学校的密切关注，我们95级两个本科班被送到本部完成大四学习和毕业设计，成为威海校区历史上唯一一届3+1本科生。那时候我们的心情是复杂的，一方面为到校本部学习而欣喜激动，一方面又对自己学习、生活三年的威海校区恋恋不舍，而那时不舍的心情更甚。舍不得这里的老师们，舍不得这里虽简单但温馨的小教室、宿舍……大学最美好的时光都在这里，越是艰苦的环境，我们师生彼此的情谊越深厚，我们对校区的热爱更深沉。那时候我就暗下决心：我一定要回来！

领航人　师者为范

从哈工大本部研究生毕业后，我毅然回到威海校区，成为一名学生工作者。18年里，我从学生辅导员到团干部，看着自己的学生在大学四年成长蜕变，走向社会发展成才，而我也跟着他们一起成长一起历练。

犹记得2012年元旦前夕，我有幸到校区首任党委书记金光老师家探望，一进书房我被惊呆了：简陋的书桌上，满满的都是金光老师学习习近平总书记关于“中国梦”的手抄报，旧得发黄的页面，记满了标注和读后感。他还向我讲述六十多年前自己在哈工大学习生活工作的故事和对威海校区的希冀，那时他已是八十多岁高龄，虽然话语不大清楚，但仍饱含深情，深深感染和打动了我。

强文义老校长是威海校区首任校长，更是威海校区的创立者，他为校区建设殚精竭虑，倾尽无数心血。他经常向年轻师生讲述20世纪五六十年代，李昌老校长带领全校师生众志成城、实现弯道超车、开创学校第一个黄金时代的故事。在校区发展近四十年时间里，他致力于传承与发扬哈工大优良传统，每次来威海校区都对我们说：“威海校区变得越来越好了，大家的努力和付出都是值得的！”他还把《李昌传》和自己撰写的《感恩与怀念》赠予我们，鼓励我们传承哈工大“规格严格，功夫到家”的校训和“八百壮士”精神。

2017年，我们有幸邀请到原哈尔滨建筑工程学院院长，“优秀教工李昌奖”获得者、全国模范教师何钟怡教授来威海校区为全校师生做报告。耄耋之年的何老教授动情讲道：“我爱我的母校，我爱我的祖国，我现在的梦想是，我要活着看到中国梦实现的那一天！”他那谦逊儒雅睿智的大师风范、老一辈哈工大人的家国情怀，深深触动了我的心灵。何老师和师母邹平华教授，都是我重要的人生导师。每当工作中遇到困难挫折或是困惑，我都会跟他们请教，他们鼓励我克服困难坚持下去：“你们做的工作很不容易也很重要，只有你们坚强了，学生们才会更坚强。”

追梦路　风雨兼程

在共青团工作中，我们引领学生思想，服务学生成长，让哈工大文化精神在威海校区传承和根植，树立威海校区学子的自信心。

那时的我年轻有活力，工作充满激情，喜欢和青年学生在一起。我曾负责指导学生会工作，与学生干部们年龄相近，亦师亦友，没有代沟好交流，培养出了很多优秀的学生干部。而从他们身上，我也仿佛看到了当年自己作为学生干部的身影，从而更加坚定地付出。

学生社团让广大学生个性和特长得到张扬释放，成为展示自我的舞台，涌现出优秀的学生集体和个人，岳荣刚、柳东威、宋琪珍、陈贤帅、华玉峰等百余位十佳大学生百舸争流。

大学生创新团队——大学生方程式赛车团队由各专业热爱创新的优秀学生组成，他们坚持“造辆好车去夺冠”，经七年磨砺在2017年获得全国“双冠王”，我们趁势联合申报了团中央“小平科技创新奖”并于次年获奖，HRT大学生方程式赛车队成为全校唯一一支获此殊荣的创新团队。

威海校区的学子越优秀，就越自信。“今天我以母校为荣，明天母校以我为荣”，这句话真正得以实现。

离开团干部的岗位后，我又做过校友和工会工作，其间被校区党委和市委组织部选派到地方政府挂职。无论在哪个岗位上，我都兢兢业业，坚守初心。

每当看到一届届毕业生离开校园时都是收获满满，我的心里也充满了成就感；每当看到学生离校时的那份不舍，我内心最柔软的部分又被触动。我是幸运的，因为当年的那份不舍让我从未离开母校，并见证着她的过去、现在以及未来。

感恩母校，是您教会了我做人做事，让我成长；情系母校，这里是我魂牵梦绕的精神家园——母校永远在我心中。

（作者系机电控制及自动化1995级本科生，现就职于校区工会）

海边的航天梦

□ 王瑞玲

清晨时分的海边，咸涩的海风裹挟着浪花的低语拂面而来，远眺天际线时，我时常产生一种奇妙的错觉：那泛着银光的海浪与发射场的火箭尾焰仿佛在某个维度产生了共振，在我耳边响起熟悉的轰鸣声。

我的老家是山沟里的一个小城，离卫星发射基地不远，每次听到地动山摇的轰鸣声，爸爸就会拉上我跑到院子里，仰头寻找天空中的一尾白烟，他郑重告诉我："这是在发射火箭，又有卫星要上天了。"那时候虽然不知道发射火箭和卫星上天是怎么回事，但我知道一群人为了这件事在山沟里"献了青春献终身，献了终身献子孙"。

1996年，我考入了在海边的哈工大，虽然听不到轰鸣声，但是离火箭和卫星又近了一点。在"自动控制原理"课堂上，李铁桥老师会从控制论讲到长征火箭的姿态控制；金工实习车间里，车出的每个零件都要用游标卡尺精确到微米，师傅说这和火箭发动机叶片加工是一个道理。记得1998年深秋，神舟一号发射后，学校请了校本部一位专家来做报告，A楼的阶梯教室里连窗台上都坐满了人，盛况堪比当年观看世界杯。专家讲了很多技术的问题，现在都忘记了，但是他最后讲的那句："咱们哈工大就是为航天事业培养人才的，中国航天的腾飞将来就靠你们这一代人了！"为向往星辰大海的年轻人播下了航天梦的种子。

从神舟一号到神舟二十号，27年间，我国的航天事业发生了翻天覆地的变化，而当年听报告的学子中，有许多已经在航天一线奋斗了整个青春。2018年春天，毕业十多年没有见面的同班同学回到威海，一见面就为自己从没参加过同学聚会不停道歉，因为那些年他不是有预研任务就是有发射任务，连回家过春节也仅有3次。我们一起在海边散步，他看着满天的星斗，讲起当年的梦想和已经上天的卫星，我问他经历的辛苦和巨大的压力时，他摸了摸半白的头发，说："选择了这一行，就要能扛得住！"

"扛得住"这三个字让我动容。2004年9月，孙锦云将军来威海在刘公岛上为校区军训的新生做报告。报告会是在晚上举行的，当时没有电子屏，就在操场的主席台加了一个投影仪，在略显简陋的现场，60多岁的孙将军深情讲述了神舟五号载人飞船进入太空并顺利返回的艰辛过程和背后的感人故事。伟大的事业背后凝聚了无数航天人的心血，也孕育了伟大的精神，那就是"特别能吃苦，特别能战斗，特别能攻关，特别能奉献"的载人航天精神。而这种精神在一个航天人眼中就是简单的三个字——"扛得住"。

从那时候起，校区每年都会请来专家为学生做航天精神报告会。戚发轫院士的讲座，让我们看到了老一辈航天人的家国情怀；叶培建院士的分享，让我们懂得了航天事业需要几代人的接续奋斗。每一次报告会，都是一次精神的洗礼，一次梦想的升华，那些刚刚迈入哈工大的学子年轻的面庞上，写满了向往与热爱。

2004级电信专业的蔡先军在入学之后听了两场报告会，打开了梦想的大门。孙锦云将军的报告让他了解到哈工大人为中国航天事业做了很多贡献，因此对航天产生了浓厚的兴趣，而嫦娥一号特聘专家乔晓林教授的讲座让他找到了实现梦想的专业优势。2010年硕士毕业后，他来到了上海卫星研究所，带领团队圆满完成了3颗卫星的发射任务，现在已经是卫星测试的专家。

2012级的赵玺在校期间是优秀的学生干部，当过班长，荣获过全国百佳团支部书记称号，毕业后前往四川支教一年，履历很丰富。硕士毕业时，他放弃了外企、银行的录用通知，最终选择了航天研究所，被很多人认为"可惜"，我却毫不意外，因为赵玺身上一直有"情怀"，做学生干部和支教老师的经历是他助人的情怀，选择航天事业是他报国的情怀。

2024年初，"全球最大固体运载火箭首飞成功"的消息刷屏，商业航天的创新力成为大家关注的焦点，在这个哈工大校友的创业团队里我毫不意外地发现了我们的校友——2006级自动化专业的赵也倪。赵也倪从小就对航空航天感兴趣，高考结束后心怀对哈工大的向往，他选择了威海校区的自动化专业，并在硕士毕业后投身航天事业，后来成为第一批进入商业航天领域的技术人才。凭借超强的实践能力和创新意识，他带领团队攻克难关将创新技术用于“引力一号”商业运载火箭，取得了成功，也让自己在实现航天强国的梦想中不断前进。

正是在家国情怀的感召下，在勇于创新精神的驱动下，一批批优秀学子投身航天事业，在各自的岗位上绽放光彩。他们有的在科研一线攻坚克难，有的在管理岗位运筹帷幄，每当听到他们的消息，我都备感欣慰，好像自己的梦想用另外一种方式实现了一样。

夜幕降临，我从海边回到灯火璀璨的校园，图书馆的穹顶和夜空中的星座遥相辉映。四十载春秋，这座离海最近的航天学府始终保持着向星辰大海进发的姿态，而浪花拍岸的节奏，恰似一代代青年人叩问苍穹的心跳。

（作者系自动化专业1996级本科生，现为信息科学与工程学院党委书记）

“哈工大到了”

□ 吴琼

1997年，我就读于哈尔滨工业大学威海校区材料成型与控制工程本科专业，2001年毕业留校，现任马克思主义学院党总支书记，是个名副其实的“土著”。2025年，母校迎来办学四十年，人们常说四十不惑，母校经过了四十年的发展，已经走上了发展的快车道，正在努力建设与世界一流大学相匹配的特色校区。我愿用笔尖重新勾勒我所经历的那段岁月，回顾我和母校一起走过的路。

回首我入学的场景仿佛是在昨天。1997年9月，天空阴霾，下着雨，我们坐着“蝗虫”（当年的出租车），经过一条泥泞颠簸的泥路，来到一片荒芜的土地，听到司机师傅喊一声：“哈工大到了！”拉开门，B楼（博学楼）大厅外墙上挂着欢迎新同学的条幅——这就是哈工大威海校区了。

当时的校区，只有A、B、C、D4栋教学楼加上一、二、三、四4栋学生公寓，现在的主楼和广场在当时是一片洼地，里面长满了庄稼和野草，每到雨季，可以听取蛙声一片，常可见到蛇鼠出没，也有青蛙、刺猬、野兔。那片洼地也曾有过辉煌，为了备战2000年奥运会，国家女子竞走队曾在校区训练，训练的方式就是围着这片洼地转圈圈，而训练的队伍里就有悉尼奥运会20公里竞走冠军王丽萍。我下一届对门寝室的小六子曾经作为志愿者为她服务。得了冠军的王丽萍回到校区和同学们座谈，班里一个胖胖的女生问王丽萍：“你每天都吃什么啊？身材这么苗条。”王丽萍笑道：“吃苦。”

当年我读书时繁华热闹的场所现在都已渐趋安静，一些原本的空阔荒地却变得生机勃勃。比如A楼（安学楼）是我经常上课和自习的地方。学苑餐厅上面的材料学院实验室是我们曾经的食堂，冬天被雪覆盖的那一级级的台阶上不知摔倒过多少同学，掉落过多少油条和饭缸。A楼（安学楼）的东侧是两块仅有的硬化篮球场，我们的开学典礼就在那里举行，平时热爱篮球的我经常在那里挤占场地，挥洒汗水，结识好友。如今大学生服务区里人来人往，很难想象以前那里是一片凹凸不平的黄土篮球场。大学生活动中心和综合球类馆所在的位置原本是我们上学时野游的好去处，现在篮球馆是我一周四次坚持锻炼的铁阵地。

如今主楼前面婀娜的学子松在我上学时是摄影课程最热点的选景地，也是校区这些年来发展的见证者。多年之后回到母校的校友们走到主楼门前看到这棵松树时，大家心中的记忆油然升起：当年我们就在松树下面的野生草坪上一起踢足球，十年树木，而今它也亭亭如盖了。自2003年以后，每年的毕业典礼都在这里举行，绕松徐行也成为经典环节，蕴含着哈工大威海人对母校的眷恋。除此之外，整洁明亮的现代化图书馆、恬静典雅的书院、一步一景的中轴线、栋栋观海的宿舍楼……当年我梦想中的大学，一步一步地照进了现实。40年沧海桑田，威海校区破茧成蝶。

然而我入学时的心境并不像上面描写的那样意兴盎然。那时校区在校生数量很少，而且以专科为主。我入学当年是校区第一次大规模招收本科生，所谓大规模也不过是几百人而已，我们心中只有四个字——努力、改变，所以才有了9712班毕业时高达50%的考研率。

四年的本科生活，尽管硬件条件并不十分让人满意，但是老师们都兢兢业业绝不敷衍塞责。我清晰记得做大学物理实验时，有几组同学反复调试不成功，老师便逐个指导直到得出正确结果，而那时已经过了正常午饭的时间。时任校区校长的王尔德老师，亲自担任我们班级的名誉班主任，在每次班级元旦活动的时候，他都会和班主任吴欣老师到场为同学们送祝福、提希望。赵国亮老师是我们入学时的辅导员，我作为首任班长给他报班委团支部的名单时，列得有些杂乱，他用笔画了几道连线，把组织委员、宣传委员和团支书连在一起，耐心地给我讲不同职务的分工。这些可爱可敬的老师身体力行着哈工大“规格严格，功夫到家”的校训，教会我们做人做事。

其实很久以后我才真正开始了解校区，了解创立之初那些更为曲折和惊心动魄的历史。老一辈的创业者在这一片荒滩上立起哈工大的招牌，他们扎根威海，四处奔走，八方呼吁，为校区的发展呕心沥血，经过了艰苦卓绝的建设才保住了红旗不倒。如今他们大多已经领了象征哈工大精神的功夫锤，荣休在家享受儿孙绕膝的天伦之乐了，从他们充满笑意的脸上再难看出当年的峥嵘岁月。但每逢校区的重大决策与活动，总少不了老先生们的身影，他们仍然会为校区出谋划策，我想这是因为他们爱校区，校区就如同他们的孩子，这种爱已经深入血液和骨髓。现在的我也会为紫丁香书院的学子们上思政实践课，引领他们走在校史馆里，看着一幅幅图片，给他们讲我们当年上学的故事，讲老一辈创新创业的故事，我想这就是传承吧。

这几年各级校友毕业秩年返校活动络绎不绝，很多校友从四面八方赶来，惊叹于校区翻天覆地的变化，不变的仍是师生之情。师长们和同学一起回顾虽然艰苦但温馨的岁月，每听到一条校区发展或校友在工作岗位上的捷报，大家都油然自豪。相信随着校友们在社会中的不断成长，母校的知名度和美誉度必将得到稳步的提升。

不知不觉，从求学到工作来校区已经28年，我在威海校区的时间已经远超第一故乡，我的孩子也已经开始读大学。我目睹了28年来母校的每一次变化，我热爱我的母校，她和我一样，从懵懂茫然走向自信坚定；我热爱我的母校，就如同其他很多爱着她的人一样。

（作者系材料成型及控制工程专业1997级本科生，现任马克思主义学院党委书记）

从青葱到芳华

□ 鞠囡囡

时光如一条蜿蜒的长河，奔腾不息地流淌着。回首从踏入校园的青涩少年，到如今与学校共同成长的教师，我的人生轨迹与校区的发展历程紧密相连，青春、梦想与奋斗都深深地烙印在了这座美丽的校园里，交织出一幅绚丽多彩的画卷。

初入校园　梦想起航

1997年，怀揣着对未来的憧憬，我踏入了哈工大威海分校，成为首届英语专业本科生。当时的校园尚处于起步阶段，面积不大，教学楼、宿舍楼等建筑不多，基础设施都很简陋。没有一条正规的柏油路，我们每天需要翻越现在主楼所在的一座土山，从宿舍走到教学楼去上课。一到雨雪天气，便像是在进行一场泥泞马拉松，每一步都充满了“惊喜”。然而，正是这样的环境，磨砺了我坚忍不拔的性格，激发了我对知识的渴望。这片生机盎然的土地，蕴藏着无尽潜能。

我深受哈工大“规格严格，功夫到家”的校训影响，努力学习，积极参加各类学术活动，不断提升自己的英语水平和跨文化交际能力。当时的英语专业老师虽然不多，但老师们都有着极高的学术追求和敬业精神，用自己的专业知识与人生经验，为我们打开了通往新世界的大门。记得刚入学时，为了帮助我们提高英语水平，老师们每天都会组织听说练习。在那个尚未普及多媒体设备的时代，老师们仅凭录音机与收音机，播放着一盘盘英语磁带，接收着一道道广播电波，引领我们跟读、模仿，探寻语言的奥秘。虽然条件艰苦，但大家学习的热情却丝毫不减，我们常常在课后聚在一起，互相纠正发音，分享学习心得。那时的我们，虽然物质条件有限，但精神世界却无比充实。

毕业留校　传承创新

毕业后，我选择留在母校工作。我深知，作为一名教师，我的责任是传道授业解惑，帮助学生实现自己的梦想。

初为人师，面临着许多挑战，还记得第一次英语课，我心中充满了紧张与期待，当看到学生们认真听讲，积极回应，课堂气氛逐渐活跃起来时，我的紧张感被一种前所未有的成就感所取代。为了提升教学质量，我虚心向资深教师求教，汲取他们的教学智慧，不断打磨教案，力求使课堂内容既丰富又有趣。渐渐地，我形成了自己的教学风格，也赢得了学生们的喜爱。

在教学上，我始终保持着严谨的态度和创新的精神，致力于提升学生的英语实践能力，激励他们勤于思考、勇于提问、敢于创新，培养他们的批判性思维和解决问题的能力。每当看到学生们在我的指导下取得进步和成就，在全国各项英语赛事中屡创佳绩时，我都会感到无比欣慰和自豪。

从教二十多年来，我始终以校为家，坚持“以学生为中心、学生发展成效驱动”的教学理念，潜心教学研究。在担任大学英语教学团队负责人期间，我积极投身于教学研究，以培养四类杰出人才为己任，带领整个大学英语教学团队不断创新、优化教学模式。大学英语教学部先后被评为校区立德树人先进团队、优秀基层教学组织，我个人被评为哈工大“两优一先”优秀共产党员和三八红旗手。

近年来，我们以大类集群培养为抓手，通过制定针对性培养方案并建设特色化课程体系，实现公共外语人才的有效培养。大学英语教学团队全面引入POA理论体系，构建三元协同大学英语教育体系，2022年获山东省第九届教学成果奖一等奖，两门课程获评山东省线上线下混合式一流课程。团队开发的《新一代大学英语》配套教案及课件被外研社采纳，在全国10余所重点高校推广使用。由于在外语智慧赋能上的典型做法，2021年成功入选上海外语教育出版社在国内高校设立的首批“WE外语智慧教学示范基地”，为山东省唯一高校。2022年《大众日报》对校区大学英语教学改革措施和成效做了深度报道。校区大学英语四级考试一次性通过率屡创新高，最高达96.86%，远超全国重点高校平均水平。多项国家级英语赛事，比如全国大学生英语辩论赛、阅读大赛以及全国大学生英语竞赛成绩优异，持续保持山东省高校首位。

展望未来　携手共进

来学校学习工作的28年里，我见证了校区从哈工大威海分校到哈工大（威海）的跨越，见证了外语系到外国语学院再到语言文学学院师资力量逐步壮大、学科建设不断完善的变化，见证了整个校区在学科建设、科研创新、人才培养等方面的飞速发展。我为能成为这个大家庭的一员而自豪，更为能见证并参与其中而感到荣幸。这座校园不仅是我成长的摇篮，更是我实现梦想的舞台。

从初建时几栋教学楼的简陋，到如今现代化的教学设施一应俱全的蜕变；从最初的几百名学生，到现在的万余人规模，校区日益壮大，基础设施亦随之不断完善，焕然一新。图书馆藏书的日益丰富、教学楼的拔地而起、智能化教学设备的广泛应用，都让我深感自豪。越来越多的优秀教师加入教师团队中，他们带来了先进的教学理念和丰富的教学经验，为校区注入了新的活力与创新思维，为校区迈向更高层次的教育目标奠定了坚实的基础。

站在新的历史起点上，我深知自己肩负的责任与使命。我将继续怀揣梦想和热情，培养更多具有国际视野和创新能力的高素质人才，为校区的繁荣发展贡献自己的力量。我相信，在未来的日子里，哈工大威海校区将继续保持其独特的办学特色与优势，不断推动教育教学改革与科技创新，为实现中华民族伟大复兴贡献更多的智慧与力量。而我，也将与校区一起，共同书写属于我们的新篇章！

（作者系英语专业1997级本科生，现为基础教学部大学英语教学部主任）

我的老师我的系

□ 李文学

2004年8月，我攥着录取通知书踏入哈尔滨工业大学威海校区时，咸涩的海风正掠过新漆未干的7号和8号公寓。红砖墙面鲜亮依然，白窗框在烈日下泛着微光。我的宿舍被分配在8号公寓六层，推开窗便能望见黄海的浪涌。

数学系的办公室在主楼三层，几间办公室排布在正楼西侧。五楼512教室则是研究生的专用教室：褪色的绿漆黑板占满整面墙，木质课桌刻满深浅不一的划痕，有人戏称那是“勒贝格积分的可视化”。初到数学系报到，首先见到了教学秘书王静老师，她干练的身影成为我对数学系的第一印象。

几天后的导师见面会上，我见到了再生核理论领域的崔明根教授，身旁站着团队核心成员林迎珍教授与陈忠博士。崔教授团队主要利用再生核理论研究各类方程的数值解法。当时的数学系以计算数学为主要方向，除崔明根团队外，另一支核心力量便是丁效华教授领衔的微分方程数值方法团队。2004年11月，我有幸成为丁效华教授的研究生，开启数值动力系统理论的学习之旅。

丁教授的学术风格以“极致严谨”著称，每周的学术论文讨论班雷打不动。他为我量身定制了研读计划，从“动力系统”的经典定理到HOPF映射的数值稳定性分析，每个环节都需提交手写推导笔记。这种精细化指导如同数学显微镜，让我窥见理论深处潜藏的奥秘。研二时，在丁教授的提点下，我们合作攻克了一类时滞动力系统的数值HOPF分支问题，连续的两个结果均发表在SCI期刊上，成为我硕士生涯最珍贵的学术成果。

2004年，王克教授的加盟为数学系应用数学学科注入全新活力，他一手开创威海校区的生物数学方向与随机动力系统方向。2009年，魏俊杰教授由本部调到威海校区，建立动力系统团队，其成果不仅推动了数学学科的发展，也为病毒动力学、神经网络等跨学科领域提供了关键工具。

在王克老师、魏俊杰老师与丁效华老师的带领下，校区数学学科实现跨越式发展，形成“基础研究—交叉应用—人才孵化”三位一体的创新体系。在随机系统理论、微分方程动力系统、数值计算等前沿领域取得突破性科研成果，发表多篇重要论文，获多项省级科研奖励，通过学术导师制与科研反哺机制，培育出具有国际视野的青年学者梯队。现在数学系的很多老师都是三位老师培养的学生，已经成为校区数学系的主干力量。

2009年，我博士毕业留校，加入数学系大家庭，开始教师生涯。起初，我把所有精力都放到课堂教学上，认真备课，上好每一节课。2010年夏天，当秦泗甜博士刚来校时，与他在图书馆门前的一次偶遇，成了改变我教育理念的契机。我们初次交谈便如同故友重逢。面对这位眼神灼灼的青年学者，我忍不住倾吐多年思考：“课堂传授知识固然重要，但在咱们工大这片土壤里，是否该让本科生更早触摸真实的科研脉搏？”话未说完，秦博士已抚掌称是——原来他带着博士期间的科研热忱，正想寻找实践育人突破口。短短几周时间，我们联合了吴开宁、苏欢、姜薇等一批年轻老师，加入到本科科技创新实践活动中，原本为研究生开设的讨论班也吸引本科生加入，共同参与论文写作实践项目。随着学术讨论班与论文写作实践项目的展开，数学系学子在数学建模竞赛与学生论文上有了明显产出。

2013年秦泗甜科研团队的刘亚东同学获得校区第一个全国大学生数学建模竞赛全国一等奖。在刚刚结束的2025年美国大学生数学建模竞赛中，刘刚丞、熊宇菲、汪小晶3位同学获得Outstanding Winner奖（最高奖）中的学会奖（Informs Award），这也是哈工大一校三区在本项赛事上获得的第二个“O奖”。自2009年起，数学系年轻老师带领团队指导本科生以第一作者发表科技论文150余篇，以科技立项的形式培养本科生300余人，大多数学生到国外知名高校留学或者保送至国内高校继续深造。

2014年王克老师去世后，我接过随机控制系统团队的旗，秉承老师教书育人的理念，立志成为一名合格的数学老师。尽管教学和管理工作繁忙，但我们每周4次、每次至少两个小时的讨论班雷打不动。无论是学习还是做科研，我都要求学生把“严谨”二字记在心头。每当有学生完成新的论文，我都会组织课题组成员共同检查，反复斟酌，严格把关论文中的每处细节。目前，团队共培养博士研究生18人、硕士研究生30余人，发表SCI论文50余篇，团队成员获得哈工大“春晖创新成果奖”一等奖、三等奖各一项，多人获得省部级奖项。

作为王克老师在威海校区的的第一个博士，我加入王克老师先进事迹宣讲团和哈工大“八百壮士”精神宣讲团，多次在一校三区和省内高校宣讲老师的先进事迹。我愿和我的同事们一起，在教书育人中奉献自我；我愿和我的学生们一起，在服务社会中贡献力量。

（作者系数学系2004级硕士研究生，现为理学院数学系教师、教务处副处长）

二十年的坚守

□ 姜薇

2005年夏末，我第一次踏入哈工大（威海）的校园，那时我还是一个怀揣着学术梦想的硕士研究生。一进校门就能看见的主楼、日月湖边的林荫道，让我感受到哈工大深厚的文化底蕴。我从未想过，这一踏入，就是二十年。

研究生阶段——梦想起航

我专注于偏微分方程数值算法的研究，导师崔明根教授是一位严谨而朴实的学者，他不仅教会了我专业知识，更让我明白了做学问的态度——严谨、专注、不浮躁。

2007年，我顺利进入博士阶段，研究的内容更加深入和艰难，但我也更加成熟和坚定。我选择了分数阶偏微分方程这一前沿课题，从刚开始的迷茫到找到突破口，做出研究成果，再到在专业领域的高水平期刊发表论文，在这个过程中我从未想过放弃，因为我深知，每一次突破都是成长的契机。

站上讲台——从青涩到从容

2010年，我顺利通过博士论文答辩，正式留校任教。我所教授的课程是大一新生军训结束后的第一门正式课程，第一堂课上得好不好，不仅关系到学生对大学生活的印象，更可能关乎学生之后四年的学习与人生的发展。所以，我用心开启新生们的大学第一课，为他们的学习打下良好的基础。

我给自己定下的第一个目标是“讲得了课”。在提前掌握教学内容、充分备课的同时，我主动去听哈工大教学名师刘锐老师的课，全面系统地学习刘老师的教学方法、授课过程。一整学年的听课让我加深了对课程内容的理解和对讲课节奏的掌控，对课堂上的突发状况也有了比较从容的处理方式。

随后，我开始朝着“讲得好”努力。我对学生提出的问题认真分析和研究，保留好的做法，改进自己欠缺的方面。我积极观摩青年教师教学竞赛，学习好的教学设计、语音教态，用在自己的教学实践中。每节课上我都用心去感受自己的教学效果，如果哪个问题没讲明白或者出现突发状况解决得不够满意，下课后我会如鲠在喉，一直到下一次课上想办法弥补后才会满意。

后来，“把课讲得精彩”又成为我的新目标。我去听教学带头人金承日老师的课并全程录像，回来后反复观摩，关注讲课主题的引入、中间的衔接、内容的展开、讲授的深浅以及课程总结等细节，并主动向金老师请教重难点问题的讲解，这些都让我对“精彩课堂”有了新的认识和收获。

十年时间，我一步步实现了从站上讲台讲得了课、站稳讲台讲好课、再到扎根讲台讲得精彩的成长。

不懈努力——课程思政与教学改革

我知道，仅仅在讲台上完成专业课的教学是远远不够的，高等教育承担着为党育人、为国育才的重任，必须将理想信念教育与课堂教学完美融合，才能完成立德树人的根本任务。

我成功获批校区第一批课程思政教学改革项目，与同事们一起挖掘微积分课程中的思政元素，以科学家故事、时事热点、数学文化为切入点，将思政教育贯穿于每一堂课。我常常给学生们讲哈工大“八百壮士”的故事，老一辈科学家们为了国家的科技进步奉献一生的精神深深打动了学生。我希望通过这些故事让学生们明白，学习不仅仅是为了自己，更是为了国家的未来。

2020年，疫情改变了我们的教学方式。我第一时间学习了各种授课平台的使用方法，第一次在学校云上建立了异步SPOC和独立SPOC，利用“多维互动”教学模式，充分调动学生的参与度。这种创新的教学方式在后疫情时代的线下教学中延续下来，我利用长江雨课堂授课平台提高课堂互动性，开展“学霸讲堂”邀请学生成为主讲，通过微信公众号发布数学文化、数学建模和数学竞赛相关的推文，丰富学生的数学素养。

近两年AI技术不仅改变了学生的学习方式，也让我对教学有了全新的认识，我申请了学校的AI赋能教学改革项目，建构了AI课程，期待与AI助教一起助力学生们的课程学习。

爱心陪伴——做学生成长的筑梦人

习近平总书记曾讲过：“今天的学生就是未来实现中华民族伟大复兴中国梦的主力军，广大教师就是打造这支中华民族‘梦之队’的筑梦人。”作为筑梦人，我们不仅要为学生打牢知识的基石，更要用爱心和耐心陪伴学生成长、成才。

我曾教过一个来自西部地区的学生，她的数学基础很薄弱，第一学期期中考试成绩只有个位数。此后我便开始利用业余时间给她补习、辅导，但因为基础太差成绩提高得不够明显。大一结束的夏季小学期，我按照约定为她进行辅导，成绩虽有所提高但她依然没有过关。最后一次考试前，我利用两周时间带她系统地复习了课程内容，最终帮助她顺利通过了考试。成绩出来后，学生激动地跟我说：“谢谢老师一直以来的鼓励和帮助，我会继续努力的！”看到学生的进步和成长，我很欣慰。我想，这应该就是做老师最大的幸福吧！

大一学生入学时，我说的第一句话就是：“有困难可以来找我。”我积极参与青鸟工程项目，除一对一帮扶1名同学外，还参与了2个班级的集体帮扶，同时我还积极联系合作企业对班上1名生活有困难的同学给予资助直到他毕业。

我希望用自己的努力，让每一个学生都能在哈工大找到属于自己的未来。

二十年的坚守与展望

从2005年到2025年，我在哈工大（威海）已经度过了二十年的时光。

这二十年，我实现了从学生到教师的蜕变，也经历了我与学校的共同成长。我见证了学校的快速发展，也感受到了学校对教育事业的执着追求。如今，我依然站在讲台上，用粉笔书写着数学的奥秘，用爱和责任守护着每一个学生。

未来，我将始终牢记习近平总书记的嘱托，继续坚守这份初心，传承哈工大的优良传统，为实现中华民族伟大复兴的中国梦培养更多优秀建设者和接班人。

二十年，只是时间的刻度；坚守，才是我对哈工大的承诺。

（作者系数学系2005级硕士研究生，现为理学院数学系教师）

在阳光下成长

□ 刘多

2011年春，我从大阪大学回国，来到哈尔滨工业大学（威海）任教。14年里，我从一个年轻气盛的讲师成长为沉稳担当的教授，从一个初探科研的博士成长为面向国家需求深耕科研的省级人才。一路走来，我见证了学校和学院的飞跃发展，也在学校和学院的支持、党支部的引领和老教师的谆谆教诲下，取得教学和科研工作中的成长与进步。

教学上的引领

刚入职不久，我配合隋少华教授完成“焊接冶金学”这门课程的实验教学部分，课前隋老师跟我一起细心准备了实验流程和所需材料，即便如此，教学经验不足的我还是内心忐忑，生怕教学过程中出现这样或那样的问题。

隋老师看在眼里，鼓励我说：“这些操作你都是很熟悉的，你只要放松去做就可以了。学生们跟你年龄相差七八岁，你就像大姐姐对待弟弟妹妹一样，就不会紧张了。”我放松下来，指导同学们完成实验，并认真解答疑问，教学效果出奇地好。一两个学期课程下来，“多姐”这个称呼在学生中间流传开来。

如今隋老师已经退休，但她细致备课、鼓励我的场景至今让我记忆犹新。如今，我也像隋老师一样，鼓励和帮助新入职的年轻老师上好每一堂课。

科研上的支持

为了鼓励青年教师开展科研，学校为每位新入职的教师提供科研启动基金，并鼓励和引导大家申报国家和省市的各类科研项目。同时，在各种培训和讲座中，让我们了解并学习哈工大“八百壮士”精神和老一辈科研报国的奋斗历程。科学研究需要坚实的科研平台支撑和面对具体科学难题的透彻分析，在这些方面，我的导师冯吉才教授给了我莫大的帮助和引领。

求学期间冯老师教导我们：先做人再做学问。如今我也为人师，越发感悟到这句话的重要性。冯老师带领团队老师一起筹建并获批了山东省特种焊接技术重点实验室，积极攻克国家急需的海洋及特种环境焊接技术。在项目攻关的关键时期，他与我们一起头脑风暴，寻找解决科学难题的思路和方法，指导我们要夯实理论，深耕前沿。老师为科研事业的心血付出、为年轻教师成长的领航，我们都看在眼里，记在心上，并付诸行动。

如今我已成为自己所期望的坚定而温暖的老师，成为教书育人接力中的一环，成长为教授、博士生导师，作为项目负责人，承担了20余项国家及省级基金和课题，为提升异种材料连接结构性能及可靠性贡献力量。

我以同样的初心培养学生，多人次获得国家奖学金、校三好学生、省优秀毕业论文等荣誉。指导的博士毕业生李洪亮如今已是副教授、博士毕业生宋延宇已成长为副研究员。还有很多毕业生投身到企业和科研院所，在生产实践中磨砺和锻炼，为国家材料领域的技术进步贡献自己的力量。也许这就是精神传承的意义所在。

党支部的引领

焊接系党支部一直是我们坚强的战斗堡垒，这里不但有经常性的学习和培训提高我们的政治素质，更有多位老党员对我们的无私帮助和雪中送炭。

入职五年多的时候，我的研究遇到了瓶颈，成果没有获得认可，我一度怀疑研究工作值不值得继续做下去。迷茫之际，一次党支部会议上，老党员赵洪运老师的一番话让我茅塞顿开。他说："我们做的研究工作，暂时得不到认可，可能有很多外在因素的影响，但不能因此就盲目丧失信心，要沉下心来，仔细分析和钻研。对于有意义的课题和方向，要能坐得住冷板凳，把眼光放长远，只要这个研究对国家发展、对科学前沿、对解决技术难题有意义，那就要坚定不移地做下去。"朴实无华的几句话解开了我心里结了好久的疙瘩。果然，坚持做下去，两年后我成功获批国家自然科学基金面上项目，在相关方向发表了10余篇SCI论文，培养多名研究生和本科生。

2020年，焊接系党支部开创性地联合全国50所高校院所焊接专业党支部开展党建联建，集全国专业优势培育人才。见证了十多年来焊接系党支部和支部党员的成长，2024年我以"初心焊忠诚　弧光耀中华"为主题讲了哈工大（威海）焊接人奋斗历程的党课，被评为省级优秀党课。

从勤奋刻苦的学生到成熟踏实的科研工作者，专注、高效、坚韧、求新是我不变的底色和追求。在学校、学院和党支部的温暖阳光照耀下，我扎实稳健地前进，从异种金属的连接、金属与非金属的连接，到异质界面的调控与结构性能优化，再到传道授业解惑时的细致、用心和严谨，我的每一步都走向一个初心更明确、技术更尖端、国家更强大的未来。

（作者系材料科学与工程学院焊接系副主任）

我在威海当外教

□ 朴昌镐

2013年的深秋，是我与哈尔滨工业大学（威海）所有故事的开端。那时，我怀揣着对教育的热爱与对未来的憧憬，从遥远的成都来到了这座美丽的海滨城市——威海。转眼间，我已经在这里度过了十二年的时光，这段经历不仅让我深刻体会到了教育的力量，更让我与这片土地结下了不解之缘。

初到威海时，一切都显得那样新鲜有趣。海风带着微微的咸湿气息，校园里树叶簌簌作响，学生们三五成群、嬉笑打闹着从身边走过。彼时的校园虽然不及如今的美轮美奂，但落日余晖、绚丽晨曦却温馨美好，校训石上“规格严格，功夫到家”朴素庄严的气质丝毫未改，甚至在岁月的冲刷下更显赤忱。

与学生们的初见总是充满着悸动和乐趣，他们总是在我说“大家好，我是韩国len”的时候笑个不停，有时又好像忘记了我是一名韩国人，对我流畅的韩语表现出由衷的赞叹。学生们对于外语学习的热情与渴望，更加坚定了我为他们提供优质教育的决心。

语言的学习是有趣且枯燥的，在我看来这二者并不矛盾。为了激发学生的学习兴趣，我始终致力于为他们打造更为丰富的语言环境。在过去的十二年里，我和朝鲜语专业的同事们一起，组织了多种多样的课外活动，让学生们更好地了解和体验韩国文化。我们亲手制作韩国料理，举办韩食节，让学生们品尝到地道的韩国美食。在制作过程中，学生们不仅学到了制作韩国料理的技巧，还了解了韩国饮食文化的精髓。这种亲身体验的方式，让他们对韩国文化有了更加直观和深刻的认识。此外，我们还组织了韩语演讲比赛，让学生们用韩语讲述自己的故事，传播中国声音。这种活动不仅锻炼了学生们的口语表达能力，还激发了他们学习韩语的兴趣和动力。同时，我们还举行了激情四射的韩语歌唱比赛和趣味横生的韩剧配音活动，让学生们在轻松愉快的氛围中学习韩语，感受韩国文化的魅力。学生们通过积极参与各项丰富多彩的活动，不仅在实践中得到了全方位的锻炼与提升，更在激烈的竞争中脱颖而出，展现出了非凡的才华与实力。在省级乃至全国级的韩语比赛中，学生们凭借出色的表现与不懈的努力，频频荣获一等奖的殊荣，为学校赢得了广泛的赞誉与认可。这些荣誉不仅是对学生们辛勤付出的肯定，更是激励他们不断追求卓越、勇攀高峰的强大动力。

在教学过程中，我始终注重创新教学方法，提升教学质量。我担任了多门课程的教学工作，包括韩语会话、韩语视听说、韩国文化等。在这些课程中，我都更加注重师生之间的互动和学生更为积极的表达，因此我注重营造轻松愉快的课堂氛围，让学生们在愉快的氛围中学习韩语。

对于低年级学生而言，语言学习的兴趣至关重要。为了让每个学生都能对韩语产生兴趣，我会在学期前对学情进行深入分析，并根据学情制定相应的教学目标。同时，我也会尝试运用新内容、新观点、新方法，吸引更多的学生参与到课堂讨论中来。例如，我会在课堂上引入韩国流行歌曲、韩剧片段等素材，让学生们通过轻松愉快的方式学习韩语。当他们想要积极地表达时，单词和语法就不再是纸上的枯燥文字，而是活生生的语言工具。

对于高年级的学生而言，他们已经能够熟练地运用韩语表达自己的想法，并且更倾向于进行更为复杂的思考与表述。因此，在课堂上，我会鼓励他们多进行口语练习，就他们关注的话题展开韩语讨论。这些讨论不仅有助于提升学生的口语表达能力，还能让他们在实践中更深入地了解韩国的文化和社会。同时，我也会引导学生们进行批判性思维训练，让他们学会从不同角度分析问题，培养独立思考能力。

课余时间我不断提升自己的专业素养和综合能力水平。学习新知识、新技能和新方法，积极关注国际社会的发展动态和趋势，了解韩国文化和教育领域的最新动态和成果，为自己的教学工作提供更加丰富的素材和资源。我始终将学生的心理健康和成长需求视为教育工作中不可或缺的重要组成部分。我深知，学生的心理健康状况直接影响到他们的学习效率和全面发展。因此，我会密切关注学生们的情绪变化和心理状态，通过耐心的倾听和真诚的交流，了解他们的成长困惑和需求，并积极引导学生树立正确的价值观和人生观，帮助他们建立自信、培养坚忍不拔的意志品质。同时，我还注重培养学生的团队合作精神和社交能力，为他们未来的成长和发展打下坚实的基础。

在过去的十二年里，我见证了哈工大（威海）的快速发展和巨大变化。学校的设施变得更加丰富多样，校园也变得更加宽广美丽。大学生活动中心、图书馆等建筑拔地而起，为师生们提供了更加优越的学习和生活环境。同时，学校也加强了与国际社会的交流与合作，为师生们提供了更加广阔的发展空间和机会。

在这些变化中，我感受到了岁月的力量。岁月不仅将哈工大（威海）的印记深深地镌刻在了我的身上，也让我在这座学府中找到了自己的归属感和价值所在。每当看到学生们在校园里欢笑、奔跑时，我都会感到无比欣慰和自豪。因为我知道，他们正在这里书写着属于自己的精彩篇章。

（作者系语言文字学院朝鲜语专业外籍教师）

跑道上的青春密码

□ 于子平

春日渐浓，天气慢慢暖和了起来，我在校园的鸟语花香间，依稀听见操场传来的阵阵呐喊——“加油！加油！”“飒！”“坚持住！”“拼了！”……每年5月份的校区田径运动会，是汽车工程学院“体育育人”的见证，也是学院全体师生的青春记忆。

勇于尝试　有困难就想办法克服

2020年，我正式成为汽车工程学院2020级学生的辅导员，同时担任学院团委副书记，分管学生会部分工作。早有耳闻，汽车学生代表队近几年一直是运动会的“千年老二”，稳居亚军长达五年之久。虽是自嘲的言语，但每每提起总还是对夺冠存了些希冀。

学院院长王大方在构建学院人才培养模式的时候，提出了“体育育人”的想法，当代青年人身体素质下降、执行能力较差、内心敏感脆弱、个人自我主义、躺平内卷极端，更需要培养他们健康强劲的体魄、吃苦耐劳的精神、百折不挠的意志、团结协作的能力、积极向上的面貌，而体育就是最好的途径。时任学院党委书记的高庆节说：“我们汽车学院作为校区最老牌的学院，运动会能不能冲击一下冠军？！”

当时我们的学生数只有一千多，只是有些学院人数的一半。学生少，女生更少，这就注定了我们的夺冠之路困难重重。学院领导班子带头表态支持运动员训练和比赛，从崭新的训练鞋到鲜艳的红色赛服，从肌贴到运动补给，从训练加分到赛后奖励，学院的支持给足了运动员们训练提升的底气和动力。

要想提升总分就要尽可能争取得分，第一名要冲击，第八名也要争取。有的比赛项目报名人数不够，我们几个辅导员就与学生会干部沟通，逐个精准私聊往年得分和身体素质较好的同学，动员学生报名。

短距离竞争激烈，我们的运动员们就盯住最难练也最考验身体极限的400米和跨栏，从热身激活到力量训练再到专项练习，训练计划精细化到每天，全方位科学训练提升运动成绩。

我们几个辅导员经常在早上或者晚上约着一起去看训练，时不时还会跟着跑一跑。我经常举起手机，录下同学们训练的场景，看他们早晨“强行开机”又青涩的面庞，在热身后逐渐变得坚毅……

团结一致　我们一起把冠军拼下

集中训练大概持续一个月的时间，转眼间就来到了五月的运动会赛场，赛车开道，运动员入场，我们学院的赛服是红色的，也是绿茵场上最亮眼的一抹颜色。

“必胜！必胜！必胜！”比赛开始前，运动员们分赛项组织热身，上场前一齐喊出我们共同的期待；“各就各位，预备！”起跑指令响起，运动员们肌肉绷紧，发力冲刺；田赛项目中，运动员们耐心地等待，随时通过原地跑跳或者肩肘活动来保持最佳状态。

运动会的两天，大多是烈日当头，刺眼的阳光，暴晒的肌肤，大粒的汗珠，总是在比赛项目之外挑战着运动员们紧绷的神经。有的同学抽筋到无法抑制地抖动，仍然坚持要完成比赛；有的同学因为疲劳不小心崴伤了脚踝，却低头生气自己不够小心；有的同学双腿贴满了肌贴，单枪匹马站在对手中咬牙拼下名次……

2024年运动会学生组男子400米决赛上，“红衣烈马”先后冲过终点，汽车学院运动员包揽前三。一次次坚持到底，一回回挑战极限，让我们的运动员一次次站上了领奖台，让我们学院四度捧起了学生组冠军奖杯！

为什么我们是冠军？在2021年第一次夺冠后，我就在思考。每年的运动会我都会全程跟拍，并制作学院运动会混剪视频。直到2024年，我在数百段素材、上万帧镜头中，慢慢找到了答案。

我看到了烈日下长跑的随行者，看到了起跑处的加油者，看到了终点线的等待者，每次运动员冲线比着第一的手高高举起，对面啦啦队早已张开双臂……我听到方阵训练中赛车的轰鸣伴随着汽车人的口号，听到比赛现场加油助威声陪伴运动员拼搏。万米接力，红衣少年跑到哪里，学院的旗帜就飘扬在哪里！

第一次举着冠军奖杯我们热泪盈眶，举着牌子、推着打鼓，环绕操场一路跑、一路欢笑；第四次举起冠军奖杯，同学们簇拥着，兴奋地触摸着，久久不愿散去……这就是体育竞技的魅力，为着共同的目标，我们团结一致，拼尽全力！

体育育人　在运动中淬炼永远向前的勇气

围绕着运动会这个关键节点，学院提出了“体育育人”的理念，将“全面动员、科学训练、陪伴备赛、隆重表彰、广泛宣传”的运动会闭环管理方式，扩展为“体育锻炼普及化”“体育活动多样化”“体育氛围专业化”的育人思路，引导学生全员化、多样式地参与到体育运动中来。

通过学生会建设、体育运动队管理等方式，学院举办梧桐体育节、春日跑步打卡、篮球比赛、羽毛球比赛等丰富多彩的体育活动。各班级、实验室、本硕博同学，也以团体和个人的形式，积极参与到校院级的体育运动中来，在各项体育比赛中斩获佳绩。近四年来，学院体育团体荣获校级比赛奖项15项，学院学生个人或随队参加体育竞赛，荣获国际级奖项1项、国家级奖项3项、省市级奖项32项、校级奖项21项。

2019级学生刘航，作为曾经的院学生会主席、万米接力冠军队员、男子110米栏季军获得者，深度参与运动会的组织和比赛工作，他说：“体育运动给予我们的绝不仅仅是强健的体魄，更是对于完整人格的塑造。田径场上一次又一次的咬牙坚持和对身体极限的不断突破，培养了我坚韧的品格和永不放弃的精神，也让我拥有了直面困难与挫折的勇气。”

“跑步是我的信条，让我的生活永远生生不息。”2020级学生马祺泽曾斩获校区运动会400米跨栏3次冠军、4×400米接力3次冠军，他将体育的磨砺带入到工作和学习中，在校期间荣获国家奖学金、山东省优秀学生、山东省优秀毕业生等诸多荣誉，获评校区十佳大学生。

…………

那些在跑道上滴落的汗水、在球场上碰撞的激情、在集体项目中滋长的情谊，早已编织成独特的成长密码。当微咸的海风再次拂过操场，我仿佛看见无数青春的身影正在续写新的篇章。

我们终将明白，比奖牌更珍贵的是运动中淬炼的品格，是协作中坚定的责任；比胜负更重要的是青春昂扬的风貌，是永远向前的勇气。

这，或许就是体育育人最动人的注解。

（作者系汽车工程学院团委书记）

旧宇新楼共春风

□ 刘占辉

时光荏苒，日月如梭，一转眼来威海校区24年了。见证了主楼的落成，亲历了图书馆的变迁，参与了博物馆的创建，后来一直从事与校园文化建设相关的工作，使我对校园环境的变化感受尤为真切。这里的一草一木都浸染着岁月峥嵘，一砖一瓦都镌刻着奋斗者的足迹。

期待主楼建成的日子

2001年3月13日，我踏进了哈工大威海分校的大门，首先映入眼帘的是被绿色安全网围起来的一大片建筑工地，同事告诉我这里正在建的是主楼和主楼广场。一听到主楼两个字，我顿时睁大了眼睛。来威海前我在哈尔滨校本部工作生活了9年，主楼在我心中有特殊的意义。她接着说主楼是仿造校本部的主楼建的，我立即对这个还披着绿纱的建筑有了一种特殊的期待，也瞬间有了“家”的感觉。每到傍晚或周末我都会带着女儿一起去看工程进展情况，俨然监理。同时期待和经常去“监理”的还有正在建设的16、17、20号教工住宅，因为那里将有我在这里的新家。女儿总问，这些绿纱什么时候才能脱掉啊？我说，大概在你背上书包成为一名小学生的时候。

2002年8月19日，主楼和主楼广场竣工落成，校园里彩旗招展，人头攒动，每个人脸上都洋溢着微笑，并争相与主楼合影留念。我细细端详着这熟悉又陌生的主楼，与校本部主楼相比，威海分校的主楼在颜色和体量上更富有朝气，加上主楼前开阔的广场和宁静的日月湖，我想这一定预示着威海校区蓬勃向上的生机和广阔的发展前景。

每次看到主楼，我都会想起那个北国的校园。从黑土地到金沙滩，从松花江畔到黄海之滨，主楼作为一种象征、精神和符号，已然成为师生校友镜头中的主角和笔下的常客。

从斗室到殿堂——几经搬迁的图书馆

2001年，我刚从本部调到分校时，图书馆位于B楼一楼东侧，面积约700平方米，全部是手工操作，虽有一个电子阅览室，但唯一的电子资源是单机板的清华同方光盘。经与本部图书馆及数据库商反复申请协商，从首批EI、OCLC两个数据库开始，我们开始使用本部的电子资源。数据库开通后，我拿着一沓打印的使用指南，挨个教研室、实验室给老师们送去，他们激动的心情和由衷的感谢溢于言表。

据同事介绍，建校初的图书馆位于A楼，面积不足100平方米，只有两个资料室。后来几经搬迁，直到2002年主楼竣工后，图书馆搬到西配楼，面积增加到近5000平方米，才算有了像样的场地。2014年，在学校的大力支持下，校区图书馆建设项目终于获批，这是校区第一个国家拨款项目，由工信部投资近8000万元，建筑面积约20000平方米。

2016年1月16日，农历新年前夕，新图书馆在万众期待中开工奠基。虽然是隆冬，参加仪式的每个人心里都暖洋洋的，我特别穿了一件红色棉袄，仿佛过年一样。

2018年6月8日，新图书馆落成仪式隆重举行，这是注定要载入校区史册的日子。记得当时站在台阶下，屏息抬头仰望，当学校和校区几任领导同时拉下高高悬挂的红绸，鎏金的“图书馆”三个大字露出来时，全场立刻响起雷鸣般的掌声。仪式结束后，现场师生鱼贯而入，争相一睹图书馆的“芳容”。仅一个小时之后，“哈工大（威海）图书馆今日开馆”的微信就发布了，瞬间刷屏朋友圈。第二天，校区官微特别推送了配乐诗朗诵《我，有一座图书馆》，再一次在广大师生校友中产生强烈共鸣。

“我有一座图书馆，满载期盼，依山而建；我有一座图书馆，面朝大海，头顶蓝天……”作为这首诗的作者，7年后的今天重读这些文字，依然有些激动。时至今日，新图书馆也依然被师生校友津津乐道：颜值与功能兼备、资源与服务并举、传统与现代交融。曾经无比羡慕“别人家”的图书馆，如今我们的图书馆也成为别人羡慕的图书馆。

博物馆的建设——把不可能变成可能

2016年6月，我从图书馆借调到校史馆（后改为博物馆）筹建办，一路见证它从设计图、效果图、施工图一步一步变成今天端庄典雅的样子。筹建办负责博物馆内部装修方案和布展方案的策划，前期工作是大量输入，凡是与哈工大和威海校区历史有关的资料都汇集到筹建办，我也在每天的阅读中了解学校的历史，挖掘史实背后的精神。

从2016年11月30日开工建设到2017年6月10日落成开馆，历时193天。土建、装修、布展三个环节紧密相连，每一环节工期都异常紧张，大家心中都捏着一把汗。前前后后、大大小小，我们一共做了9次汇报。方案几经调整，最后留给布展的时间只有7天，那是披星戴月的7天，也是创造奇迹的7天。我清楚记得最后一块展板上墙时间是在开馆当天的凌晨2点。

开馆前一天下午4点，校办张主任在筹备揭牌仪式时发现要揭的馆名牌是大理石的，借来的架子都是木质的，担心支撑不住，于是联系到基建处张工，希望焊个铁架子，张工量好尺寸后，马上联系建筑方联合制作。从提出要求到完工用了11个小时，担心油漆不干不方便挪动，凌晨3点师傅把架子搬到现场刷的油漆。仪式开始时间是9点，我7点到现场时它已牢牢立在博物馆门前。这个铁架子后来被放在博物馆的杂物间，没什么用，也有些占地方，但就是舍不得扔掉。它的背后凝结着哈工大人做事稳妥、认真、高效的作风，也凝结了合作单位的鼎力支持。假以时日，它也会成为一件珍贵的馆藏吧。

临近开馆，展板虽已陆续上墙，但所有雕刻的立体文字都散落在就近的地上，需要一一找出来后粘贴到相应位置，这项工作非常耗时。看到布展公司人手实在不够，我们决定在学生中招募志愿者。正在协助培训博物馆讲解员的语言文学学院副书记李新老师说："为节省时间，就在语院直接找吧。"6月5日，来自语院的118名大学生志愿者陆陆续续来到博物馆，同学们有的蹲在地上，有的登上梯子，有的负责找，有的负责传，有的负责粘，还有的负责纠错。大家干得井然有序，津津有味。尤其毕业班的同学听说6月10日开馆，兴奋地说："真是太荣幸了，不仅能在毕业前看到这么漂亮的博物馆开馆，还能尽一份力！"

开馆仪式简单又隆重，其中一个环节是颁授博物馆建设贡献者荣誉奖牌，共有13个人上台领奖。捧起奖牌，感慨万千，博物馆的建设不知凝结了多少人的付出，何其有幸我是其中一员。回顾一年的筹建历程，无数的不可能变成了可能。

不知不觉，博物馆已在梅园矗立了8年之久。无论走在校园的哪一个地方，我都会下意识望向它所在的方位，想领略不同距离、不同方位、不同参照物下它变幻莫测的身姿。其实很多时候，我根本看不到它，但我知道那座鹅黄色的二层小楼，它就在那里。它是威海校区的哈工大人精诚合作、顾全大局、敢打硬仗、历经193天奋战，树起的一座历史的丰碑，它也是指引校区继续前行的时代灯塔。

工作原因，我会经常翻阅一些老照片，对比20年前，甚至40年校园的样子，难以相信，这里曾经是一片荒滩，主楼前的学子松曾经那样瘦弱。那年梧桐今朝柳，旧楼新宇共春风。变的是四季流转、日新月异，不变的是创业者和一代又一代建设者对这片热土的热爱与眷恋。

（作者系博物馆管理办公室主任）

从哈尔滨“转学”到威海

□ 杨云轩

几许魂牵，几度梦萦，多少甜蜜的记忆永驻心间。多少次在梦中重回母校，多少次回想起校园生活的喜怒哀乐，那点点滴滴的情愫和甜蜜记忆如在昨日。

我的家乡位于秦岭山脚下，是一个小村庄，交通不便，信息也较为闭塞。在我之前，村里考上大学的不超过五人，考上诸如母校般著名学府的，绝无仅有。听到我考上大学的消息后，家人都非常高兴，但喜悦的背后还藏着一份淡淡的愁，可惜我当时不知道，同时也庆幸我没有早知道。因为如果早知道，也许我的人生轨迹会发生巨变。直到有一天，父亲悄悄地问我：“你怎么不报一个两年就毕业的学校？”此时我才恍然，明白了这份愁绪是经济上给父亲造成了压力。望着父母花白的鬓发，看着他们日渐佝偻的腰身，我心中充满了愧疚，同时也暗下决心：一定不虚度光阴，过好四年大学生活，以优异成绩毕业，找一份好工作，好好报答父母。

临入学，我用母亲给的100元置办了简单的行李，怀揣父亲拼凑的1500元学费和生活费，独自一人，怀着忐忑的心情，还有一份憧憬和些许迷茫，踏上了千里迢迢的求学之路，从大西北来到了大东北，于1995年9月10日安全抵达学校。

从我的家乡到哈尔滨共有2300多公里路程，这既是一段长长的旅途，也是一段短短的心路历程，一个快速蜕变的过程。在此之前，我的活动半径从未超过百里，从未出过远门，从未坐过火车，亦从未去过任何大城市。一路上，从一开始不敢多说话，对陌生人充满警惕，到敢问路、敢与陌生人交谈；从一开始坐上火车时的忐忑、紧张，到适应和放松；从对外面世界的无知、好奇，到了解和认识……在这段长长的旅途中，我用短短的时间实现了一次人生的蜕变。

到哈尔滨后，学校安排了很多热心学长接站，我坐着学校的接站车顺利抵达学校，报名，入住，开始了大学的象牙塔生活。我们被编入四院（能源科学与汽车工程学院）三系一班，按学校班级序号就是954301班。在班主任和辅导员无微不至的关怀下，大家顺利适应了大学生活。

记得入校之初，学校提出培养复合型人才，我也给自己定下知能并重的目标。这四年里，我在完成学习任务的同时积极参与各类学生社团工作：担任班长，带领班级同学认真学习，每年的奖学金，近半为我们班所获得；鼓励大家学习之余多参与一些社团工作，以提升综合素质；从学院的团委宣传部部员一直做到院团委副书记，为学生社团做了大量工作，也获得了很多荣誉。四年下来，我基本实现了自己预定的目标。

1997年7月，我们从哈尔滨中途“转学”到威海，因为根据学校长远规划，汽车学院要在暑期搬迁，开学时我们将去威海分校学习。对于这次搬迁，很多人意见很大，认为分校的氛围、环境、师资力量、毕业档案、补助、生活质量等等与本部相比肯定会差很多；也有一些人认为无所谓，因为以后都是专业课程，老师都一起跟过去；还有一些人心怀憧憬，说学校在海边，环境一定很优美。后来，院里的老师和大家做了一些沟通，统一了思想，汽院搬迁也很顺利地完成。

暑假结束，我独自去威海报到。因为火车上的座位靠着车窗，风吹着凉，得了重感冒，转车时浑身无力、迷迷糊糊。求人帮助换票过程中，自己却在边上睡着了，差点丢了证件和车票，好在碰到了好人，有惊无险。其间，匆忙在附近诊所打针吃药后，一路昏睡9个多小时，第二天早晨8点多到了学校。

刚下车，映入眼帘的景象让我简直难以置信。这是大学吗？是我未来生活学习的地方吗？站在马路路标前，道两边是修道时新翻出的泥土，刚下过雨，泥水还在道上流淌。道左侧是一个散乱的工地，刚刚打完地基，很多混凝土柱子矗立在地基上。再往前100米左右是一条河，河水倒还清澈。过了河，正前方是一片草地，点缀着两棵歪脖老树，还有大大的池塘，池塘边上长着高高的芦苇，不时传来高分贝的阵阵蛙声。沿着左岔道前行，是简易的操场，空空荡荡。过了操场，终于看到道右侧有一座一层高、占地面积较大、较漂亮的房子，牌子上写着“学生活动中心”，但细看也还是很简陋的。它的对面，沿着校园低矮围墙建着一排简易房子，乱糟糟、脏兮兮。与此毗邻的是学生一公寓，外表破旧。这些就是我对分校的第一印象，心中确有凉凉之感。

分配给我们的是新建的三公寓，四层高，看起来挺漂亮。进宿舍后，在门卫处取了寝室钥匙，上楼放下行李，打量屋里，挺干净整洁，还好，终于舒了口气。

后来还发生了很多令人啼笑皆非的事情，比如去教室要经过一条“羊肠小道”，时不时会遇到窜出的蛇、蹦出的青蛙、逃窜的兔子，有些胆小的女生都不敢从那走；我们后来者与原有学生的文化不融合，在校本部的一些习惯和做法在这行不通，这边一些做法我们又不接受；有些学生认为老师不尊重学生，颐指气使，有家长作风；等等。

其实这些事情，当年的我并没有太多关注和深思。作为学生干部，我很快就投入到学习和学生工作中。因为97级新生几天后就要入学了，我要协助开展迎新工作。以己度人，为了减少新生的不适感，我们借鉴了本部迎新工作的经验，营造了热烈喜庆气氛，同时在细节上也做到了无微不至，取得了很好的效果。

再后来，在许金霞、王彦岩、赵立军等老师的带领下，我与裴新军、冷传伟、曹立波等同学积极将本部学生工作中的一些好的做法和经验在分校中推广开来，而且筹组了车迷、摄影、书画、羽毛球等协会，迅速使分校的学生生活更加丰富，这也应该算我作为哈工大人为学校做出的一点贡献吧。同样也要感谢母校和各位老师给我创造的这些学习锻炼机会，为我的能力提升和未来的人生路奠定了良好的基础。

1999年7月3日毕业离校后，我进入一汽奔腾汽车股份有限公司工作。

2008年10月曾因招聘回过一次威海，那时学校的变化太大了。破旧的食堂没了，秃秃的山坡没了，低矮的围墙没了，泥泞不平的道路没了，吓人的蛇没了……取而代之的是高耸的大楼，明亮的教室，整洁的食堂，宏伟的主楼，典雅的回廊，平整的道路，茵茵的草地。看到这巨大的变化，当时心里都萌生出一丝重回校园的冲动，也生出了深深的自豪，升起了由衷的敬意。“虎踞龙盘今胜昔，天翻地覆慨而慷”，在哈工大的建设史上，前有“八百壮士”，今有万千英豪，有这样可爱的老师，世界一流名校梦还会远吗？

匆匆间，毕业26年了。这期间，对母校的眷念始终不曾忘却，与各位老师的联系也未曾断绝，母校的一草一木我还清晰地记得，母校的每一条信息也会让我心潮澎湃，久久难平。每当有老师莅临，只要我知道消息必去探望；每当有所求，我也必当尽力去做。虽然不能像耿昭杰等老学长那样为母校做出巨大贡献，但我会竭尽全力为母校发展助力。因为我心中有梦，愿母校明天更美好；因为我感恩，母校在我心中永远圣洁！

（作者系汽车工程学院954301班本科生，现就职于一汽奔腾汽车股份有限公司奔腾开发院）

能在威海毕业，我心里骄傲着呢

□ 王小璐

1997年，父母送我来威海上大学。坐了一整天的车，夜色降临的时候来到了哈尔滨工业大学威海分校的路口，说什么也不敢往前再走了。没有一盏路灯是亮的，大片一人多高的芦苇中间一条羊肠小道向黑暗中延伸，伸长了脖子也望不到半点像校门的东西。三个浑身酒气的后生仔经过，得知我是新生报到，自告奋勇要带我们一家人进去。我很害怕，拒绝了，直到他们的背影消失在芦苇丛中，我才松了一口气，手心里都是汗。索性我们就在大马路边上找了一家小旅馆住了下来，准备白天再去探路。

事实上那个“黑风寨”就是我的学校，是我将要在此度过人生中最美好时光的地方。我陪着父母在学校里逛了几圈，风很大，扬起的沙更大，头发里一挠一指甲缝。后来把他们送上车回家了。再后来听他们说，当时他们后悔了，有一种把孩子送给乞丐家来养的感觉，要不是我已经复读过一年的高三，他们肯定要带我回去重考一次。当时我还年轻，以为全中国的大学都是这个样子，隐隐有种上山下乡的兴奋感。

我很惊喜地发现，总共一千六百亩地的校园里，有八百亩的芦苇荡和八百亩的大沙漠；我很惊喜地发现，在屈指可数的全部几栋楼里，我们住的三公寓是最新的建筑；我很惊喜地发现，站在我们公寓的西头窗户里，竟然可以看见海，穿过那片被风吹得咣啷啷乱响的空别墅，五分钟就可以跑到海边；我还惊喜地发现，那海水竟然清澈见底，齐胸口那么深还可以看见脚丫子。

从那时起，我开始操起一口普通话；从那时起，我认识了白山黑水的无数好兄弟；从那时起，我们抛掉了高考的阴霾，一起自由地奔驰在黄沙杂草的绿茵场上，从那时起，我们迅速变得思维敏捷口齿伶俐，开始豪情勃发地指点江山臧否人物。

过不了多久，大家臧否的矛头渐渐地统一起来，指向了这光秃秃的校园。没有像样的教学楼，没有真正的图书馆，没有足够容纳哪怕五分之一的人就餐的食堂，没有比白灼豆腐更高级的伙食，路边没有哪怕一棵大树，遑论林荫小道了，没有学分制，步行二十分钟之内没有公交车站，去一趟人烟稠密的地方很麻烦。这时候就连我这么笨的人也慢慢知道了在整个中国也少见这么简陋的大学。于是那件事突然间就发生了。

1997年11月26日下午5点多，我正在B楼制图室里绞尽脑汁地用一把丁字尺一支2B铅笔来蹂躏一张A0纸，楼道里呼呼啦啦地有人跑来跑去，一个北京口音在大喊："罢课了，罢课了，哥们儿都行动起来。"随着脚步声越来越杂，"罢课了"这三个字逐渐有了天南地北的无数口音演绎的版本。到了晚上，整个校园基本已经进入了箭在弦上的状态。

我们97级的小兄弟们终于弄明白了怎么回事。我们这个分校，成立十多年来一直是作为专科教育基地的，到我们1997年来的时候，整个汽车工程学院刚刚从哈尔滨的总校搬到这里，包括了94、95级的本科生和研究生。事件的导火索据称是由于一位94级的师兄去找工作被人拒之门外，用人单位说，"哈工大威海分校"听起来不够正规，所以免谈。

经过充分的沟通、协商，两个星期后，这件事有了个还能令人接受的结果。学校大幅度改善硬件条件（食堂、图书馆、宿舍、教学楼、体育场、实验室等等），并且在未来几年能够获得扩建拨款。

毕业以后机缘巧合下，我陪同公司总经理和书记回到母校故地重游时，她已经很漂亮了。据说现在更加美轮美奂，国内少有。比建筑变化更大的是人，据说现在已经有一万多人了，而1997年的时候只有1500人，还包括我们这一级的500新兵。

我知道1997年以前的哈工大威海分校非常简陋，但是我怀念那所大学和在那里度过的时光。在那里我找到了自己的理想，在那里我读了所有王小波的著作，在那里我练就了一副强健的体魄，在那里我结识了最重要的几个朋友并且做成功了人生的第一项事业，在那里我认识了来自全国的优秀年轻人，在那里我还找到了许多可以珍藏一生的欢乐。而最最重要的是，虽然我这个母校以前很破很破，但只有它才是属于我的。

能在威海毕业，我心里骄傲着呢。

（作者系汽车工程学院1997级本科生，现就职于广州东风本田发动机有限公司）

时光淬炼的刻度

□ 贾启蒙

二十载春秋如流水漫过指缝，恍然惊觉自己已是离巢多年的燕子。当征文的邀约如一枚石子投入记忆深潭，泛起层层涟漪时，我才发现，那些镌刻着“规格严格，功夫到家”的岁月，早已在生命年轮里酿成琥珀，映照着工大人特有的精神光谱。

初遇：机械森林里的诗意启蒙

1999年金秋，我从千军万马中闯过独木桥，独自背着行囊来到黄海边这座享誉世界的学术殿堂。崭新明亮的教学楼，银发教授在讲台前侃侃而谈；安静温馨的自习室，莘莘学子的翻书声如春蚕食叶；神秘莫测的实验室，一排排精密仪器泛着冷冽银光。这些画面拼接成我对校训的初印象——那不只是雕刻在校训石上的八个红漆大字，更是凝结在工大人步履间的呼吸韵律。

在力学课堂上，老教授用工整的板书推导一个个复杂的定理和冗长的公式，我读懂了“规格”的具象；在冬夜的实验室，学长们反复调试测量仪器，睫毛凝霜却目光灼灼，我触摸到“功夫”的温度。这些难忘的精神图腾，让原本冰冷的工科术语化作跳动的生命符号，在年轻的心壁上敲击出清越回响。

解构：工程美学的哲学注脚

二十余年职场沉浮，方悟这八字真言实为动态平衡的艺术。在汽车制造领域，“规格”是QS16949体系里三千六百项标准编织的经纬，是流水线上永不妥协的0.01毫米公差；而“功夫”则是穿越几百次高原极寒测试后，发动机盖上凝结的冰霜图腾，是用户指尖滑过车门缝隙时那声赞叹的余韵。

曾目睹年过半百的老工程师跪地测量底盘离地间隙的虔诚，也见证了国外同行用放大镜检索漆面光洁度的执念。这些场景总让我想起哈工大实验室里那些永不蒙尘的青铜校徽——原来顶尖的工业美学，都有着相似的信仰基因。当某些造车新势力追逐“互联网思维”而把汽车当成“快消品”时，工大校训却时刻提醒我们：所有超越时代的创新，都必须深植于严谨的土壤。

淬火：职场江湖里的精神突围

二十年前入职时，“名校研究生”在那个省属汽车企业还属于稀缺品。车间老师傅眯眼打量图纸的眼神，比三坐标测量仪更锋利；科长递过来的零件公差表，藏着无数道暗桩考验。彼时方知，校训不仅是学术准则，更是处世密钥——我把装配手册背成武侠心经，将生产线走成修行道场。直到后来走访市场，挑剔的客户对于车辆品质挑起大拇指时，才看见随行的师傅眼底闪过的认同。

在中汽协会借调的七百个日夜，则是另一场静默突围。当退休领导们审视着这个闯入“老专家俱乐部”的年轻面孔，我以工大人的方式破局：起草政策规划时，把每个数据节点织成逻辑密网；筹备专业论坛时，让每张座签方位都符合力学最优解。离任时留下的百万字报告，恰似八百个精密齿轮咬合成的时光机，载着传统行业驶向两化融合的星海。

传承：钢铁玫瑰的时代绽放

在哈尔滨本部的卫星试验室里，在飞行器控制的计算机旁，年轻的女博士绾起长发调试模型时，分明绽放着“规格”的柔韧。在威海校区的新体制雷达边，在呼啸中驶过的赛车身影，何尝不是“功夫”的潮汐？漫步在深圳校区的蓝天下，看见无人机掠过镜面湖水投下代码涟漪，听年轻学子用二进制语言解读《诗经》赋比兴，豁然顿悟：校训早已进化成流动的基因链。

当短视频平台盛行“三分钟造车”的浮躁神话，当某些领域陷入“PPT创新”的怪圈，我们比任何时候都需要重溯校训本源。母校参与研制的“嫦娥”系列工程、“神舟”载人飞船、空间探测卫星……都在诉说着“严格”与“到家”的永恒辩证法——真正的星辰大海，永远属于那些愿意用毫米级精度丈量光年的人。

此刻站在黄海之滨，看潮水在礁石上雕刻年轮，忽然懂得校训的真谛：它从来不是束之高阁的训诫，而是所有工大人用生命轨迹编织的莫比乌斯环。当我把这份体悟写入给新生的寄语，恍惚看见1999年的自己正站在时空彼岸，与今时今日的哈工大隔空相望，而那条名为“规格严格，功夫到家”的精神长河，永远奔腾不息。

（作者系汽车工程学院1999级本科生，现就职于中国汽车技术中心）

梦想启航与人生蜕变的摇篮

□ 韩志萍

1999年，那个阳光洒满校园小径的九月，满怀着对未来的憧憬，我踏入了哈尔滨工业大学威海校区。校园里弥漫着青春的气息，一张张陌生但朝气蓬勃的面容，交织成一幅难忘的画卷，至今还刻印在我的脑海中。这里，便是我梦想旅程的起点。

哈工大的求学生涯，无疑是我人生探索征程中浓墨重彩的一笔。大学的第一次班会，班主任张文丛老师的睿智幽默和温和气质，让羞涩的同学们瞬间放下顾虑、打成一片；在之后的学习中，无论是辅导员、学科教师还是学院领导，他们不仅悉心传授专业知识，还如家人般温暖。各位老师更是将对学术的严谨态度与对真理问题的不懈追求深深烙印在我心中。在他们的引领下，我学会了如智者般深入思考，从多元视角剖析问题，更懂得以敬畏之心洞察前沿的技术浪潮。

我的大学生活绝非局限于书本与课堂的狭小天地。母校这个开放包容、生机勃勃的大平台，为我们提供了非常多的锻炼机会，在这里每个人都可以成功开启自己的探索之旅。我也踊跃投身于学生会和社团活动，其中辩论赛的经历尤为刻骨铭心，我曾有幸代表学校出征大学生辩论赛，现在还能清晰地记得带队老师比我们这些打比赛的队员还要投入、还要认真的那股劲。这些经历，给了我学科之外的宝贵体验：我学会了如何凝聚团队力量，基于共同目标实现高效分工合作，也在应对突发状况时练就了沉稳冷静、迅速化解难题的能力。

本科四年，母校就像一座熊熊燃烧的精神熔炉，不断砥砺着我的意志。

学业的荆棘、社团工作的挑战，皆化为成长的基石，助力我的综合素质稳步攀升，让我不断蜕变与升华。2003年，本科毕业的我凭借优异的成绩，幸运地被保送到哈尔滨本部继续攻读研究生。在本部的研究生岁月里，我继续沉浸于专业领域的深度探索，不懈努力，最终收获了金牌毕业生的殊荣。

研究生毕业后，我满怀憧憬地迈进了当时蓬勃发展的通信行业。初入职场，便担任产品经理一职，肩负起产品规划与推广的重任。在这一过程中，我需时刻洞察市场需求的微妙变化，巧妙协调研发、生产与销售等部门的协同。这是一份充满挑战却又极具成就感的工作，它让我学会从市场的宏观视角去精准定位产品的发展方向，在激烈的市场竞争中巧妙凸显产品的独特优势与核心竞争力。

之后我又先后主动选择了采购工程师、成本总监、运营管理等岗位，在每一个岗位上，我都秉持哈工大人务实的工作作风，力求做到尽善尽美，每个岗位上都拓展了新的认知，也得到了很好的工作绩效。然而，内心深处我不断叩问自己：究竟什么样的岗位才是我真正热爱并愿意为之挥洒热情的？在陆续转换岗位、创造价值的过程中，我不断去探寻，直至转岗成为人力资源工作者，并逐步从基层员工成长为人力资源总监，我才笃定地明晰，这便是我真正热爱、愿意为之长期耕耘的方向。

顺应时代的大势，当看到通信行业的竞争格局已经从增量市场进入存量市场时，我转战到了互联网行业。互联网行业汇聚着一种特别年轻有朝气的智慧，也孕育了很多改变大家生活方式的技术创新，比如移动支付。我快速汲取新知识，犹如海绵吸水一般，继续拓展自己的视野与格局，每一天都沉浸在学到新知识的喜悦和幸福中。如今，在人工智能与数字化转型的时代，我有幸在其中也贡献了一份自己的力量，助力国家各个行业的数字化转型。

回顾从大学到工作的漫长历程，感恩母校的悉心培育，如涓涓细流，润泽着我成长的每一步，使我在知识的广度与深度、能力的锤炼与提升、素养的塑造与雕琢等方面都得到了全方位的滋养与充实。母校赋予的务实、踏实的精神品质，让我既能专注于手头事务的精雕细琢，全力以赴将每一项任务做到满意，又时刻保持敏锐的洞察力，密切关注行业发展动态，不断打造面向未来的能力。

在这个风云变幻、充满不确定性的时代，在百年未有之大变局下，我想给师弟师妹们分享两句对我影响颇深的话。一句是乔布斯所言的“Stay hungry, stay foolish”，另一句是埃隆·马斯克提出的“悲观者正确，乐观者前行”。这两位都是我极为钦佩的企业家典范。乔布斯以其非凡的创新思维与果敢的实践精神，彻底重塑了手机这一硬件产品的商业模式，让手机从单纯的通信工具蜕变为集多种功能于一体的智能终端，深刻地改变了人们的生活方式与全球科技产业格局。而埃隆·马斯克堪称一位不断突破边界、持续进化的 π 型人才，他起初以科技直男的形象示人，凭借着对科技的痴迷与钻研，逐步构建起强大的科技能力，而后又在商业运营、金融运作等领域展现出卓越才能，成功打造出如特斯拉、SpaceX 等具有全球影响力的企业。

哈工大（威海），这片梦想启航的神圣港湾，是我人生蜕变的奇妙摇篮。我深信，在哈工大（威海）的精心培育和滋养下，师弟师妹们定能在未来的漫漫人生路上绽放出耀眼夺目的光芒，铸就属于自己的辉煌成就！也祝福我们都深爱和感恩的母校——哈工大（威海），越来越好！

【作者系材料科学与工程学院材料成型及控制工程专业1999级本科生，现就职于腾讯科技（深圳）有限公司】

从海滨小城到逐梦航天

□ 岳荣刚

转眼间我已离开母校二十载，闭目凝神，思绪随着时光隧道，飘回了那段青葱的大学时光。母校，那里有亲切睿智的老师，有热情洋溢的同学，有蓝天白云碧海，有金黄绵延的海滩，有清新甘冽的空气，有肥美诱人的海鲜，还有甘甜多汁的水果……这一切的一切，都仿佛昨日般清晰，历历在目。

难忘美丽的大学校园

1999年9月9日，一个有意义又好记的日子，我来到了威海这个美丽的海滨小城，来到了哈尔滨工业大学威海校区，那个时候还叫分校，还没有雄伟的主楼，那个时候我还是个青涩的大男孩。然而，从一个青涩的男孩变成一个自信、自强、合格的大学毕业生，正是哈尔滨工业大学（威海）制造。

刚踏入大学校园时，还带着高中时好好学习的惯性，我给自己定的首要任务是把各学期的课程学好，学习成绩是基础，活动能力则是锦上添花。但大学与高中最大的不同，就在于自学能力和活动能力。大学，是一个展示自己才华与能力的舞台。回想起来，学习之余参加和组织的一系列活动，都让我受益匪浅。比如，我加入了摄影协会，从此爱上了摄影，也拍出了一些自己喜欢的作品，并担任了几年校报摄影记者；我热爱天文，创办了天文爱好者协会，将摄影技术与天文观测相结合，拍摄了不少天文奇观。每到周末，我都会在各种丰富多彩的活动之中忙碌，有时甚至觉得周末比平时还要忙。那段充满激情与活力的大学生活，无论是从专业知识方面，还是从综合素质来说，都让我收获了宝贵的财富。

然而，这一切并非一帆风顺，有一件事让我至今难以忘怀。那次班里组织了一个小规模的晚会，我担任主持人，由于是第一次主持这样的节目，我一时紧张竟然忘词了，站在台上尴尬的情景可想而知。我意识到这是自己的一个短板，总结失败的原因，再次参加类似的活动，终于，我成功完成了任务。成功只需要一次，信心就建立起来了，在之后的活动中，我能很顺利地进入状态并专注于自己的任务而不再紧张。无论是“十佳大学生”的评比现场，还是第一届“山东省高校机械工程专业大学生现代产品设计竞赛”的评比现场，或者是为中国航天员讲课、国家重大项目竞标的介绍，我都从容不迫、游刃有余。人的一生中也许无数次需要在公共场合表现自己，而自信地应对这种场合的能力是你必须具备的。

细心的朋友也许会发现，我从1999年入学到2004年毕业，大学读了五年。是的，我因为专升本而比别人多读了一年。也许我是哈工大（威海）历史上唯一一个专升本以后又获得十佳大学生荣誉的。在这个艰苦向上的过程中我必须感谢王尔德校长和赵国亮老师的无私帮助，有了你们的支持我才能心无旁骛地学好知识顺利毕业。现在的大学生可能有很多不知道专升本是怎么回事，但肯定有因为高考没发挥好而影响了成绩的。我讲这个事的目的是告诉那些高考发挥欠佳的同学：高考不是终点而是起点！大学实际上是我们一生中收获知识最多的阶段之一，进入大学你要做的不是整日游戏、躺平，玩耍、恋爱、组织活动可以是大学生活的一部分，但学习更多知识、为进入研究生阶段深造而做好准备才是你的主要任务。

在逐梦航天的征途上，我心自豪

本科毕业后，我以专业第一名的身份，获得保送至北京航空航天大学直接攻读博士的宝贵机会。其间，我还远赴纽约市立大学，经历了一年的博士生联合培养之旅，这一切，都源自那股子“初生牛犊不怕虎”的勇气，一种不断探索、勇于试错的坚韧。

2010年博士毕业后，我踏入了中国空间技术研究院的大门，为我国的航天事业添砖加瓦。尽管深知航天之路艰辛异常，但那份献身航天的荣誉感与自豪感却如影随形，让我甘之如饴。因为，将中国人的足迹烙印在浩瀚宇宙，将航天器送往星辰大海，这不仅是我的工作，更是儿时的憧憬与梦想。

作为核心团队的一员，我有幸参与了神舟八号和神舟九号飞船的研制工作。在酒泉卫星发射场的那段日子，我三个月未能与家人团聚，甚至为了攻克飞船的技术难题，连续60小时几乎不眠不休。但当天宫一号与神舟八号成功发射并顺利交会对接的那一刻，所有的疲惫与辛劳都烟消云散，取而代之的是难以言喻的激动与自豪。这里，才是我实现人生价值的舞台，是我愿意倾注一生热情与汗水的事业。

如今，作为两颗卫星的总体主任设计师，我深感幸运，因为我的工作与热爱完美融合，先后四次荣获省部级奖项，更添几分荣耀与自信。愿我们的卫星能够顺利升空，为国家的繁荣昌盛和人民的幸福生活贡献力量。也希望有更多的学弟学妹加入到祖国航天事业的队伍中来，与我们一起并肩作战。

感谢母校，难忘师恩

在生命中最绚烂的年华，我来到青少年时期的哈工大（威海），遇到知识渊博、令人敬爱的老师们，哈工大（威海）没有嫌弃我们高考成绩不够理想，我们也没有嫌弃工大校园不够完善，老师们带着我们在这个美丽、安静的海滨城市，在学校陆续拔起的教室里，一遍又一遍、不厌其烦地把数学、物理、理论力学、材料力学、机械原理、自动控制原理等知识传授给我们，让我们翅膀变得更硬，教我们飞得更高，教我们如何做人。值此母校四十如花之际，我心怀感激，向母校及所有恩师致以最诚挚的谢意。

我还要特别感谢哈工大（威海），她不仅是知识的殿堂，更是我爱情的介绍人，毕业前准许我把另一位十佳大学生——宋凌珺同学带在身边，仿佛是为了让我在日后的岁月里，每当思念母校时，都能与爱人共话往昔，重温那段最美好的时光。

真心地，也要对学弟学妹们说几句：生命珍贵而美好，保持规律、适当的运动，这是健康身体和良好睡眠的基础；勇敢去追寻内心的热爱与渴望，并为之不懈努力，就不会感到孤独；将来有了下一代，不要试图去控制他、规划他的人生，伟大都是在自由成长、自由探索中出现的。

最后，祝愿我的母校——哈工大（威海）生日快乐！我国航空、航天、船舶、汽车、建筑、材料、计算机、机器人、人工智能等等，各领域均取得了令世界瞩目的成就，这里面有您无数的学子正在贡献智慧与力量，而他们共同的根，就深深扎在哈尔滨工业大学（威海）这片沃土之中。

（作者为汽车工程学院2000级本科生，现就职于中国空间技术研究院）

怀念记忆深处的那束光

□ 徐慧娜

接到母校的约稿通知，很欣喜也很忐忑。忐忑的是愧为优秀校友，欣喜的是虽已毕业近20年，但依然被母校关注着、惦记着，这种感觉很幸福。记忆的闸门再次被打开，那些关于青春的美好回忆奔涌而出。母校，于我而言，就像一束光，不仅照亮了青春，而且穿透岁月，沉淀为自己生命中不可或缺的精神底色。

那束光，是校训精神锻造的品格之光。2003年10月，王树国校长从神舟五号——我国第一艘载人航天飞船发射现场回来，专程到威海校区做了激动人心的报告，令刚刚入学的我们深感震撼，用现在的话说，水灵灵地被学校的“硬核”实力硬控了。从此，“规格严格，功夫到家”这八个字便刻在了脑子里。大学四年，校训精神贯穿始终，变得愈加清晰、立体、深刻：它流淌在老师工整细密、一丝不苟的板书里，蕴藏于对每个概念、公式的透彻讲解中，显现在实验课上一组组数据的反复求证上，凝结于工程制图中每一条图线的精准描绘上，更熔铸在金工实习车间每道工艺的毫厘必较、精益求精中。从“教”到“学”，由表及里，这种严谨严格、踏实务实的精神早已镌刻在每位哈工大人心里。

工作后，从专利审查业务到机关党建工作，再到地方挂职锻炼，“规格严格，功夫到家”更成为我为人、处世、立业的精神支点。它给予我的不仅是业务上的精进提升，更是撇去浮躁、沉下心来脚踏实地的定力。它教会我人生真正的捷径是下“笨功夫”，而领导同事一致的“靠谱”评价，便是我们哈工大人最好的“标签”。

那束光，是师者风范点亮的引路之光。大学四年，基本可以划分为大一大二理论基础和大三大四专业实践两个阶段，很幸运这两个阶段我都遇到了对我影响至深至远的恩师。信息学院马秀娟老师教我们电工学，她让我体会到什么是“师者匠心”，什么是“教泽如琢”。深奥枯燥的电工学知识经她一讲，不仅清晰易懂，而且妙趣横生。那时候每周都心心念念盼着上马老师的课，一堂课听下来只觉得时间太快，酣畅淋漓却又意犹未尽！马老师在课堂上对学生要求极为严格，私底下却对学生极为关爱。大三时我一度想放弃保研，选择跨专业考研，当时极为迷茫纠结。忐忑中，我向马老师求助，请她指点一下。虽然是只教过一年的外院学生，但马老师毫不犹豫答应了，还请我到外面的餐馆吃了顿饭。也许马老师自己都记不得了，但我永远记得老师关键时刻的这次点拨，对我来说就像拨开成长的迷雾，才有了后面的拔节生长。

教我们机械原理的刘会英老师，也是“创新的摇篮”——创新设计室的创建者、推动者、奉献者。一届又一届，多少学子在这方天地点燃了心中的创新梦想；一年又一年，刘老师陪伴见证大家的成长，推动设计室不断发展壮大。非常幸运，我大四时曾协助刘老师负责创新设计室的日常运行。这一年，更让我真切体会到刘老师的无私奉献、含辛茹苦，创新设计室的学生们都像她的孩子一样，“待到山花烂漫时，她在丛中笑”，刘老师也因此被大家尊称为“刘妈妈”。这一年，也让我真正从理论走向实践，极大地锻炼了自己的动手能力。从最初的奇思妙想，到严谨论证，再到反复试验……直到最后做出实物，一个个项目完整地做下来，那种成就感现在回想起来依然无法比拟。

像马老师、刘老师这样令人尊敬的老师还有很多很多，教高等数学的伊晓东老师，教理论力学和材料力学的边文凤老师，教机械设计的李哲老师，带我毕业设计的杨绪剑老师，还有辅导员杨俊敏老师、吴琼老师、黄蕊老师、隋海瑞老师……师者如烛，这些老师的一言一行都成为温暖人心、指引航向的“灯塔之光”。

那束光，是同窗情谊汇聚的温暖之光。同窗情谊如同点点星火，在青春的夜空里互相辉映、彼此温暖。我所在的0301102班特别团结，每个人都特别可爱。每次考试前，大家结伴天不亮就去图书馆占座，一起互通有无盲猜考点；课程设计时，酷暑中的“每日一瓜”给大家带来清凉和惬意；金沙滩上，大家吹着海风，吃着烧烤，畅谈人生和理想，“书生意气，挥斥方遒”；毕业前，说好的“三部曲”不醉不归，我们在夜已深的后山玩“真心话大冒险”，每个人都在故作轻松却又掩盖不住离别的不舍，那些关于未来的话题，小心翼翼又闪闪发光，我们唱着，笑着，最后却都哭了……大学时期的纯真情谊和共同奋斗的记忆，最真挚、最鲜活，也最弥足珍贵，是伴随我们一生的宝贵财富。

大学时期收获的不仅有同班同窗的友谊，还有创新设计室并肩作战的小伙伴们的情谊。张立伟、常青、卢致辉……这些创新“大咖”总是从不同的专业视角给当时“小白”的我们启发和帮助，还记得“挑战杯”赛前，大家通宵达旦、连夜奋战，争分夺秒优化作品……正如前不久漓江文学奖获得者刘楚昕所说：“人的一生会经历许多痛苦，但回头想想，都是传奇。”我想，这段关于青春和奋斗的经历也必将成为属于我们每个人的传奇。

蓦然回首，22年前那个揣着录取通知书、站在主楼前忐忑且向往的18岁少年，仿佛仍在昨日；转眼间光阴流转，从青葱到不惑，变的是年龄，不变的是初心。记忆中的那束光，从未因岁月流逝而黯淡，因为它早已融入血脉，内化为心中的灯塔，照亮归途，亦指引前程。感谢母校，不仅给予我知识，更赋予我追寻光、成为光、播撒光的勇气与力量。

这束光，名为“哈工大印记”，温暖永存，跃动不息！

（作者系机械设计制造及其自动化专业2003级本科生，在校期间当选第五届十佳大学生，现就职于国家知识产权局）

我的大学科技创新路

□ 严发宝

大学除了要搞好学习，还有很多值得我们做的事情，做好其中一样就很快乐。在大学期间，我取得了一点微不足道的成绩，这虽令当年的我很兴奋，但现在总结起来还是大学的学习过程使我获益最多。所以“入宝山，不要空手而回”。在此，谨以我的大学之旅献给哈工大威海校区的学弟学妹们。

2004年8月初，我收到了哈尔滨工业大学（威海）的录取通知书。9月，我挤上了火车，父亲没有送我。他说，儿子，上学后一切靠自己，要学会独立。

在开学典礼上，我知道了哈工大的校训：规格严格，功夫到家。同时也了解到哈工大人积极对接国家重大需求，在教育科技人才方面做出了卓越的贡献，如哈工大的“八百壮士”默默为国家耕耘，无怨无悔。开学后第一件事是军训，其间，有一件事对我很重要，那就是哈工大校友孙锦云将军给我们讲神舟五号如何上天以及哈工大人为载人航天所做的贡献。孙将军的讲座使我明白了一个道理：只要我们想为国家做事，那么无论有没有条件都要做成。半个月的军训过后，很黑很壮的我们回到学校，这些训练足以使我们面对以后任何学习中的困难。

大学期间，我培养起书画的爱好，学会了篆刻，结识了一帮笔友，更重要的是参加各种科技创新竞赛，将学到的知识应用到实践中。

大一时在一次襄阳老乡会上认识了何超，这位上过中专工作四年又考上哈工大的二年级学长，成熟稳重，一看就是一个可交的朋友，当时他是电气学会的会长。大二我选择加入电气学会，还记得第一次做交通灯成功后是何等的快乐。2005年国庆节过后得知我们电气学会两支队伍代表学校第一次参加全国电子设计竞赛获得1项国家二等奖和1项省级二等奖。在他们的获奖宣讲会上，我知道这不仅仅是个奖项，更是一种锻炼，一种激发，一种鼓励。因此，我决定投身电气学会。

在何超的提议下，我和王鹏飞、范士伟组队，备战2006年省大学生电子设计竞赛。我们每周开一次例会，每天晚上都在7公寓3楼的走廊里讨论当天遇到的问题。2006年3月初，我正式成为电气学会第五届会长，组织了一次选拔考试，又发现了邱超和石仁利两棵好苗子。

暑假时，我们随指导老师马秀娟和井岩进了实验室。万事开头难，一个放大电路我们实验上百次，调试了两周，才终于成功。在这个过程中，我们学会了怎样做到把电路简化，怎样避免电路错误，怎样检查错误。第二个电路是波形发生器电路，这次只用了三天就达到了我们想要的结果。但是我们再次应用此电路的时候没有检查，导致电路短路，结果把芯片烧了。那时候由于DDS还不是很盛行，我们只用了MAX038和8038两种芯片，结果没有几个月它们都停产了，对我们的实验造成了很大影响。暑假期间，我们犯了很多错误，也浪费了很多元件，基本上这些元件都是烧掉的。

准备竞赛的时候还有一件事特别值得记忆。8月29日，吃晚饭的时候我很不舒服，发烧到连路都走不了了，王鹏飞给我买的饭我没有吃几口就吐了，接着就浑身发抖，身上很冷。范士伟和王鹏飞把我抬到医院，他们一个替我挂号，一个一直看着我，我躺在病床上迷糊过去了，后来才知道我高烧42度。醒过来的时候看见王鹏飞、范士伟、何超、张钦等人都在看着我，当时我就知道，这才是真正的兄弟，我们要一起斩荆披棘、乘风破浪，一同在哈尔滨工业大学威海校区这片沃土上成长。

9月3日省大学生电子设计竞赛题目公布的时候，我们队第一天上午就在老师的帮助下选择题目——简易交流数字毫伏表，下午我们就探讨实现的方案。指导老师给我们提供了很多案例，我们最后终于选定了用RMS+MCU实现测量功能，用MAX038+MCU实现波形变换功能。由于之前没有参加过任何这种类型的大赛，所以我们对这些准备不是很充分。比赛期间，马老师和井老师对我们的鼓励和帮助使我们一步步走下去。除了上厕所，我们每天都在实验室，6日晚上8点，我把竞赛论文提交给组委会。由于11日才答辩，所以我们还得继续下去。6日到11日，我们更加刻苦，每做完一个电路，就会留一个备份，这样即使在改进中出现问题，也能保证已有的成绩。本来准备10日晚上回去睡觉的，但是我们的放大电路突然不是很稳定，特别是放大倍数为3倍以内的时候，会引起自激。我们那天晚上都没有睡觉，一直调试，11日凌晨4点，马老师和井老师来到实验室叫醒我们三个，让我们回寝室换鞋去比赛。

在车上我们又探讨了一下，决定用CA3140换掉原来的OP37，于是到达比赛现场后，我们马上打车到青岛电子商城买了CA3140。11日下午，轮到我们测试和答辩了，由于马老师要去北京参加一个会议，所以井老师一直陪着我们。我们进去的时候，前面已经答辩了10队，都很快进行完了。到我们的时候，由于没有用他们提供的仪器测试过，所以评委说测什么我们就测试什么，结果，我们只有两个数据误差较大，其余30多组数据都没有什么问题。那时候他们还不相信，又反复测试。最后评委对我们说："同学，你们是做测量做得最好的。你们是大几的？哪个学校的？"我如实回答了她的问题，得到了她的肯定。当我们走出答辩实验室的时候，我知道我们一定会得奖。

后来，井老师说："这是我第一次带学生参加竞赛，竟然和学生一样激动，一辈子不会忘记。"回校的时候我睡着了，是躺在井老师的旁边睡着的，睡得很香。后来王鹏飞和范士伟也说回校的时候睡着了，也睡得很香。累的时候睡得很死，只有收获的时候才会睡得很香。

过了一周，竞赛结果出来了，我们队获得一等奖，学校还有4个队获二等奖。

任何事情都会有第一次，大学的第一次尝试非常重要，有了第一次就意味着新的突破，意味着对困难的挑战和对自己潜力的挖掘，后面在学习和工作过程中遇到困难就不会怕。于是我带着这个信念走完大学，收获颇多。

除了文中提到的老师，大学阶段帮助过我的老师还有很多，比如齐晓辉老师在科研很繁重的时候还给我指点，每次遇到困难我都会得到金铭老师的关照，还有张敏老师、申万兵老师等等。

大学期间我是幸运的，收获了自己的爱情，我爱人苏艳蕊2011年从哈尔滨工业大学威海校区电子信息工程专业本科毕业，毕业后到中国科学院光电所深造。2016年博士毕业后，我们又回到威海工作，于2017年步入婚姻殿堂，2021年我们的爱情结晶出生。

四秩风华，山海筑梦。作为一名普通学子，哈工大促使我成长，在威海校区办学40周年之际，唯愿哈工大（威海）越来越好，如朝阳映海，以更昂扬的姿态照亮学子前程，以更厚重的担当镌刻家国使命，在民族复兴伟业中永绽璀璨荣光！

（作者系测控技术与仪器专业2004级本科生，现就职于山东大学机电与信息工程学院，国家级高层次人才）

从阿里巴巴到阿勒泰

□ 邵长立

2004年8月，我拿到哈尔滨工业大学（威海）海洋学院生物工程专业的录取通知书，随喜悦而来的是巨大的压力。那年我大姐正在临沂大学就读，我二姐拿到了滨州学院的录取通知书。在沂蒙老区的小村庄，一家同时有三个大学生是一件很罕见也很让人自豪的事情，引得众多邻居亲友前来道贺。但是对一个以种地和打工为主要生活来源的家庭来说，姐弟三人需要缴纳的高昂学费，无疑给这份喜悦压上了重重的担子。东拼西凑，终于凑齐了我们姐弟三人的学费。入学前父亲喝多了，带着酒意说："第一年的学费我给你们凑齐了，现在你们都满十八岁了，到大学之后就要靠自己了。"我对梦想中的大学，既满怀憧憬又充满惆怅。

没想到的是，入学的第一次班会，班主任老师就详细介绍了学校的助学体系，并对学生家庭情况进行统计，我们班的补助比例达到50%以上。我顺利申请到120元/月的二等助学金，基本能满足我每月的生活费，我不必再为生活费用担心了。特别是随着国家助学贷款政策的全面实施，我有幸成为我校与中国银行合作实施国家助学贷款政策的首批受益者，获得了1.8万元免息助学贷款，无须再为学费、生活费担忧了。我与其他同学一样享受大学的美好时光，同时我也暗下决心：一定要永远保持一颗感恩的心，尽自己所能去帮助那些像我一样需要帮助的人。

大学就读期间，我充分利用学校的宝贵资源，积极参加各种知识讲座和社会实践，广泛涉猎各类知识，图书借阅记录达到300余册，切实拓展自己的知识面，全面提升自己。2005年冬，威海遭遇了几十年未遇的大雪，我与舍友通过助学办，在学子餐厅门口申请到销售帽子和手套的摊位许可。那段时间，我们经常冒着暴雪去校外采购，并站在积雪里销售，一站就是几个小时。每天回到宿舍，全身上下，甚至头发、袜子都结了冰。恶劣的气候下在户外摆摊异常辛苦，但每当看到同学们因为我们就近提供的帽子、手套等保暖物品而不用再遭受风雪酷寒，就又感到自己的辛苦付出是值得的。这也是我人生中第一次体会到“服务他人、提升自己”的快乐。

2008年毕业前夕，我根据自己的爱好特长，应聘到阿里巴巴驻威海渠道公司实习，因工作业绩突出，得到公司领导的认可。但有一次在校园散步时偶然看到“到西部去、到基层去、到祖国最需要的地方去”的宣传横幅，刹那间，我心中就萌生了服务西部、回报社会的念头。经过深思熟虑、征得家人同意后，我毅然决定辞去在阿里巴巴的工作，报名参加大学生志愿服务西部计划。

同年7月10日，我离开家乡坐上西去的列车，到新疆伊犁哈萨克自治州霍城县伊车嘎善锡伯乡人民政府进行为期一年的志愿服务。一年的服务工作既清苦繁重又精彩纷呈。我做了入户走访、巡逻维稳、科技培训、远程教育、义务劳动、采访报道等诸多工作，也在闲暇时领略了他乡独特的风土人情，品尝到了当地特色美食，还学会了锡伯族舞蹈。

2009年7月，我的志愿者服务期满，面临着回家乡就业还是继续留在西部工作的艰难抉择。尽管许多亲友同学劝我尽快回家乡，但我发现我的内心深处更愿意留在新疆。随后，我参加了新疆公务员招录考试，并考入阿勒泰市委办公室，担任社会事业发展秘书，负责联系协调宣传文化广电旅游教育等部门工作。作为理科生，从事秘书岗位对我是个极大的考验，但我秉承哈工大人“规格严格，功夫到家”的传统，写材料时虽然没有华丽的辞藻，但因为态度严谨、数据翔实准确，得到了领导认可，较好地完成了各项工作任务。

作为社会事业发展秘书，我经常接待一些因无钱上学前来找领导求助的学生家长，由于我过往的经历，对困难群众特别是困难学生尤其感同身受，一直想为他们做点什么。经过认真调研和汇报沟通，在领导的支持和多方努力下，阿勒泰市于2012年启动了首届“真情助学子，大爱满金山”捐资助学活动，当年就为252名家庭经济困难的大一新生募集了55万元助学金，活动连续举办三年间累计募集资金200多万元，帮助1000余名贫困学生圆了大学梦。

担任社会事业发展秘书这几年，阿勒泰市教育系统申请的项目资金达5亿多元，教育教学条件大幅改善，顺利通过国家“两基”验收，基本实现标准化建设目标，义务教育阶段学生食宿等费用全免，农牧民广播电视实现免费观看，“万人同跳‘加尔加尔’”等四项活动荣获吉尼斯世界纪录，多部纪录片在中央电视台播出，《人民日报》的头版、央视《新闻联播》多次进行报道……作为这些工作的参与者与见证者，看着自己的申请报告变成项目资金、起草的调研报告受到领导重视、反映的各类问题得到妥善解决，自己与这座城市一起变化成长，心中由衷地高兴和自豪，在新疆这个边陲小城，我真正找到了自己的价值。

与妻子步入婚姻殿堂之际，我专程带她回母校一起参观改变我生命轨迹的地方。正因为在学校里种下“爱心”的种子，才让我在新疆这片土地上扎根发芽。

转眼间，离开母校17年了，我从黄海之滨来到天山脚下，从西部计划志愿者成长为基层干部，岗位在变，身份在转，但“规格严格，功夫到家”的校训始终镌刻心间，是我立身处世的准绳，更是我砥砺前行的动力。无论身在何处，“哈工大人”这四个字，始终是我最骄傲的人生注脚。

2024年12月，我有幸作为哈工大留疆毕业生的代表，回到哈尔滨本部宣讲选调生政策。重返校园，再次站在熟悉的讲台上，看到台下学弟学妹们充满期待的目光，我仿佛看到了当年的自己。在博物馆内，旧照片记录了母校的辉煌历程，而新展品则展示了科技的尖端成就。这种时空交错的震撼，让每一位哈工大人都心潮澎湃，更让我真切感受到与母校同频共振、共同成长变化的幸福。

感谢母校教会我真诚感恩、踏实工作，我将继续在祖国最需要的地方扎根，用实干擦亮“哈工大人”这张金色名片！

【作者系海洋科学与技术学院2004级本科生，现任中共阿勒泰地委讲师团团长、中共新疆维吾尔自治区党委编办政策法规处副处长（挂职）】

感恩·思念·祝福

□ 梁荣

毕业16载，恰逢学校迎来办学40周年，接到恩师蔡春伟老师邀约写篇回忆录，我的思绪不禁飘回2005年的那个秋天。那一年，我踏入哈工大（威海）的校门，在这里，开启了自己人生新的一页。

能够来到哈工大（威海）真是人生一大幸事，感恩！

2005年，带着对大学生活的向往，我迈进了哈工大（威海）的校门，迎接我的是海边的风、后山坡的雪、漂亮的校园，在后来的4年中，也陆续体会到了据说每年刮两次、每次刮半年的海风。但就是这里的风、这里的海、这里带着丝丝寒意的雪花，至今仍让走出校园的我们尤为想念。

大一时，有幸进入2005级电气三班，“规格严格，功夫到家”的校训感染着我们。还记得孙振绮老师年事已高，踏着“过膝”的积雪，给我们上“上午第一节课”，还有很多老师，如张华强老师、蔡春伟老师、辅导员李爱华老师等等，他们为我们树立了良好的榜样。很幸运发现教科书的编者就是自己的老师，他们是行走的“参考文献”；也很幸运身边同学都很优秀，大家一起上自习、一起讨论、相互帮助，营造了良好的学习氛围。

大二与大三，是我成长、进步比较大的两年。在学习之余，我加入了信息学院的实验室，认识了好多优秀的小伙伴。在那里，我学到了很多知识，接触了很多动手实践的内容，例如电子元器件、电路板、单片机等等，实在是受益匪浅。记忆最为深刻的是，大二暑假，我们几个小伙伴参加了全国大学生电子设计大赛，一个星期每天工作16个小时以上，在蔡春伟老师带领下，我们一边学一边干，读懂了还没开始学的“传递函数”，焊板子、调程序、写报告，获得了人生第一个“国家级奖励”——全国大学生电子设计竞赛二等奖，获奖的证书和奖品（一个背包）至今收藏在家里的书房，每当看到它，就会想起自己的大学生活。至今，每年与新同事交流时，我也常跟他们说，无论做什么，只要“规格严格，功夫到家”了，都能做得很好。

大四，我很幸运保研了。哈工大是一个培养人才、增长知识、锻炼能力的地方。四年的大学生活，让我从只会啃书本的“书生”转变成有自主学习和动手能力的“操练者”，学校丰富的学习和实验室锻炼经历，为我以后的工作奠定了良好基础。还有一件最值得我感到幸运的事，我的妻子是我大学同班同学，我们相识、相知、相爱，走在了一起，组建温暖的小家庭。感谢哈工大！

许久未见的老师同学们，你们还好吗？思念！

青春如梦，岁月如花，翻看手机里的相册，总会想起那四年时光里身边的每个同学。虽然现在大家联系不多，但见面后仍同老友一样。四年的大学生活，让原本陌生的我们变得无话不谈，让来自天南海北的我们变成了兄弟姐妹。我们宿舍6个人，2个来自山东、2个来自东北、1个来自安徽、1个来自浙江，大家从方言各异到“东北话”一统江湖。校园的每一个角落都传递着积极的信号，都散发着青春的气息。

“家”曾是我们对父母兄弟姐妹的理解，自从进了大学校园，仿佛又多了一层含义，集体活动就像是一次家庭聚会，谈天说地，憧憬未来。偶尔来个海边烧烤、野外真人CS，大家齐聚一堂、亲手烹饪，不管味道如何，总是一扫而光。如今步入社会，这样的场景几乎少之又少，总是被各种理由牵绊。多少年过去了，只想说，我敬爱的老师们、可爱的同学们，你们还好吗？

昔日恩情难忘，祝学校继往开来、再创辉煌！

毕业后，借着出差的机会再次回到了威海，再次回到学校。校园变化很大，新建的图书馆壮丽辉煌，学校更大、更漂亮了。漫步在每一条小路，依然可以感觉到年轻的气息，依然可以体会到这里独有的朝气。感谢四年的大学生活，给了我美好的回忆。

离开校园16年时间，昔日的同学已各奔东西，为个人的生活打拼，但我们始终有一个共同的身份——哈工大人；始终有一个信念在激励着我们——“规格严格，功夫到家”。

在母校办学40年来临之际，感谢老师们多年的辛勤培养，让我们有了看家本领，也希望未来的学弟学妹们继续努力学习，刻苦钻研，在各自的领域为中国式现代化建设贡献自己的力量。祝我亲爱的老师们、我亲爱的05级同学、亲爱的师兄师姐师弟师妹们所愿皆所成，多喜乐、长安宁！祝母校继往开来、再创辉煌！

（作者系信息科学与工程学院电气工程及其自动化专业2005级本科生，目前就职于国网山东省电力公司经济技术研究院）

忆母校　谢师恩

□ 张子鹏

在2024年的最后一天，我收到隋海瑞老师的信息，约我在母校办学40周年之际分享自己大学时期的体会。我文笔一般，但大学生活里那些记忆深刻的片段时不时涌上心头，大学期间给予我帮助的老师们始终难以忘怀，借此机会讲一讲大学里那些令人感动的人与事。

2005年，我考入了哈工大（威海）汽车工程学院车辆工程系，那年恰好是校区办学20周年。大学报到第一天，一进校门我就被校园里独特的俄罗斯风格建筑吸引，主楼里的火箭模型和院士照片墙，更是让我深刻感受到哈工大工科强校的特色。能进入哈工大学习，我深感自豪，心里想着一定要珍惜这来之不易的机会，努力学有所成。

报到当晚，班主任张京明老师主持召开了班级第一次班会。就在这次班会上，我第一次系统了解了哈工大校训——“规格严格，功夫到家”。后来在哈工大学习六年间，我对这八字校训的理解由浅入深，并在以后的岁月里融入我的血液，深刻影响着我的工作和生活。每当我遇到困难、难以抉择时，这八个字总能给我鼓舞，让我坚定信心，做出正确选择，追求精益求精。

大一军训是在刘公岛军营进行的，带队的辅导员任熙华老师刚刚大学毕业留校，年纪和我们相仿，更像一位亲切的小姐姐，我们私下都叫她任姐。主楼门前集合坐大巴去码头时，我们班坐的是最后一趟车。上岛后，任老师忙着安排同学们入住，还贴心地为调皮的男同学缝补衣服，脸上洋溢着灿烂的笑容。正是任老师这种温柔细腻的关怀，让许多同学缓解了离家的思念之情，获得了心灵的慰藉，也更快地适应了学校生活。

岛上的生活条件很艰苦，我们30多人挤在一个大通间，只能打地铺睡觉，十个人只有7个行军地垫，大家几乎是紧挨着。夏天天气炎热，晚上睡觉还得开门，结果都成了蚊子的“美餐”。有两位同学特别招蚊子，于是大家决定同甘共苦，每人都把一条腿露在被子外面，帮他们分担“火力”。一天晚上，岛上刮起了台风，由于我们住的房间地势较低，雨水倒灌进来，所有的被子和垫子都湿透了，大家一整晚都在忙着抗台风。现在回想起来，尽管军训很辛苦，但正是那段朝夕相处的日子，让同学们之间迅速建立起了深厚的情谊。

我对大学的第一堂课也记忆犹新，因为我迟到了！上课前一天晚上是中秋节，同寝室的赵华俊同学吃坏了肚子，疼得直痉挛。我背着他从九公寓一路跑到校诊所，可校诊所无法治疗，我们只好拨打120，把他送到了404医院，这也是我人生中第一次坐急救车。第二天，有同学过来替我照顾他，我便赶回学校去上大学的第一堂课。虽然迟到了，但我觉得一切都是值得的。后来俊哥的家人赶来，他痊愈后对我十分感激，我们也因此结下了四年深厚的同学情谊。

第一堂课是孙振琦教授的“工科数学分析”，用的教材是他与俄罗斯教授联合主编的。孙教授教学态度严谨，讲课条理清晰，信手拈来，能真切感受到他对教育事业和数学的热爱。孙教授喜欢和年轻学生交流，激发思想碰撞，所以大家都很尊敬他。2005年，威海遭遇了百年一遇的大雪，整个学校都被白雪覆盖。孙教授身体较胖，走路本就不太方便，下雪后更是步履蹒跚。同学们自发组织起来，每次上课前都会轮流去孙老师家，搀扶他到教室上课。现在回想起来，那条上课的路，见证了师生之间情感的日益深厚。

大学本科期间，除了日常学习，我还积极参加社团活动，锻炼了自己的团队协作、组织和社交能力。我和同宿舍的孙凯、李亮、赵华俊一起做过小生意。那时大家刚买电脑，很多同学都需要电脑椅，但去家具城购买不仅麻烦，还得自己雇车，成本较高。我们四人商量后，与商家谈妥，在学校里售卖电脑椅。一番忙碌后，我们每人挣了二三百块钱。我们用这笔钱去吃38元一位的自助餐，平常在学校食堂不舍得吃荤菜，那次敞开了吃，每个人都吃得肚子圆滚滚的，现在想起来还觉得十分有趣。

研究生阶段，我遇到了人生中最重要的导师——赵桂范老师。赵老师从事汽车安全方向的研究，后来将所学应用于实践，成立了哈工大威海司法鉴定所。在司法鉴定所实习期间，我参与了许多交通事故案件的处理。司法鉴定报告是交警和法院判定交通事故责任的重要法律依据，所以每一个鉴定结论都必须严谨无误，这段实习经历让我对哈工大校训有了更深刻的领悟。赵老师在学业上对我们要求严格，治学严谨，但在日常生活中，她又像母亲一样关怀备至。她经常组织实验室的老师和同学，带着家人一起爬山、春游，整个实验室就像一个温馨的大家庭。后来，实验室获得了与台湾大叶大学交流的机会，赵老师自掏腰包为我买机票，送我去台湾大叶大学交流学习了半年。在那里，我不仅在学业上取得了进步，还深入了解了宝岛台湾的风土人情，结识了许多朋友，这是我人生中一段非常宝贵的经历。我工作两年后，赵老师因病永远离开了我们。我常常怀念赵老师，她的音容笑貌时常出现在我的梦中。我常常想，唯有努力工作、快乐生活，才能报答老师的培养之恩。

2011年硕士毕业后，我进入中国汽车技术研究中心从事测试业务。我搭建了中汽中心车轮和轮胎先进测试技术体系，作为第一起草人制定了我国首个车轮强制性检验标准，并代表中国参与联合国轮胎国际标准的协调工作。后来，我给中汽中心董事长、党委书记担任了三年半秘书，进一步拓宽了视野，之后负责过投资管理、市场经营，参与策划公司上市，目前担任中汽研汽车试验场股份有限公司总经理。

从进入哈工大到步入职场，我深切体会到，哈工大不仅传授给我专业知识，更教会了我如何为人处世。哈工大人那种踏实肯干、坚毅向上、永不言弃的品质，早已深深烙印在我们的骨子里。在疫情结束后的这几年，国家和社会面临着较大的经济压力，汽车行业的竞争也愈发激烈。但正是在哈工大的学习生活经历，给了我自信和力量。它让我明白，做事要保持乐观自信，不要计较一时的得失，而要秉持长期主义。

（作者系汽车工程学院车辆工程专业2005级本科生，现为中汽研汽车试验场股份有限公司总经理、高级工程师）

在这里　我成为了我

□ 周海燕

博士研究生毕业的时候，一切不再像大学毕业时那么激动，仿佛经历过波澜壮阔，一切只是水到渠成，就连离别时自己想象中的眼泪，也没有及时到来，只是面带微笑，默默不舍，互道珍重。此情此景，不禁让我想起那个美丽的海滨小城——威海，16年前，就在那里，我告别了我的母校——哈尔滨工业大学（威海）。

我入学是在2005年，作为一名内陆学子，首先惊艳我的，是那蔚蓝辽阔的海，从此遥远的看海梦成为轻而易举可以实现的事情，而这也一度成为我向高中同学炫耀的资本。学校后面有个小山丘，在被开发之前，我们很爱爬上那个小山去看海，不高的小山，爬上去却着实要费点儿劲，然而，登顶之后的放松和快乐却是无与伦比的。立于山尖，三面环水，晴天碧海，极目远眺，思维可以任意驰骋跳跃。而当傍晚降临，金纱般的余晖轻盈地笼罩着金海滩，海与天的交接处更呈现出各种光彩，瑰丽无比，是情侣依偎漫步的好去处。

刚入学的我还幸运地赶上了20周年校庆。学校里张灯结彩，到处洋溢着青春活力，学生会以及各个社团争先恐后纳新，而我们这些初次离家的新鲜血液也迫不及待想要找到与自己有相同兴趣爱好的朋友。那时候还不太流行喷绘海报，大都是精心手绘制作而成，诚意十足。几乎每个社团前面都围满了我们这样的新生，带着好奇的双眼，忙不迭地跟学长学姐们咨询，生怕自己一不小心落了后，不能加入。我清楚记得当时一次加入了三个社团，分别是DNA协会、记者协会和书画协会，三个协会各有特色。

高中的我，虽然成绩不错，但个性偏内向和保守，在大学里我想要挑战不一样的自己。于是，我毫不犹豫报名参加了记者协会举办的“校园生活面面观”演讲比赛。我一遍又一遍修改自己的讲稿，赛前不停地给自己打气加油。在那个简陋的A楼教室里，我永远记得自己第一次面对观众演讲的情形。一双双眼睛盯着我，仿佛一把把锋利的剑，我心里扑通扑通跳得厉害，紧张不安到甚至忘了词儿。后来我一想，挑战自己有什么好怕的，豁出去了，渐渐开始围绕主题自由发挥，逐渐看到了观众们肯定赞赏的眼神。时至今日，演讲的技巧和方法我仍然稀里糊涂，那次比赛恐怕也早已被人忘却干净，但我一直记得并深深感谢那次比赛，那次突破性的跨越，让我重新认识了自己，也重新规划起自己的大学生活。

若论起学校的建筑，首推典型的工科起名特色——以A楼、B楼、C楼等字母为名。最有特色的是主楼H楼，从校门口望过去，宏伟壮观，主楼前面的音乐广场是室外文艺会演的绝佳舞台。而冬天下雪的时候，这里又是溜冰打雪仗的好地方。A楼、M楼、G楼以及后来的N楼都是我们自习或活动最爱的场所。A楼历史最悠久，站起来时凳子有时会“吱呀”一声，自习的人相对较少，早期学生活动常在那里举行。N楼在我大三的时候才建成，依山傍海，适逢学校试行基础学部，全校的新生们都在这里上晚自习，静谧的学校一角洋溢着浓浓的学习氛围。

一路走来，可亲可敬的老师们的教导至今言犹在耳，而同学、室友、老乡们的情谊也值得我一生珍藏。攻读博士期间，总会定时收到校报老师给我寄来的校报，薄薄的信封里，承载着厚厚的来自母校的牵挂。每次打开报纸，我总会认真地从一版读到四版，看看母校的新变化，看到学弟学妹们获得了各类奖项，心里总是默默自豪；而细读四版的文学作品总能唤起我当时写散文的快乐，进而想起在校报期间，几位老师热情耐心指导我们写作的点滴瞬间，一切仿佛都在昨天。有母校的学弟学妹们来我所在的生化细胞所参加夏令营或者保研面试时，总会来找我一叙，虽之前未曾谋面，却格外亲切，言谈之间聊及学校的种种，总是意犹未尽。

母校或许年轻，或许不够完美，而当你离开那个地方时，她却寄托了你最深的感情，时常怀念那点点滴滴，只是再也回不去那段热烈激昂的浓情岁月。我常回想，若不是初入大学时，我强烈地想要挑战自己，超越自己，又怎么会有大学里面的那么多精彩的生活和故事呢？高中学哲学时，对偶然性与必然性之间的关系实在无法理解，而回想大学四年的经历，不正是对偶然与必然之间关系的很好解释吗？正是由于那几年中我对挑战自我、超越自我的渴求，当一个个看似偶然的机会出现时，便促成了一个个结果的必然发生。这一次次的偶然经历，一次次的收获，都使我增强了自信，克服了自卑，挑战了自我，最终成为更好的自己。

时间的齿轮不紧不慢往前走，却从不停歇，转眼间距离入大学已经20载，离开母校也已16年，仍忘不了在母校的那些岁月。在那里，我由懵懂走向成熟，由迷茫走向从容。而今，母校也已40华诞，40年的蜕变，40年的辉煌，母校学子的身影已分布在大江南北，驰骋在各行各业，正为家乡的建设和祖国的繁荣贡献着自己的力量。感谢母校，感谢那梦里的第二故乡，衷心地祝愿母校的明天更加美好。

（作者系生物工程专业2005级本科生，2015年博士毕业于中科院上海生物化学与细胞生物学研究所。目前在中南大学湘雅医院从事肥胖相关代谢性疾病的研究工作）

大学小忆

□ 徐云雷

时间过得真快，转眼毕业已经十多年了，但是关于大学，关于青春，关于哈工大（威海）的点滴却还历历在目，美好的记忆一直萦绕在心头，历久弥新。

我是土木工程系2009级的学生，入学时喜出望外，因为没想到校园会这么美，离海又这么近，尤其对于以前从没见过海的我来说，最喜欢做的事就是去金海滩看海，朝拾贝壳，晚听潮声，现在想来还是很惬意。

我们这一级土木工程系比较特殊，大一在基础学部，进入学院时，土木和船舶、机械在一起，叫船舶土木；一年之后院系调整，又和理学院合并为理学土木，所以学生的经历还是比较丰富多彩的。

还记得第一次独立负责的比较大的活动是灯火节，号召各班同学动手做了很多漂亮的灯笼在步行街展示，之后到海边放孔明灯。后来活动不断，海边烧烤、骑车环海、拔河比赛、孤儿院献爱心……我们还举办了第一届校园通识大赛、学院元旦晚会、毕业晚会，而且令人感到欣慰的是，许多活动被学弟学妹们传承下来并且做得更加精彩。四年班委，三年学生会，我自己也在这些活动中不断成长，留下了太多美好的回忆。更重要的是，我在这个过程中认识了许多志趣相投的同学、老师和朋友，现在特别怀念那时候大家为了一个共同的目标而一起努力的日子。

大学四年，给我的人生留下了许多美好的回忆。还记得考试前一周，公寓电视厅晚上12点依然爆满的自习室；还记得N楼大教室的窗前，总能看到海上落日；还记得出了北门，向西沿环海路一直到国际海水浴场一路的美景；

还记得大一中秋，第一年离家在外，全班一起在海边放孔明灯；还记得大二去保利公馆实习，中午回不了学校，大家连续吃了一周的神龟馅儿饼；还记得在M楼四楼上看到体育场上奔跑的人群，新篮球场上一场场精彩的篮球比赛，在学校后山上看遍整个海湾的风光；还记得全班一起在留学生餐厅包的奇形怪状的饺子，门口大排档里各种火爆的小吃以及家家悦旁边的无花果……这一切的美好，因为哈工大（威海），我都曾经拥有过。

现在想来，其实大学里最大的收获除了回忆和成长之外，还有对生活的感悟，一是珍惜，二是感恩。感觉年华易逝，好像大学四年还没来得及慢慢品味，就走到了尽头，所以学会了珍惜当下。大学四年，我得到了许多老师和同学的帮助。在生活、工作等各方面给我帮助的苏乃乾老师、胡萍老师，指导我毕业设计的钱宏亮老师、王化杰老师，和我一起通宵做PPT的朱漳同学，还有那些为我指引方向的学长学姐以及陪我一起为梦想而努力的同年级同学和给我加油的学弟学妹，我从心底里感谢他们！尤其是一直给我关怀和照顾的土木工程系的各位老师，他们用自己的言行教育着我，感染着我，激励着我，让我不断向上，时刻为梦想而努力拼搏。我会永远记住他们的名字，感谢他们给我的大学留下的美好回忆。

如今，大学渐行渐远，青春渐行渐远，可无论我走到哪里，都会记得我永远的母校——哈工大（威海）。在母校迎来40岁生日之际，祝愿她桃李芬芳满天下，人才济济遍九州，宏图更展，再谱华章！

（作者系土木工程系2009级学生，第十届十佳大学生，曾任理学土木学生会主席）

青春的美好怀念

□ 余智

还记得那年秋天，我在细雨绵绵的怅惘中同故乡挥手告别，背起行囊踏上前往哈工大（威海）的列车。这是我第一次来到威海这座海滨城市，干净的街道、美丽的校园、热情的学长学姐让我迅速有了“家”的感觉。烈日炎炎下的严格军训，第一次让我明白哈工大校训“规格严格，功夫到家”的深刻含义；周围的同学、老乡让我第一次明白出门在外处处是亲人；课堂上，老师带病为我们授课的模样让我明白哈工大精神是如何一代又一代地传承下来。

在哈工大（威海），没有大城市的繁华，却帮助我们远离浮躁，静下心来读书做事；在哈工大（威海），没有社会上喧嚣的名利之争，有的只是一群认真教书育人的教授。这里的一切都是那么美好，使我迅速融入了哈工大（威海）这个温暖的大家庭。

在哈工大（威海）的日子，有快乐，有伤悲，有收获胜利时的喜悦，有遭受挫折时的不甘，虽然期盼了四年的图书馆终究与我们无缘，但美丽的音乐广场、清幽的学校后山和环海路让我们仿佛进入了一个童话世界。在如此美丽的校园当中，莘莘学子必然会奋发图强、努力学习，“规格严格，功夫到家”这八个字将永远镌刻在我的心中，为我今后的工作、学习和生活提供了标准和动力。

在哈工大（威海）的日子，总是充满着竞争和压力。当我克服冬日的严寒早早起床踏进教室准备孤军奋战的时候，却发现有同学比我更早一步已经开始了一天的学习；当第二堂课的同学已经到齐，上一堂课的老师还被虚心求教的我们困在讲台上；当威海的蓝天白云召唤着大家出去玩耍时，我还要来到实验室继续模型的设计和优化。在这个美丽的校园里，只有想不到的事，没有遇不到的人，在这里我们相互学习，不断成长进步。

我的四年大学生活与学生会结下了不解之缘。从系学生会一个小部员到部长再到土木系学生会主席、理学·土木学生会副主席，我一面为广大同学服务，一面不断锻炼自己。忘不了，当年为了举办学生活动挑灯夜战的场景；忘不了，院毕业生晚会成功举办的艰辛和喜悦；忘不了，老师同学们对我们工作的一致肯定。这一切让我的大学生活变得无比充实与幸福。

不知不觉，又想起了毕业，又想到离校前夕的晚上。当我们在一起因依依不舍而抱头痛哭，当我们因逝去的青春而举杯痛饮，当我们为即将天南海北、各奔东西的挚友默默祝福，只有我们自己心里清楚，是哈工大（威海）这片净土承载了我们的梦想、我们的青春、我们的激情、我们人生中最为美好的四年生活，只有我们心里清楚，在这里，珍藏着我们一生难以忘却的珍贵记忆。

我心中的哈工大，是课后无休无止的自习，是平日紧张活泼的课堂，是通宵达旦为了梦想奋力拼搏。我心中的哈工大，是图书馆里我们奋笔疾书的身影，是运动场上我们挥洒汗水的脚步，是聚光灯下我们共同谱写的乐章。我心中的哈工大，是来自海上的风吹绿后山上的草坪宣告春天的来临，是情人坡上的花瓣在夏天暴雨之后的阳光下闪烁的水滴，是主楼前见证学校历史的“学子松”在朗朗阳光下换上秋日的新装，是漫天飘洒的雪花带着冬季独有的温度飘落在校园的每个角落。

四年大学生活，就在这四季变换中悄悄溜走了。正如那四年的时光，有如春天般的清新和甜蜜，也有如夏日般的热烈和灿烂，有如秋天般的寂寥和惆怅，也有如冬天般的冷静和克制。如今，我已经走出了那片我最爱的校园，可是在我的心里，哈工大（威海）就像那一阵风、一场雨、一片云、一叶舟，是那荣辱不惊的美丽与芬芳，是能在梦中让我们再次聚首的美丽地方。

四年的哈工大时光，教会我们的不只是课堂的知识，留给我们的不只是一张张证书，更多的是我们在哈工大（威海）这片土地上，找到了拥抱梦想的翅膀，开始了追逐梦想的旅程。我坚信，永远撕不碎的是成功的信念，永远折不断的是坚韧的脊梁，当我们的梦想在哈工大（威海）这片沃土生根发芽，我们的梦，会变成美丽的殿堂，将诠释中国的梦想。我相信，每一个在威海追梦的哈工大学子，谨记“爱国、求是、团结、奋进”的信念，铭记“规格严格，功夫到家”的校训，都将在奋笔疾书中默默耕耘着自己的梦想，在奋斗中坚守着每个哈工大人肩膀上的责任！

使命在鞭策，时代在召唤，值此母校40华诞之际，我祝愿母校越办越好，越办越顺利，在50年、100年甚至更远的时间，为祖国、为人类培养更多人才，为中华民族伟大复兴贡献不可或缺的力量！

（作者系土木工程专业2010级本科生，第十二届十佳大学生，现就职于万科集团）

念，哈尔滨工业大学（威海）

□ 苏兴旺

六年的大学生活，哈尔滨工业大学（威海）把我从一个青葱少年，培养成为一名掌握专业技能、充满梦想、奋发有为的青年。大学时光里，有欢快的笑容，也有悲伤的泪水，有成功后的再接再厉，也有失败后的越挫越勇。在同学们的陪伴下，在老师的关怀中，我的大学五彩斑斓。

美丽的校园

金海滩海水浴场记录了我们的青春岁月，无论是小声的低语，还是大声的呼喊，你都静静地接纳着我们一颗颗年轻躁动的心。晨曦中，我们在这里跑步、锻炼；阳光下，我们在这里游泳、打球；黄昏里，我们在这里散步、烧烤。多少次梦回，我们在海滩漫步，畅谈理想，吐露真情。金海滩，大学时代无法模糊的记忆。

N、G、M、H——熟悉的字母，有价值的符号。在N楼我们学习大学英语的语法理论，在G楼我们学习电控、机械基础理论，在M楼我们学习大学物理、工科数学分析，在H楼我们徜徉在图书馆书籍的海洋中。

学子餐厅、学苑餐厅，养了我六年的胃，舌头的味蕾、鼻子的嗅觉早已经把各种菜色分类标明。这里记录着我们一起包过的奇形怪状的饺子，虽然难吃但很开心；这里记录着我们下课铃声响起的刹那，潮水般涌入时的壮观；这里记录着我们就餐时各种各样的品评，这里永远牵挂着我们的胃，无论毕业后多少年。

本科时代的六公寓、研究生时代的十公寓，记录了室友间的嬉笑打闹，也记录了我们的彻夜长谈，这里让我们更加了解彼此，同时更加珍惜彼此。

蔚蓝的天空，深蓝的海水，欧式的建筑，枝繁叶茂的梧桐，浓郁的学术氛围，这里的种种将美丽的校园深深地刻在了我的记忆深处。

可敬的老师

一支粉笔两袖清风，三尺讲台四季晴雨，加上五脏六腑，七嘴八舌九思十分用心，滴滴汗水诚滋桃李芳天下。

本科时代的班主任、研究生时代的导师李哲教授，是我求学路上的良师益友。犹记得机械设计基础课上，你放下PPT，抛开码满文字的教科书，在讲台上侃侃而谈，黑板上洋洋洒洒，用你的满腹经纶感染了在座的所有学生；犹记得在实验室，因为某个问题的烦琐复杂，你一遍一遍地不停讲解分析问题的方法、解决问题的窍门，在你的悉心教导下，期刊论文、优秀毕业生名册也留下了我的名字。

犹记得炎炎夏日，后背早已湿透的赵继俊教授仍在讲台上精神饱满地讲解机械设计；犹记得求学期间教学秘书金鑫老师为我们排的每一份课表；犹记得临近毕业，副书记隋海瑞老师为我们搜罗的每一次企业宣讲会，争取的每一次就业机会；犹记得毕业时最后一次聚餐时，辅导员宋翌铎喊出每一个人的名字时，大家激动的泪水。

不管是杨斌久老师的平易近人，还是李福梅老师的思维缜密，不管是刘会英老师的经验丰富，还是岳金星老师的活力四射，这些都是我求学时代的宝贵记忆，感谢那些陪我度过六年时光的老师。

友爱的班级

记得毕业时送走班里第一位同学的时候，我们都哭了，我们在哈尔滨工业大学（威海）这个美丽的地方，一起欢笑过，一起哭泣过，一起打拼过，也一起失败过，多年的大学时光让我们不忍分离。

大学起始我们一起在刘公岛上军训，炎炎夏日不仅锻炼了我们的体格，更锻炼了我们的集体意识；大学的生活中，我们奔走在N楼、M楼、G楼、H楼，一起努力；大学结束时，我们一起去旅行，用相机记录下毕业前每个人的笑脸，即使暂时分开，但我们的心也一直在一起。

我们曾经因为某一位老师长得漂亮而努力表现自己，我们也曾因为某位老师讲课讲得好而提前一天在教室占座，我们也曾因为输掉一场篮球赛而郁闷，我们也曾因为获得一个优秀班集体荣誉而欢欣鼓舞。

即使现在毕业了，我们也经常在班级群里联系，公司有好的岗位，优先推荐班级的同学；同学家里有喜事，我们马上赶过去；有人路过自己工作的地方，我们真心地招待，我们一直是一个集体，一直到永远。

朝气的社团

从小就喜欢数学的我加入了数学建模协会，在协会里有同龄、志同道合的朋友，也有平易近人、一心为学弟学妹着想的学长、师姐。在协会里，我们研究过背包模型，懂得如何将最有价值的东西塞满背包；我们研究过TSP模型，懂得如何规划自己的行程，选择出最佳的路线在N个城市之间穿梭；我们研究过男生追女生模型，通过对竞争因素进行分析，得出了在大学里男生和女生在一起的最佳方式。在协会里，我们互相帮助、互相关心，尽情挥洒自己的青春。

犹记得在2008年至2009年接任数学建模协会的会长期间，每天晚上10点半熄灯后仍然和社员电话联系明天的活动；每年九月份的数学建模竞赛，我们用三天的不眠换来一份满意的答卷；每年春节刚过，我们就收拾行装提前到校，拼搏国际数学建模竞赛。

在协会里边的点点滴滴让我终身受益，我们不仅锻炼了自己的能力，更重要的是找到了志同道合的朋友，在协会的日子，因为哭过、笑过，所以备感珍惜。

2013年7月毕业至今，我在上海做着自己喜欢的工作，忙忙碌碌，但又无比开心。在上海我找到了自己的爱情，一个和自己在人世浮沉中相互扶持的人。想念，我的母校，哈尔滨工业大学（威海），祝你明天更加美好。

（作者系船舶与海洋工程学院机械电子工程专业2011级硕士研究生，现就职于上海汽车变速器有限公司）

那些年

□ 赵三猛

当我们离开象牙塔，走进都市的繁华，与灯红酒绿近在咫尺的时候，才清晰地发现：原来最温暖的地方，还是我们成长的小窝！

还记得那年我们入学吗？一纸录取通知书令我们振奋了许久，终于能够走进神往的学术殿堂。大学毕业，回家稍待几日，便急匆匆地去了威海，走得匆忙，都没来得及带去被褥，晚上11点多钟才到达学校，这座在心中构思了无数遍的校园在夜晚的灯光中显得格外通透敞亮，也是我在这座陌生的城市里唯一的心灵归宿。

舍友在校门口早早等着了，简单的寒暄便让两个只在网络上聊过的陌生人顷刻成了好朋友。一路聊着到了宿舍，满眼的狼藉令人小小失落，毕业的同学们给宿舍留下的这些"美好"的东西还没有来得及清理，但幸亏是这些没有清理的东西才让我安然度过了一个晚上。舍友将床单借给我，并给我找了个垫子，居然从那些"美好"中找到了一顶蚊帐和一个枕头，总算安稳地度过了一个晚上。接下来的几天，便是过起了宿舍、食堂、实验室三点一线的生活。

还记得那年我们做过的小车吗？李哲老师的课程里占很大一部分的课程设计——"无碳小车"，那时候的课程任务很重，除了每周20节大课之外，我们还要在周末上政治理论课，高强度的学习任务让我们无暇去做"小车"的课题，这样，"小车"任务便被拖到了临答辩前几晚，也就是在那几天，大家才真切体会到了李老师的铁面无私，"规格严格，功夫到家"的校训在那几天被诠释得淋漓尽致。每个人都战战兢兢，每个人都加班加点，每个人都通宵达旦。所幸任何事情到最后都是好的，如果感觉不够好，那是因为还没到最后，我们都通过了“无碳小车”的课程设计，为此大家还举办了一次欢庆会。

还记得那年我们一起去找工作吗？幸福的时光总是短暂的，一年的研究生学习过后就开始找工作了。那年我们一起买了船票从威海到大连，再从大连转车到哈尔滨，为了在校本部能找到更多的就业机会，能赶上航天科技集团的招聘专场。2014年号称史上最难就业年，哈工大3000研究生，再加上哈工程、哈理工等学校的学生如浪潮一般涌入各大招聘专场，学校、学生、招聘公司的压力都空前巨大，本科不是985名校的我们往往在简历筛选阶段就被刷了，也就无从谈起展示能力了。然而，任何事情到最后都是好的，经过近两个月的奋战，我们都找到了自己比较满意的归宿。

还记得那些年我们的毕业设计吗？哈工大（威海）毕业设计制度改革，一次开题，两次中期，一次结题，每一次都让我们心惊胆战，答辩老师的严厉近乎苛刻，导师更是眼里揉不进沙子，一点点的错误我们便要竭尽全力地去更正，一丝丝的不解都会成为老师们眼里的不合格。3万字的论文更改过的次数我们自己已经记不清了，从初版到完成版，再到最终版，再到最最终版，再到绝不更改版，再到打死不改一字版，再到绝命版，再更改的话便是遗书版了。个中辛酸只有当事人才能体会，幸好我们没有放弃。老师当年的严厉，甚至可以说是苛刻，对于现在做工程的我们，都是极好的锻炼，让我们做事情不敢有一丝丝的马虎、一点点的懈怠。

还记得毕业前我们拍过的照片吗？校训石、研究院、日月湖、主楼、图书馆、海边……哦，还有山大……

毕业季总是伤感的，一辆车开走便离开了一位同学，不知现在离开以后能否再见。大家在烈日下拥抱送别，一句珍重胜过千言万语，一句再见满含千头万绪。我们离开了，离开了这个陪伴我们数年的母校，离开了带给我们无数欢乐与成长的地方，走进了繁华的社会，去实现我们心中的理想，展翅向更宽阔的天空翱翔。

那些年，我们在学校的日子里，虽有累，虽有汗，虽有不解，虽有迷茫，但是心中却始终有归宿。如今离开了，就像风筝一般飞向了无际的天空，但是我们始终相信，风筝的线始终还在母校手中。

愿母校未来越来越好，蒸蒸日上！

（作者系船舶与海洋工程学院机械电子工程专业2012级硕士研究生，现就职于中科华核电技术研究院有限公司）

趁年轻生猛，请再和理想死磕几年

□ 孙凯迪

“这四年是有生以来最接近梦想的时刻，以前没有，以后也不会有了。”

2016年夏天，我提交了毕业论文后，突然有种青春无悔的感慨。庆幸自己趁年轻生猛，和理想死磕，过上了自己想要的生活。

回想我的大学四年，在同学眼里，应该是不走寻常路的。学了最需要沉下心来看报表的财务管理，却一门心思向往诗和远方，一到寒暑假就背包国内国外穷游；学术成果平平没发过SCI，却靠出版的旅行散文集站上了“最具影响力毕业生”领奖台；毕业后没能如老师期望成长为国之栋梁，居然赶上了自媒体时代风口，成了边环游世界边赚钱的旅游博主。

一向学风严谨的哈工大，想必也有自由浪漫的一面。“职业生涯规划”这门必修课，我有幸被当作案例写进了教材，旨在鼓励学弟学妹们敢想敢做，不要被世俗框架束缚了人生理想。

踏入社会后，谈理想是一件很奢侈的事，但是在大学里，不怕一个人理想远大，怕的是你没有理想。现在大学生活压力重重，在“就业、考研、出国”的岔路迷惘纠结，把人生最有朝气的二十来岁活成“后高三”时代。我们好像被一场场考试推着向前跑，来不及思考自己到底想要什么，仿佛我们的喜好无人在意。

谁的青春不迷茫。刚入学时，我也抱怨过自己选专业乱填一气，稀里糊涂进了经济管理学院，还没想好自己要做什么就被安排了人生的下半场。

如今我可以底气十足地说出来，我大学时的梦想是环游世界：10年为期，大一大二国内游，大三大四东南亚，读研奔赴欧美，工作后每年出两次国。

10年后的今天，我已经超额完成目标——足迹踏过包含南北极在内的全球100多个国家或地区，即将作为克利伯环球帆船赛“青岛号”大使船员开启环球航海之旅，探索蓝色星球70%的未知领域。所以，再天马行空的理想也可以做项目拆解，然后进行成本控制和风险管理，最后落地实操。

在坚持理想的路上一定有很多磕磕绊绊、无能狂怒和纠结内耗，但每一次突破自我所收获的正反馈都完全抵消了往日苦楚。

环游世界这个想法初具雏形的时候，我甚至没有护照，英语也并不流利。当时我做了大学里最正确的一笔投资——攻读英语二学位。在一个宏大的人生理想面前，二学位的每一堂晚课都显得异常励志。我至今记得英国文学课上老师朗诵着叶芝的《当你老了》，诗篇里11个“and”起承转合，浅吟低唱出英文特有的音律之美，像极了王羲之《兰亭集序》里的21个“之”。那是我第一次深刻感受到自主学习的快乐，为自己喜欢的事去努力的每一秒都是幸福的。

怕什么真理无穷，进一寸有一寸的欢喜。

如今想来，要真心感谢学校高质量无限量的教育资源，让求知若渴的我能低成本获取最高阶的知识。图书馆、公开课、名师指导、学术交流……这些当时只道是寻常的学校日常，其实是极其宝贵的机会。我的清晰而具象化的环球梦，就是靠图书馆里一排排书筑成的。每一个遥远的地名一开始都是闻所未闻，随着阅读深入，具体化成一个有了山河沟壑的地理坐标，又被历史和文明填充，最后变成勾起我远行冲突的心锚。如今网络上充斥着各种贩卖焦虑极具功利的课程，仿佛只要9.9元下单了一套课件，3分钟看个视频，就能成为巴菲特。而在学校里，有不同领域最前沿的理论，最纯粹的学习氛围，在这样的环境里努力，少走弯路，不入歧路，事半功倍。身边同学不时创造的卓越成就又是一种激励，让人斗志满满。

曾经的大学，有过“60分万岁，多一分浪费”的时代。鲤鱼跃龙门，天之骄子，踏入校门的那一刻，就走上康庄大道。而当我们入学时会发现，高中老师所谓“等你们考上大学就……了”只是镜花水月。我们还要继续上自习，继续上辅导班，继续为了平均学分绩点努力。人最幸福的事是以自己想要的方式度过一生，我替大家试过了，是真的。

（作者系经济管理学院财务管理专业2012级本科生，畅销书《寻味米其林》作者，环球旅游博主@凯迪星球，凯迪遥游（上海）文化传媒有限公司CEO）

后　记

参与本书编写和修改工作的人员有张玉芹、隗海燕、李志强、刘占辉、丛爱娟、朱美丽、李新等。岳彩领、季振兴、李洪斌参与了修改和统稿工作。王彦岩统筹本书的编写工作。张淑娣审改了文稿。编撰过程得到了各学院的密切配合，在此谨向所有给予本书帮助和支持的单位和个人表示衷心的感谢。

因时间和篇幅所限，本书难免有疏漏和不足，恳请各位读者谅解指正。

编者

2025年6月

四秩芳华 · 哈尔滨工业大学（威海）
办学40周年系列文集1985—2025

师者如光

SHIZHE
RUGUANG

哈尔滨工业大学（威海）党委宣传部　编

哈爾濱工業大學出版社
HARBIN INSTITUTE OF TECHNOLOGY PRESS

图书在版编目（CIP）数据

四秩芳华：哈尔滨工业大学（威海）办学 40 周年系列文集. 师者如光 / 哈尔滨工业大学（威海）党委宣传部编. —哈尔滨：哈尔滨工业大学出版社，2025.8. —
ISBN 978-7-5767-2268-0

I.G649.285.23-53；K825.46

中国国家版本馆 CIP 数据核字第 20254BT937 号

四秩芳华：哈尔滨工业大学（威海）办学 40 周年系列文集. 师者如光
SIZHI FANGHUA: HAERBIN GONGYE DAXUE（WEIHAI）BANXUE 40 ZHOUNIAN XILIE WENJI. SHIZHE RUGUANG

策划编辑　李艳文　范业婷
责任编辑　孙　迪　付中英
出版发行　哈尔滨工业大学出版社
社　　址　哈尔滨市南岗区复华四道街 10 号　邮编 150006
传　　真　0451-86414749
网　　址　http://hitpress.hit.edu.cn
印　　刷　威海新永印刷有限公司
开　　本　787 毫米×960 毫米　1/16　印张 26.25　字数 388 千字
版　　次　2025 年 8 月第 1 版　2025 年 8 月第 1 次印刷
书　　号　ISBN 978-7-5767-2268-0
定　　价　90.00 元（全两册）

出版说明

师者如光，行远弥坚。今年，哈尔滨工业大学（威海）迎来办学40周年。这座矗立于黄海之滨的学府，始终秉承哈工大“规格严格，功夫到家”的校训，以服务国家发展为使命，培育了一批批兼具家国情怀与创新能力的栋梁之材。值此哈工大（威海）四十华诞之际，我们编写出版了《师者如光》纪念文集，以笔墨镌刻四十载躬耕教坛的师者群像，致敬那些以智慧启迪未来、以奉献铸就精神的榜样。

哈工大（威海）的办学史，是一部与国家需求同频共振的奋斗史。广大教师以“向海图强”的担当，诠释了哈工大人科技报国的赤诚。三尺讲台，是师者传道授业的舞台，更是匠心育人的沃土。一代代教师薪火相传，深耕一线，以教学相长的育人匠心，在平凡的岗位上用毕生心血立德树人、默默奉献。四十年间，哈工大（威海）的师者始终以爱国奉献为底色，以开拓创新为动力。他们如灯塔，指引学子在科技前沿探索；如春雨，润泽青年在成长路上拔节。他们的故事，是历史的回响，更是未来的序章。

一个人遇到好老师是人生的幸运，一个学校拥有好老师是学校的光荣，一个民族源源不断涌现出一批又一批好老师则是民族的希望。

《师者如光》不仅是一本纪念文集，更是一曲献给教育初心的赞歌。愿此书成为一盏明灯，照亮后来者的征途，激励哈工大（威海）在新时代继续书写“培根铸魂、启智润心”的华章！

编者

2025年6月

目录

HARBIN INSTITUTE OF TECHNOLOGY, WEIHAI

SHIZHE
RUGUANG

许承斌

XU CHENGBIN

许承斌，中共党员，教授。1934年11月出生于黑龙江省哈尔滨市，1952年加入中国共产党。1956年以优异的成绩考入哈尔滨工业大学，1997年被评为哈尔滨工业大学首批基础教学带头人。1999年到哈尔滨工业大学威海校区任教，2021年获哈工大（威海）首届教育教学“校长奖”教育杰出贡献奖。

从“小教师”到“大先生”

许承斌1934年出生于黑龙江省，儿时看到日本侵略者在中国的土地上横行，他便暗暗发誓要为祖国的强大贡献自己的力量。随着年龄的增长，他越来越感受到中国共产党真正代表人民利益，于是积极向党组织靠拢，18岁那年成了一名光荣的中共党员。1956年1月党中央提出“向现代科学进军”的动员令，许承斌深受鼓舞，当年考入哈尔滨工业大学，3年后作为“小教师”提前留校，从此便开启了长达半个多世纪的科教报国生涯。

许承斌所在的601教研室成立于1952年，中国工程院院士俞大光为教研室第一任主任，修订了我国第一份“电工基础”教学大纲，建立了我国第一个电工基础实验室，编写了我国第一本电工基础教材。许老师深受“规格严格，功夫到家”校训的影响，在教学中求精、求新、求实，把电路课讲得“活灵活现”，被评为哈工大首批基础教学带头人，从一名“小教师”成为师生心目中的“大先生”。

永远写在学生心中的板书

1999年，许承斌作为教学经验丰富的老教师返聘至威海校区任教，沿承俞大光院士“铁将军把门”的传统，严把校区教育教学的质量关。

多年来，许老师一直讲授电类专业的技术基础课，曾参编《电路理论基础》第一版、第二版，发表科研论文10余篇。教了一辈子的电路课，教学内容早已烂熟于心，但只要有课，许老师都会重新精心准备。许老师说：“怎么才算备好课了呢？等你满腔热情想要面对学生，迫不及待地想把知识与学生分享的时候，就差不多了。要是一备课就心烦，那就还差得远呢。”

1985年哈工大硕士毕业后留校在电工基础教研室任教、现在已是辽宁省教学名师的陈希有教授，一直保留着一份许承斌老师多年前手写的备课讲义，设计严谨、条理清晰、内容充实、字迹工整清晰，令人过目难忘。或许从中我们能感受到许老师当年伏案备课的认真。正是在这个讲义基础上，陈希有教授等人编写出国家级规划教材第三版及第四版《电路理论基础》，影响了一批又一批的青年学子。

在课堂上，学生们更是能直接感受到许老师的严谨求实。信息科学与工程学院青年教师杜海回忆说：“许承斌老师站在讲台上永远像绅士一般，不论天气多热，穿着总是整洁利落。”这种衣着举止上的严谨，反映出许老师对教学的认真和对学生的尊重。

许老师讲课话语沉稳有力，抑扬顿挫，每句话都言简意赅，又深入浅出，以“规格严格”保持高效、精彩的课堂，吸引每个学生的注意力，展现出真正的“功夫到家”。

对于需要推理、证明的公式，他总是带领学生一步一步推导。他的板书每个字都是一笔一画的小楷，字字端庄，典雅方正，每幅图、每条曲线、每个标识都工整、准确、清晰。每堂课一共书写12块黑板，上半节课写满6块黑板，课间擦掉后，下半节课再填满6块黑板。学生们私下感慨：不记电路笔记，枉费如此板书。

许老师说：“我们教育的目的就是培养学生分析、研究、解决问题的能力。老师在课堂上讲的许多知识都是锻炼学生的重要环节，该有的步骤一步都不能少。”

跟许老师上电路课，学生们最大的感受就是“感动”：“板书很认真，讲课很认真，批改作业很认真。每次实验课许老师都要过来，看着我们做到九点多到十点，认真审核每个人的实验结果，每次都到最后才走。”

“他踮起脚在黑板上写字，拿粉笔的右手有点颤抖，70多岁的老人了，每堂课都写满12大块黑板！”

那写满端庄方正字迹的黑板，成为刻在许老师教过的所有学生心中永远的记忆。

跨越时空的教学传承

采访过程中，无论是声名远扬的教学名师，还是默默耕耘的中青年教学骨干，都深情地讲述了许老师对后辈的培养和帮助。

陈希有教授回忆，他留校后在许老师的指导下快速成长。当时教研室经常开展教学研讨，每次许老师都要做提升性总结，把自己的教学经验甚至人生经验毫无保留地传授给年轻教师。为了支持年轻教师攻读博士学位，许老师甘愿承担更多讲课任务，同时还主动帮助指导年轻教师修改博士毕业论文。在后来的教材建设工作中，陈希有更是深得许老师的指点。已经退休到威海的许老师全面审阅了教材全文，有时会整页或整节地重写书稿，提供建议。许老师所修改的文稿和往来信件被陈希有保存至今，已成为他的学术财富和精神财富。陈希有说："许老师虽然不是我的博士生导师，但我愿意把他视为我的事业导师。"

许老师到威海校区工作后，不仅承担着重要的教学任务，还肩负着培养年轻教师的重任，他将老一辈哈工大教师的优秀品质和工作作风从松花江畔带到黄海之滨，实现了跨越时空的精神传承。

从2003年起，学院每年为许老师安排一名年轻教师助课，井岩、菅维乐、杜海都是刚参加工作就为许老师助课，他用自己的言传身教告诉年轻人什么是"规格严格"，什么是"功夫到家"。提起许老师的培养，井岩说："跟随许老师学习一年，我的收获太大了。从每个教学环节的设计和准备到严谨的治学态度，许老师用他的一言一行教会我如何做人，如何做好一名老师。"

许老师对年轻教师的要求体现在教学中的各个环节：教材的课后习题以及相关辅导书上所有的习题都要提前做一遍；不论做了多少遍实验，每次实验前都要自己重新做一遍；黑板上的板书，包括上标和下标都要让教室里的每个学生都能看清楚；辅导学生答疑时要从学生的角度出发，解答问题；讲台上思路要清晰，语言要简练；不论课程内容有多熟练，每堂课之前都要认真备课，书写备课讲义。

“电路”是一门注重动手实践的专业基础课，需要做大量的实验。尽管有了助课教师，许老师仍然每次都来实验室指导。许老师70岁生日那天有远方的朋友来访，本来应该是菅维乐老师指导实验，可是许老师还是准时出现在实验室。2005年冬天威海地区连降大雪，70多岁的许老师放不下学生和年轻教师，担心道路湿滑耽误时间，每次都是提前赶到实验室。

每次实验课前，许老师都会精心准备一页实验教案，课前手写在教学笔记上，上课时誊抄到黑板上，从原理、器材到实验步骤，条理清晰，要求准确。助课的菅维乐老师把这些实验教案收集起来，装订在一起，经常拿出来学习。

在许老师的指导下，教研室拥有了一支功底扎实、踏实肯干的教师队伍，一批年轻的教师传承了许老师对待工作的一丝不苟、治学严谨、认真负责，成为教学的中坚力量。教研室先后有5门课程入选山东省精品课程和一流课程，多名教师获得山东省教学名师、哈工大教学名师、宝钢优秀教师等荣誉称号，并多次在各级各类教学竞赛中获奖。这个教学团队更是承担了全校电类基础课程的教学工作，为学生的科技创新、升学就业、成长成才奠定了扎实的电学基础。

永远的“大先生”

在大家眼中，许老师学识渊博、治学严谨，又谦虚低调、淡泊名利。他总是平和而坦然，安静地看书、备课，以独特的人格魅力深深影响着周围的人。作为督导专家，每次听完课反馈意见，他总是先肯定成绩，然后再谈具体意见，最后还要补充解释：如果去听他讲课，同样也能发现问题并提出改进意见。这让年轻教师既增强了信心又高兴地接受意见。这就是许老师，谦虚的“低姿态”恰恰反衬出他人格的高大，如同一道光芒照耀和指引着周围的年轻教师和学生。

尽管已离开工作岗位多年，但许老师对于教育教学工作一直心存执念。他认为：教师要关注与本课程相关的科技发展前沿，及时推陈出新、引入新教学内容、激励学生勇于创新；要精选教学内容，重视基础知识和科技发展前沿；要终身学习，在学习自己不熟悉的前沿科技知识中研究认知过程和规律，从而改进教学方法。

如今许老师已过耄耋之年，但无论什么时候在校园里见到他，他总是衣着整洁、腰杆挺直、步伐坚实，就如同他当年在讲台上一样，瘦小的身躯时刻透出师者的“大”；他可能记不住每个年轻老师的名字，但当你向他打招呼的时候，他都会停下脚步，微笑着点头，认真地注视着你，如同注视着当年的学生。

“桃李不言，下自成蹊。”许老师用他超过半个世纪的教学生涯为我们诠释了一名“大先生”的责任与担当，诠释了一名人民教师的品德与学识。无论时代如何变迁，教学方式如何改变，许承斌老师那种对待教学一丝不苟、对待学生认真负责的为师之道永远不会过时，“规格严格，功夫到家”的哈工大传统也永远不会过时。

SHIZHE
RUGUANG

于永德

YU YONGDE

于永德，中共党员，教授。1936年12月出生于辽宁省盖县（今盖州市），1961年起在哈尔滨工业大学工程力学系任教，曾任哈工大数学力学系党总支书记、航天学院党委副书记。1988年调入哈尔滨工业大学威海校区任党委副书记，曾担任校区教学督导组组长、离退休办党支部书记。

德润桃李永不休

年少时在辽东半岛的渤海渔村艰难成长，年纪大了到山东半岛的黄海之滨拓荒创业，他见证了这片土地由荒滩变成花园，这片热土也见证了他的热血与汗水。哈工大（威海）首任党委副书记于永德老师，最自豪的还是自己在威海教过3800多名学生，77岁高龄时仍能站在讲台上……

在哈工大找到一生追求的事业

1936年底，于永德出生于辽宁省盖县（今盖州市）的一个小渔村。在家人的支持下，他克服各种困难坚持求学，从小学到初中，又一路保送到省重点高中、大学。1961年于永德来到哈工大，在理论力学教研室边学习边工作，从此找到自己一生追求的事业。

哈工大理论力学教研室是一个团结友爱、充满活力、实力雄厚的先进集体，于永德在这里获得了政治上、思想上、业务上的全面成长。他虚心向各位老师请教，做完了苏联密歇尔斯基理论力学习题集里的1300多道题，听全了高等数学和材料力学课程，学完了相关课程并完成了毕业设计。同时他承担了理论力学习题课的教学任务，因备课认真、板书整齐深受同学们欢迎。

1981年，于永德参与了《理论力学》第四版的修订任务，后来此书获首届国家优秀教材奖。1982年他担任教研室党支部书记，教研室被评为校先进教研室，党支部被评为校先进党支部。1987年4月航天学院成立后于永德担任副书记，负责教职工党政工作，同时承担“理论力学”“振动理论”“分析力学”的教学任务。

1987年夏天，黑龙江省力学学会理事会在威海召开，担任常务理事的于永德第一次来到威海。得知初建的威海校区需要老师，他申请调到威海校区工作。

于永德和陆续来到威海的老师们一起，健全管理制度，完善教学体系，承担教学任务，将哈工大的优良作风带到初创时期的威海校区。

坚守教书育人一线

虽然担任领导职务，但于永德老师始终坚守教书育人一线。从1988年到2013年，他共为36个大班、132个小班、3800多名学生讲过理论力学、材料力学、工程力学等课程，77岁还坚持站在讲台上。

尽管教学内容早已经烂熟于心，但每次上课前于老师都认真撰写教案，他说“教案要跟着时代更新”。他用过的课本上用红黑蓝三色笔迹写满了标注，重点要讲的内容用黑色笔画出，容易出错的地方用红色笔做批注，所有的习题都仔仔细细做了注释分析，注明解题步骤，空白处写不下的就粘上夹页。一本1998年修订的《分析力学讲义》，书页间夹着的演算纸已经摞成一盒扑克牌厚度。每次上课于老师都提前到教室布置，4块移动黑板按编号排列，粉笔按颜色分装，连板擦都得烘到半干，因为“湿板擦会留下水痕”。

每周二下午是固定答疑时间，学生一波波离开教室又进来，常常天都黑了还有学生围着他。凡是上过他课的学生都对他规整的板书、清晰的条理和准确的表述记忆犹新，特别是对于他那手不用规尺就画出规范图形的“绝活儿”赞叹不已。

1992级校友王英浩回想起于老师当年上课的风采至今仍记忆犹新：“于老师给我们讲‘理论力学’课，课堂上讲得细致入微、生动活泼，课后及时给我们答疑解惑，特别是他讲解各种例题深入浅出，帮助我们快速理解复杂的原理和公式，为我们后续学习‘机械制造工艺学’等课程和做好毕业设计，奠定了扎实的基础。”

当老师的永远不“退休”

1997年12月，已到退休年龄的于永德卸任行政领导工作，除继续承担力学课程的教学外，还积极参与学生培养和教学督导方面的工作，将全部精力放在提高人才培养质量上。

1999年至2002年，他连续4年为机械专业本科生辅导理论力学考研课。1996级到1999级机械专业的学生考研成绩明显提高。同学们说：“多亏于老师热心辅导，我们多考上不少同学。”

2001年，于永德为硕士毕业留校的青年教师姚玉峰做了一个学期的“导师”，从备课、讲课，到留作业、批卷子，所有的教学流程都一一把关。“于老师讲一门课，备课笔记就要写好几大本！”姚玉峰对“导师”的认真劲儿记忆犹新。姚玉峰后来在教学工作中也自然而然地传承了“导师”的优良传统。

2002年起于永德担任教学督导组组长，他工作认真负责，组织王启平、黄净、霍彬茹、许承斌等老教师听课，帮助年轻教师成长，对2006年校区以全A的成绩通过教育部本科教学水平评估，起到了重要的促进作用。

2007年12月于永德被诊断为劳累型心脏病，在北京安贞医院安装了两个心脏支架，因为缺少力学教师，他仍坚持上了一年课。2012年，因新引进的力学老师出了交通事故，于老师又坚持教了两年课。

青年教师刘璐给于老师当助教的第一天，就被他工整的板书吓了一跳。2013年校区推广多媒体教学，学院要给老教授配智能手写板，他摆手拒绝：“我这双手写过53年板书，换块电子板怕要闹罢工。”那年深冬他摔伤了右臂，石膏打到肘关节，却让刘璐扶着黑板继续推导方程。白色石膏渐渐被粉笔灰染成浅蓝，于老师说这是“最实用的课堂教具”。

作为威海校区的老领导、哈工大老教师，于永德还受聘为新世纪讲坛特约主讲人，多次为学生讲校史，传承和弘扬哈工大精神，被评为学校“老有所为积极分子”“优秀老年科技工作者”“优秀共产党员”。

给学生上的“最后一课”

2023年盛夏时节，已经87岁的于永德教授又在网上“火”了一把。他在海边游泳时，勇救海中被困女孩，被媒体称为“令人敬佩的逆行者”，用自己的实际行动为学生们上了一堂深刻的思政教育课。

经媒体报道后，于老师的事迹被迅速转发、点赞。于老师教过的学生看到报道后大为感动和自豪，争相留言：

“毕业30年了，竟然见到了上学时的教授。于老师87岁还能游泳救人，精神矍铄，佩服佩服，我一辈子的老师！”

“20多年过去了，居然在这里见到了于老师的英姿。于老师，愿您福寿安康！”

“想当年老师教理论力学板书画图不用尺，骑着自己改装的自行车，还喜欢打门球，在记忆里一直是一个笑眯眯、有趣的学者。”

…………

教书育人一生，润泽桃李三千。

于永德老师用一辈子的师者光辉在学子心中筑起一座丰碑，支撑其脊梁，照耀其前行。

HARBIN INSTITUTE OF TECHNOLOGY, WEIHAI

SHIZHE
RUGUANG

霍彬茹

HUO BINRU

霍彬茹，中共党员，副教授。1938年11月出生于黑龙江省宁安县（今宁安市），1962年自吉林大学物理系原子能专业毕业后分配至哈工大基础部物理教研室任教。1987年到哈尔滨工业大学威海校区任基础教学部副主任。多次获哈工大优秀共产党员、优秀教师、三八红旗手，威海校区优秀共产党员、老有所为先进工作者等称号。

丹心无悔自成蹊

从大学毕业后到哈工大当物理老师，到来威海校区白手起家“再创业”，霍彬茹老师如今已在哈工大工作、生活了60多年。从青春年少到两鬓斑白，她将全部心血和汗水倾注在工作与学生身上，一片丹心，无怨无悔。

从哈尔滨到威海　年近半百“再创业”

1945年家乡解放，霍彬茹有幸成为“长在红旗下”的小学生，“为祖国而学，为祖国而用”成为她从小刻在心里的信念。1957年，她以优异成绩考入东北人民大学（现吉林大学）物理系原子能专业，立志成为居里夫人那样的科学家。大学毕业后霍彬茹被分配到哈工大物理教研室任教，她认为“能当老师，为祖国培养人才是一件很光荣的事”。

工作后，霍彬茹踏踏实实锤炼教学基本功，从亲自动手操作仪器到写教案、预讲、试讲，她在不断历练中顺利通过了教学关，并作为物理学家洪晶先生的助手，推动了哈工大物理学科的发展。

1987年，年近半百的霍老师得知初创时期的威海校区急需基础课教师，第一时间报了名。当年11月底，她独自来到威海，马上投入筹建基础课教研室的忙碌中。

当时首届学生招生在即，而校园里连最基本的教学楼都没建好。“当年哪有校园啊？整个高区到处都是老乡的果园、菜地，从市里到学校只有一条窄窄的乡间小路。宿舍没有建起来，我们就在古寨东路拐角处租了几间房子住。”回忆起当年的情景，霍老师依然如数家珍。尽管条件艰苦，但大家每天都在A楼建设工地旁的荒地上席地而坐，热烈地讨论威海校区建设的各项工作。

1988年5月，A楼、D楼和后山的几栋教工宿舍相继竣工，在外面租住的“创业者”们相继搬回校园，临时住在A楼二楼的几间教室里，食堂就在一楼大厅，厨房则设在一楼尚未启用的女卫生间里。条件虽然艰苦，但大家相互关心，相互鼓励，心里都充满了干劲和希望。

1988年9月，霍老师和同事们迎来了首届205名学生。他们的事业在这个简陋的校园里起航。

从专科到本科　再难不能降质量

基础课教研室下设物理、数学、外语、化学、企业管理、政治理论课、体育7个教学组，霍老师担任教研室副主任，同时与刚刚研究生毕业的孙玉德共同承担物理课的理论和实验教学任务。

开学前夕，霍老师的老伴突然病重，无奈之下，她只好在哈尔滨一边照顾家人，一边“遥控”威海的工作。孙玉德说：“为了学生开学后能做实验，霍老师带着我走遍了校本部的物理实验室，并把要买的东西、到哪儿去买都列好单子，让我在学生开学前务必把实验设备准备好。”1989年春，老伴的病情一稳定，霍老师马上赶回威海，继续与大家并肩战斗。

虽然当时的学生都是两年制大专生，但教学质量一点都不含糊。老教师们将哈工大“规格严格，功夫到家”的优良传统带到了威海校区，备课、上课、实验、实习、考试，每个教学环节都严格按照教学大纲的要求来，一丝不苟。

“我们没有因为他们是大专生就降低要求和质量，必须要把基础打得牢牢的。”霍老师从身边简单、熟悉的事物入手引发学生兴趣、启发学生思考，将枯燥的物理课变得生动有趣。她认真批改每一份学生作业，不仅做批注，还跟学生面对面交流，了解每一个孩子的特点，因材施教。

平时温柔随和的霍老师，在教学中却严格认真、一丝不苟。94级本科生贾广田留校工作多年，还清楚地记得霍老师30年前上课的情景。“霍老师上课从来不点名，但她能叫出每一个学生的名字；她上课从来不看讲义、课本，但所有的课程内容都信手拈来；为了让我们看得更清楚，瘦小的霍老师经常要踮起脚写满4块黑板，每次上完课都一身粉笔末……”

物理课的实验量比较大，没有专门的实验教师，霍老师既要上理论课又要上实验课，还要负责实验室管理和实验设备维护。由于海边气候潮湿，许多仪器放置一个暑假就会生锈，她就牺牲休息时间，利用节假日对实验室仪器和设施逐一进行保养。

从工作到生活　她是教研室的“定海神针”

作为教研室的“定海神针”，霍老师不仅用自己的身体力行为青年教师树立了榜样，还在工作和生活中事无巨细地关心关爱着青年教师的成长。

在她的带动下，英语课的老师们每天早上都拎着录音机到A楼的大教室训练同学们的听力，集体早读的习惯后来延续了很多年。企业管理教研室的老师们克服种种困难，带领学生到威海地区的企业实习，理论与实践相结合的教学方法让学生受益匪浅。体育教研室的两位老师则克服器材不足的困难，充分利用校园周边的马路、沙滩，带领同学们开展长跑、沙滩排球、游泳等体育活动……

随着招生规模越来越大，生源质量越来越好，霍老师和同事们对教学的要求也越来越高。霍老师经常说：“基础课是一所大学的脸面，我们必须要把基础课上好。”在每周一次雷打不动的例会上，7个教学组的老师们汇报上课情况，交流教学心得和体会。各组老师自发组织听课，听自己小组的课，也听别的小组的课，形成了良好的教风。

无论是工作上还是生活中，霍老师从来不争不抢，但为了青年教师的成长发展，她不止一次去跟领导“争”。在她的争取和鼓励下，外语课老师颜英俊利用暑假时间去烟台参加口语培训班，收获颇丰；曹菁去校本部进行为期一学期的进修学习，边讲课边学习，提高很快；教经济学的王杰在中国人民大学进修三个月，大大提高了自己的教学质量……

她鼓励和支持青年教师评职称、继续深造，尽最大努力为青年教师的成长创造更大的发展空间。在她的带领下，基础课教研室的青年教师们一起备课，交流教学经验，分享教学心得，相互鼓励考研读博。团结向上、踏实进取的风气一直影响着这批青年教师的成长，后来他们大都成为各自学科的负责人和教学骨干力量。

1996年退休后，霍老师被返聘讲大课、做实验、带队伍。2002年，她作为专家应邀和同事们一起去南方购买物理实验设备，晚上坐火车、白天看设备、夜里再讨论，6天走了3个城市，同行的年轻人都说："跟着老太太出差真累！"在霍老师严谨细致、勤俭持家的作风影响下，大家用有限的经费建起了有规模的实验室，很多仪器至今依然在学生培养中发挥作用。

2010年，霍老师离开讲台，继续以教学督导专家和纪委督察员的身份发挥余热，一直关心着校区的发展。

如今，已经87岁的霍老师依然身体硬朗、神采奕奕，始终保持着自律的生活习惯，积极参加离退休办组织的各项活动。走在自己倾注了无数心血和汗水的美丽校园，看着身边闪过的一张张年轻面孔，霍老师心里充满了幸福感和成就感。

回望走过的岁月，霍老师说："人可以成就大事，也可以做好小事。我没有做什么轰轰烈烈的大事，但我热爱教师事业，热爱我的学生，虽然平平淡淡，但我的人生无怨无悔。"

HARBIN INSTITUTE OF TECHNOLOGY, WEIHAI

SHIZHE RUGUANG

孙振绮

SUN ZHENQI

孙振绮，无党派人士，教授，山东省教学名师。1943年9月出生于黑龙江省哈尔滨市，1965年毕业于哈尔滨师范大学数学系，1976年1月进入哈尔滨工业大学任教，1998年调入哈尔滨工业大学威海校区数学系任教。1999年获“宝钢教育基金”优秀教师奖，2021年7月荣获哈工大（威海）教育教学“校长奖”教育杰出贡献奖。

一生只为一事来

2021年8月，一张讣告截图发到了数学系2003级同学微信群，世界各地的同学们纷纷在微信群里发出双手合十的照片，以寄托哀思。听过孙振绮老师讲课的学生都在用不同的形式表达着怀念，怀念那位一辈子只为上好一堂课、写好一本书、做好一件事的“大先生”。

把最难的课上成最难忘的课

1965年孙振绮毕业于哈尔滨师范大学数学系，做过10年中学的数学教师。1976年，他凭着优异的教学成绩调入哈工大。1998年刚获评哈工大第二批教学带头人的孙振绮教授，得知当时的威海校区急需基础课教师，毅然放弃了在哈尔滨优越的工作条件，来到威海校区任教。

工科数学是针对工科专业学生开设的公共基础课程，其中的工科数学分析等课程是学生普遍反映最难学的基础课程之一。孙老师数十年如一日扎根讲台，讲遍工科数学分析系列课程，把自己对工科数学的研究和热爱、对教学工作的认真和负责、对学生的关心和爱护融为一体，把最难的课上成学生最难忘的课。

孙老师上课从来不看讲义，但每一堂课都很精彩。他为每一个公式、概念引入实际应用的背景，把问题从应用中抽象出来，启发学生独立思考。他鼓励学生多看参考书，掌握科学的学习方法，学会自学和思考。学生说：“他对于数学的热爱已经达到相当高的水平，数学对于他来讲已经成为一种乐趣。”

孙老师引导学生发现数学的内在美，启迪学生的使命感和责任感。他经常用数学案例解释哲学问题，引发大家对数学的美好向往；他在课堂内外渗透爱国主义思想，引导学生树立正确的人生观和价值观；他用自己的经历和数学家的故事，拓宽同学们的眼界。

孙老师把对教学、对学生的爱，体现在每一个细节里。他把学生分成几列，每一列选出一个课代表，成绩好的学生坐在后面，把前面的位子留给听力稍差、视力偏弱、成绩偏低的学生，这让每一个学生都感觉受到了重视，同学们亲切地称他为“孙爷爷”。

他右手中指的侧面经常沾着一层粉笔末，握粉笔的地方有些凹陷，中指侧面第一个关节处留下厚厚的老茧，这些都是他从教多年的宝贵印记。

用满腔热血编写最好的教材

早在中学任教期间，孙振绮就通读了苏联重点大学高等数学的原版教材，树立了改革高等数学教学的理想。1988年起他先后8次赴乌克兰考察工科院校高等数学教学改革情况，将现代教学过程最优化理论与苏联高等数学教育的先进经验结合起来，提出教学过程的优化设计，把教师与学生、内容与方法、教学活动看成教学过程的三个有机联系的整体，充分体现了“以学生为主体、以教师为主导”的现代教育理念，较早实现了因材施教的个性化培养目标。以孙振绮为主要负责人的教学研究项目“与时俱进　改革创新——加强高等工科数学系列课程建设，全面提高教学质量”先后获得哈工大优秀教学成果二等奖一次、一等奖一次，并获得2005年黑龙江省高等教育教学优秀成果一等奖。他领衔的“工科数学分析”获批山东省精品课程，教学团队被评为省级优秀教学团队。

认识到国内工科数学的现状，特别是工科数学教材的缺乏，孙振绮下决心编写一套有哈工大特色的工科数学教材。在繁重的教学任务之余，他常年挑灯夜战，与堆成小山的教材书稿和外文资料为伴。2003年至2005年，由他担任总主编的高等工科数学系列课程教材由机械工业出版社出版，这套浸透了孙振绮教授和其他参编者心血和汗水的先进教材共9部280万字，被专家评价为“内容丰富，体系优化，观点较高，基础理论较深厚”，获评中国机械信息研究院科技进步奖一等奖、机械工业出版社优秀教材一等奖，成为当年机械工业出版社出版的300多种图书中4种获此奖项的图书之一。其中，《工科数学分析教程（第二版）》（上、下）列入普通高等教育“十一五”国家级规划教材。

从教40多年，孙老师从未放弃过对教学改革的探索。他担任青年教师教学基本功大赛的评委，在点评时与青年教师交流自己的体会。他说：“一个优秀的教师必须对课程内容掌握深透，同时还要掌握高超的教学艺术，能自如地运用各种教学方法，积极地组织教学过程，使教学产生较强的吸引力，充分调动学生的积极性、主动性，实现教与学的辩证统一。”

蜡炬成灰传光阴

孙老师曾谦逊地评价自己：这辈子一直在努力，上好一堂课，写好一本书，做好一件事。

孙老师规格严格执教近半个世纪，桃李满天下，他始终模范践行哈工大优良传统，关心、关注、关爱青年教师成长。2004年数学系8名青年教师入职，孙老师给每个青年教师安排教学导师，督促青年教师过教学关，他亲自指导两名年轻教师，将先进的教学方法、教学理念、毕生的教学经验倾囊而授，使其迅速成长为基础教学的骨干。

孙老师常说：“讲好一堂课容易，讲好一辈子课难！教学不能停留在一个水平上，要不断创新、不断提出新的要求。这才是真正的成长！”

2012年退休后，孙老师仍然坚持工作。2014年他第一次脑卒中后，经过三个月的治疗和康复训练，身体恢复到可以自理，趁着头脑清醒，他迫不及待地开始了教材的第五次修订。2019年底校区领导看望孙老师时，精神矍铄的孙老师已经运动得微微出汗，书桌上仍然摆着亟待修订的教材书稿。

孙老师说："我每天坚持在客厅里扶着家具来回走，修订一会儿教材，就起来走一圈。"

2021年8月，这位饱受脑卒中折磨的老人，留下手头没有修订完的教材，遗憾地离开了人世。

2021年9月，在教育教学奖先进事迹报告会上，孙老师亲自指导过的青年教师王雪臣说："与一位奉献了一辈子的老人相比，我们有什么理由松懈？我们唯有加倍努力、继续奋斗，才能更好地纪念孙老师！"

HARBIN INSTITUTE OF TECHNOLOGY, WEIHAI

SHIZHE
RUGUANG

张秀珍

ZHANG XIUZHEN

张秀珍，中共党员，教授，哈工大教学名师。1946年12月出生于黑龙江省肇东县（今肇东市），1969年毕业于北京邮电大学，1992年到哈尔滨工业大学威海校区任教。2004年当选为哈工大第六批教学带头人，2009年获评首届“我爱我师——我心中的好老师”。

对学生要有大爱

“老师的责任就是把所有的学生都吸引到课堂上，教好每一门课，为学生今后的学习和工作打好基础。”

“老师对学生的肯定、认同会激起学生的上进心，帮助他们树立自信心，启发学生主动学习，还有可能改变他们的人生道路。”

哈工大教学带头人、教学名师、信息科学与工程学院张秀珍教授，一生勤学不息、奋斗不止，醉心于教学改革，忙碌在教育教学的第一线，用自己的真情和汗水赢得了学生和同仁们的认可，在平凡的工作岗位上践行着一名优秀共产党员的责任。

勤学善思　乐教善教

从1952年上小学起，张秀珍的成绩就一直遥遥领先，数学尤其突出。每天晚上临睡前都要把当天学过的知识在脑子里过一遍，她用自己的勤奋维护着学习上的“霸主”地位，成为那个年代不多的女大学生。

1969年从北京邮电大学毕业后，无线电通信专业的张秀珍被分配到哈尔滨一家大型军工企业，很快就成为技术骨干，所做的集成电路和传感器的研究多次获省部级科技进步奖。

1992年从哈尔滨调到哈尔滨工业大学威海校区不久，张秀珍就接到“半导体变流技术”的授课任务。那时没有现成的参考资料，也没有人可以请教，她整个暑假都待在家里，反复琢磨课本，编写教学笔记，认真备课，等到开学一上课，便一炮打响。

“让学生在学习中有快乐的感觉”是张老师一贯的主张。她将自己在企业工作20多年的经历融入教学，以做科研的态度对待教学，课讲得生动、鲜活，深受学生欢迎。

她在实验课上让学生设计“救护车的音响电路”“霓虹灯控制系统”，把课堂上所讲授的知识与生活中熟悉的应用联系起来，大大激发了学生的学习兴趣。张老师常说：“我不追求学生上课的出勤率，更看重抬头率。”看到课堂上学生们一副副全神贯注的神情，她就兴奋。

2006年她主持的电子技术课程被评为省级精品课程后，课题组的老师们感觉身上的担子更重了。“多一份荣誉，更多了一份责任。”要让学生感觉到这门课与别的课不同，体会到它的优秀之处，这就需要老师付出更多。

退休前的那几年，张老师依然承担着9个小班300多学时的电子技术课堂教学和实验课任务，按照规定她可以不带实验课，但醉心教学改革的张老师舍不得这块园地，坚持亲自给学生上实验课，改革实验内容，重视培养学生的工程实践素质，鼓励学生发展个性。

立德树人　教书育人

“对学生要有大爱”是张秀珍挂在嘴边的一句话。尤其是在高等教育步入大众化教育阶段后，张老师主张给学习上的弱势群体更多关注。

“前30%的学生争取保研、考研，不用老师督促自己就会认真学习；而对于后30%的学生，老师给他一次机会，给他一点鼓励，他就上去了，对他今后的道路乃至一生都大有裨益。”很多学生在她的鼓励下重新树立起学习目标，毕业后自信地走上新的学习、工作岗位。

毕业班有几个同学要去半导体公司工作，特意请来张老师介绍半导体生产情况，张老师一讲就是一下午。凡是听张老师讲过课的同学都对张老师家和办公室的电话号码很熟悉，因为他们经常通过电话向张老师求教。

2006年10月，张老师不小心受风得了面部神经炎，因为师资紧缺，她硬是坚持着完成了3个大班的课堂教学。同学们看到生病的张老师仍旧如此敬业，都非常感动。

2007年春天，因为要去校本部参加教学名师的评选，张老师向学生们“请假”，很多学生感慨地说：“老师，您都60多岁了还在奋斗，我们更得努力拼搏！”

教学不仅是简单地教给学生知识，更是教给学生做人的道理，教师的高尚品格就是在平常一点一滴的小事中体现出来的。

2009年，校区学生会组织“我爱我师”评选活动，张秀珍众望所归，高票获评首届“我爱我师——我心中的好老师”。

团结引领　赓续传承

每当有年轻老师入职，张秀珍教授都会讲起当年创业的故事。

“我刚来威海校区时，校园里连一条像样的路都没有，建设资金短缺。但全体师生员工锲而不舍，在困难中奋发进取，踏实前行，不断推进校区的快速发展。相比很多学校，我们当时的硬件条件不算很好，但我们的这种精神，就是一笔宝贵的财富，也是我们今后不断发展、推进第二次创业的坚实基础。”

张秀珍所在的电工电子技术教研室是一个只有14个人的教学团队，不仅承担着全校工科学生的电工、电路、模电、数电以及信号与系统等多门课程的教学工作，还支撑着电子技术和电工学两门山东省精品课程。每个人承担的课程都比较多，教学任务非常繁重。青年博士王晨旭、王永玲、庄宇飞、樊薇薇、孟凡刚等刚入职时，都听过张老师的课。她还把自己的教学笔记给年轻人参考，这对于年轻教师较快上手有很大帮助。没课的时候，大家经常一起研究教学，一起探讨怎样上课才能取得更好的教学效果，使学生的听课效率高、抬头率高。

从电工电子技术教研室出来的骨干教师马秀娟教授、戴伏生教授等后来成长为其他系部的负责人，王晨旭、庄宇飞、樊薇薇都在院里获得过教学基本功大赛一等奖。王永玲老师在电工电子教研室所有的课都能教，而且教得都非常好，还获得了校区青年教师教学基本功大赛的一等奖。庄宇飞的教案里重点、难点各方面都写得很详细，获得过校区教案比赛的大奖，而这个奖全校区一共只有5个人获得。

作为校区督导组专家，张秀珍经常去听年轻老师的课，“每一个老师的讲课都有可取之处，比如课件制作、问题引入，我常常通过听课充实自己”。而她听课后的真诚交流更使得年轻老师受益匪浅。

张老师的日程每天都排得满满的，她说两天不工作就心慌，就感觉自己落后了。每次去评奖或是交流，张老师都利用一切机会向兄弟院系学习教育教学的先进做法和理念。每个学期一上完课，张老师都忙着浏览本专业最新的教改文章，和助教的年轻老师一起撰写论文。“只有不断地尝试、总结、交流，才能有所进步。”

2011年退休后，张老师又教过两年课，后来作为教学督导专家工作到75岁，直到2021年才离开工作岗位。

亲历了威海校区艰苦奋斗的征程，目睹了近年来校区在学科发展、校园建设和社会声誉等各方面的巨大变化，张老师感触很深。她说是哈工大（威海）海纳百川的气度为她提供了发展的空间，成就了她作为教师的荣耀，她很高兴为校区的发展做出过自己的贡献。

HARBIN INSTITUTE OF TECHNOLOGY, WEIHAI

SHIZHE
RUGUANG

王克

WANG KE

王克，无党派人士，教授，博士生导师。1948年8月出生于上海市，1984年自东北师范大学硕士毕业后留校任教，2004年5月调入哈尔滨工业大学威海校区数学系任教。曾任中国工业与应用数学学会理事、中国生物数学学会常务理事，《生物数学学报》、《东北数学》、*Annals of Differential Equations* 等编委。2014年去世，被校区党委追授为“师德模范”。

用微分方程求解大写人生

2015年5月11日早上9点，哈尔滨工业大学（威海）数学系12级硕士研究生像往年一样准时来到“讨论班”教室。他们列队肃立，向讲台行礼。

2012级硕士生陈东东悲切地说：“今天是先生的忌日，我们通过这种特殊的方式来寄托对先生的哀思……”

陈东东口中的“先生”叫王克，是哈工大（威海）学生“心目中最爱的好老师”，我国数学领域著名学者，一生坚守在三尺讲台上。2014年5月11日，66岁的他，因劳累过度突发脑出血抢救无效，不幸逝世。

“我们只有不懈努力教给学生真才实学，才能对得起他们的信任。误人子弟是不可饶恕的罪过”

在深圳一家银行工作的2012届数学系毕业生陈知文依然清晰记得第一次在课堂上见到王克的情景：“讲桌后是一个穿着有点寒酸的老人，微微有点驼背，说话时面带微笑。然而当他翻开手中的教材时，才显露出大师风范，晦涩的高等数学让他讲得那么妙趣横生。”

数学系的学生私下把这位德高望重、极富人格魅力的老教授尊称为“克爷”。不知道从什么时候起，这个称呼在校园里流传开来，许多别的院系的同学也都知道，数学系有个学识渊博、课讲得特别好的“克爷”。

“克爷”1948年出生于上海。1977年作为恢复高考后的第一批大学生，考入东北师范大学数学系，读完本科和研究生后留校任教。

从助教到讲师到副教授再到教授，从硕士到博士再到博士生导师，无论身份如何变化，王克潜心研究数学，兢兢业业地工作于三尺讲台上，一站就是30年。

2004年，受其弟子、时任数学系主任丁效华之邀，王克来到哈工大（威海）数学系，为刚刚建立的数学系挑起了教学和科研的大梁。

王克虽然早就被评为教授，但他仍坚持为本科生讲授“数学分析”等基础课程。加上给研究生上课，他每周的工作量达到14学时。

2008年起，他在承担本科生、研究生正常教学任务的同时，主动提出要为本科生再上“微分几何”课程，因为他在多年的教学、科研实践中发现，“微分几何”对学生未来发展具有重要意义。

虽然著作等身，很多课已经烂熟于心，但每次上课前，王克都会精心准备。他说：“学生把生命中最美好的青春年华交给了我们，我们只有不懈努力教给学生真才实学，才能对得起他们的信任。误人子弟是不可饶恕的罪过。”

2012级硕士研究生陈天睿说起王克的教学，深有感触：“老师备课、讲课的态度，远不止‘优秀’二字可以概括。做学生那么多年，我从没见过像王老师这样尽职尽责的老师。”

“数学分析”“微分几何”“常微分方程”等是数学系难度很大的课程，王克不仅将这几门课讲得细致，而且讲得生动活泼。他既能在黑板上手写推导完美的公式，也能用软件将抽象难懂的图形具象化，还能用巧妙的比喻将数学概念诠释得通俗易懂。

除课程表上列出的教学任务外，为研究生开设“讨论班”也是他日常最重要的工作之一。这门没有任何报酬的课程，是王克主动给学生提供的“营养加餐”。

正因为这样，他的课常常吸引许多其他专业的学生旁听、讨论，就连许多硕士生、博士生和系里的年轻老师，也是他课上的常客。

“‘克爷’就是了不起，真是数学难题的‘克星’！”这是老师和同学们对他的评价。

“第一做好人，第二做好老师，第三做好学问，这三点的顺序不能变”

为师30年，王克培养了18名博士生、62名硕士生和难以计数的本科生。王克住院以后，数十名学生从外地赶来，为的就是能陪伴在他的病榻前尽一份弟子情。

这些学生中就有他的博士开门弟子、现任东北师范大学数学与统计学院党委书记、教授、博士生导师范猛。

1995年国家教委在北大启动“2002青年科学数学家培训基地”，在王克的举荐下，范猛成为首批10名学员之一。2013年底，范猛在王克退休之际来威海看望，王克非常高兴，感慨道：“当老师的，有两件事最高兴，一个是自己研究有成果，再一个就是培养出来好学生，看到学生在学术上超越自己。”

王克不仅在学业和科研上关心、指导学生，在生活上也如家长般关爱着大家。2004年，钟云娇等6名学生跟随王克从长春来到威海。“我们租房子时他帮我们踩点，考察地理位置、住宿条件，他点头我们才可以租。”

硕士毕业后，钟云娇留校任教，报到前，王克郑重地和她谈了一次话，像父亲一样要求她：第一做好人，第二做好老师，第三做好学问，这三点的顺序不能变。钟云娇说：“这三点已经成为我一生的座右铭，我将永远铭记。”

学生刘蒙回忆说：“我写第一篇学术论文时，老师的名字原本在第一位，我的在第二位。老师看到后让我把名字顺序调换。时至今日，王克课题组所有论文的第一作者全部都是学生。”

王克坚持有教无类、因材施教。小语种研究生的数学课很少有人愿意指导，但王克却自告奋勇。为了节省学生的时间，他亲自将英文材料翻译成汉语让学生阅读；无论学生来自哪个院校，无论基础如何，只要对他的研究方向感兴趣，只要能坐得住板凳、耐得住寂寞，他都聚而教之、分类点拨指导。

从教三十载，王克用行动践行着人民教师的职业理想与操守。他先后荣获宝钢优秀教师奖一等奖、吉林省教育系统师德先进个人等荣誉称号。来威海工作后，王克两次被学生评为“我爱我师——我心中的好老师”。

学生们在颁奖词中这样评价：“他对学生的负责态度随着时间递增，他的师德所有学生都清楚。所以，不论是柯西判别还是阿贝尔判别比较，王克老师都是同学们心中最爱的好老师！”

送别老师最后一刻，学生们同王克的儿子一样长跪不起

身为知名教授，王克对生活要求极为简单。一身运动服从长春穿到威海，一穿就是十几年，洗得发白了还不舍得扔。一辆“古董”级的自行车骑起来叮当乱响，可他还能骑着与年轻学子“飙车”。家里的装修至今都是10年前的样子，水泥地、简单的家具，唯一值钱的是他书房里的一摞摞书。

然而，王克对学生却非常大方，几十万元的科研经费几乎全部用在帮助学生搞课题、安排学生参加学术会议上。

王克没有给家人留下任何遗嘱，他的全部心思都用在了工作和事业上。“王老师逝世前一天还站在讲台上，为数学系的本科生上课。”哈工大（威海）党委书记姜波哽咽着说。

在美国伊利诺伊大学香槟分校留学的11级博士生张春梅还期待着与王克的重逢：“还有3个多月我就回国了，我是多么盼望回到学校，回去看看您和师母，聆听您的教导……”

“老师走了，没有留下一句话，就匆匆走了，他留下了太多的遗憾，他还有两本专著没有出版，还有一套教材没有修订完，还有几名硕士生和博士生没有毕业……”

学生李文学、刘蒙、吕敬亮等如今已是教授和博士，陪伴王克度过了生命中的最后时刻。从病床前陪护到处理后事，在送别老师的最后一刻，他们同老师的儿子一样，长跪不起。

就是从那一刻起，王老师的弟子们暗暗下了决心："老师虽然走了，但他的为学为人，是留给我们最大的精神财富，我们要把'讨论班'坚持下去，帮助老师完成未竟的事业。"

（本文刊发于《中国教育报》2015年6月27日头版头条）

HARBIN INSTITUTE OF TECHNOLOGY, WEIHAI

SHIZHE
RUGUANG

魏俊杰

WEI JUNJIE

魏俊杰，中共党员，教授，博士生导师。1954年10月生于吉林省长岭县，主要从事泛函微分方程理论及应用研究。1995年获国务院政府特殊津贴，作为负责人曾先后获得黑龙江省自然科学二等奖一项、教育部自然科学二等奖两项，指导的博士有两人曾获全国百篇优秀博士论文提名奖。

一颗匠心育英才

2009年，魏俊杰教授受学生之邀调入哈尔滨工业大学威海校区数学系工作，先后承担数学专业本科课程“常微分方程”“偏微分方程”和研究生课程“常微分方程现代理论”等教学工作。十几年来，他深耕立德树人沃土，以匠心培育数学人才，赢得了同事和学生们的一致认可。

“魏体”——一位数学教授的精彩板书

从教多年，魏俊杰老师积累了丰富的教学经验，也形成了自己的教学风格。

他的教学严谨又生动，许多上过魏老师课的学生都知道，平时温和儒雅的魏老师，只要站上讲台就会变得神采飞扬。多年来，魏老师一直在课堂上坚持手写板书上课，他的板书不仅工整、漂亮，而且别具特色，被同学们称呼为“魏体”。

虽然讲了多年的课，教学内容早已烂熟于心，但每一堂课，他都会认真备课、设计课堂环节和板书布局。他讲授的几门课都需要非常多的验算和推导，一堂课下来，板书写了擦、擦了写，往往要反复六七遍。这对年过古稀的魏老师而言，是一件极耗费体力的事情，但魏老师却甘之如饴：“累是必然的，但当老师就是这样，特别是做数学老师，板书是必需的。每次上完课，看到学生们都有收获，累也是幸福的。”

2010级数学系本科生侯志强现在已经是山东财经大学的副教授了，毕业多年他依然还记得大二时魏老师给他们上“常微分方程”课时的情景。“14

年过去了，我还清楚地记得在N楼二楼南向的那个教室里，魏老师总是迈着轻盈的步伐，笑盈盈地开始他一次又一次的课，优美的粉笔字伴着洪亮嗓音，不觉间便写满4块黑板。”侯志强说，“魏老师总是鼓励我们多思考，他说，数学的学习有时候不能一蹴而就，反而需要反复地去琢磨。毕业后我也做了老师，对魏老师当年的教诲体会越来越深刻。”

正是那一块又一块写满“魏体”板书的黑板和魏老师一年又一年的坚守，带领无数数学系学子走进数学的世界，探索属于数学的奥秘。

被“挂”——一位严师的学术品格

作为导师，魏老师注重培养学生的创新思维和实践能力，鼓励学生积极参与科研项目和学术交流活动。

他指导学生面向国家需求，结合学科优势、科研发展动态以及学生本人实际，开展科研探索和课题研究。他常常对学生的研究课题进行全过程把关，及时指出问题和不足，指引正确的方向，他指导的博士有两人曾获全国百篇优秀博士论文提名奖。

为了帮助学生们尽快适应科研工作，魏老师从研究生一入学就指导学生参加数学“讨论班”。他每周都会提前给学生们布置任务，然后在“讨论班”上让大家一步一步地推导演算。平时和蔼可亲的魏老师，在“讨论班”上格外严厉。

威海校区理学院副院长范德军教授是魏老师的博士研究生，在他心中，魏老师既严肃又和蔼，极具师者的风采和魅力。回顾跟随老师学习、工作的这些年，范德军说：“有一个细节让我特别感动，我是硕士毕业11年后才考魏老师的博士，那个时候有些数学知识点都不是很清晰了，魏老师一点也没有嫌弃我基础薄弱，反而是因人制宜，找到了适合我的研究课题，同时为我准备了很多对应的基础教材和科研论文。我一边学、一边练、一边写，然后定期在‘讨论班’上讲解，有问题老师就一遍又一遍不厌其烦地给我纠正。”

早已是博士生导师的范德军教授提到当年自己参加“讨论班”时，还心有余悸。“如果讨论时谁上台推导不出来就会被‘挂’在那里。那时候最害怕被‘挂’在黑板前，为了不被‘挂’，我们每一次在参加‘讨论班’之前都要做大量的准备。但也就是这些训练为我的数学功底打下了坚实的基础。因为有老师的鼓励、帮助和教诲，我才得以顺利完成博士论文答辩，并在以后的工作中取得一点微末成绩。”

魏老师的“讨论班”从一开始的每周一次，发展成为一周两次，讨论的问题也从基础知识梳理到分享学术热点、科研前沿话题再到探讨学术难题。魏老师总是对学生们说：“做科研要安心和专心，要从源头和底层为高水平科技自立自强筑牢基石。”

他在团队中千方百计营造尊才、敬才的风气，激发各类人才创新活力和创造潜力，他指导的博士生中有两人获得全国百篇优秀博士学位论文提名奖，涌现出多名国家级及省部级拔尖人才，为学术界培养了一批批优秀的青年才俊。

如今已是山东省青年人才的陈珊珊，从攻读博士学位到留校任教的十余年里，一直在魏老师的关心教诲里成长。“老师在课堂教学、学术研究、科研项目申报等各个方面都给予了我悉心的指导与支持，使我完成了从博士生到博士生导师的蜕变。每当我在教学科研中遇到瓶颈，或在学术认知上存在局限时，老师总能以其渊博的学识和独到的见解，帮助我开拓思路、突破困境。老师不仅是我的学术引路人，也是我人生成长的重要导师。”

作为微分方程与动力系统领域国际知名学者，魏老师曾连续八年荣登爱思唯尔（Elsevier）中国高被引学者榜单，先后完成两个国家自然科学基金重点项目，主持完成多个国家自然科学基金和教育部博士点基金等项目，出版专著两部，发表SCI检索论文190余篇，在泛函微分方程的分支理论方面做了许多创新性工作。除了理论研究，魏老师还非常注重科研成果的应用与转化。他带领团队完成的“时滞反应扩散方程的分支理论及其应用”项目，荣获教育部2020年度高校科研优秀成果二等奖，其研究成果在推动科技进步和社会发展方面做出了重要贡献。

传承——一位老教授的师者初心

担任理学院院长的近十年间，魏老师积极推动学院的学科建设和师资队伍建设。

繁重的授课任务和行政工作之余，他带领学院全体教师不断提升教学质量和科研水平，为学院的发展奠定了坚实的基础。同时，他还积极与国内外知名高校和科研机构开展合作与交流，拓宽了老师和学生们的学术视野与国际影响力。

魏老师非常关注青年教师的成长，不遗余力地发挥着老教师的传帮带作用，组织指导年轻教师教学工作，数学系青年教师在一校三区各种教学比赛中多次获奖。

数学系系主任牛犇曾跟随魏老师攻读硕士研究生，回忆起当年准备哈工大青年教师教学基本功竞赛时，他说："从内容组织、教学思路到板书设计，魏老师都一遍一遍帮我完善、细细雕琢，魏老师对待教学的热忱与严谨，多年来一直影响和鼓励着我。"

数学系教师王雪臣也曾跟随魏老师读博士，谈到当年的选择，他一直心存感激。因为教学任务压力大，王雪臣工作多年一直没有读博的想法。"魏老师在了解到学院师资和我的情况后，主动问我要不要读他的博士生。在考博期间，魏老师经常督促我要认真备考，每次我想偷懒时，总会想起魏老师办公室里明亮的灯光和他伏案工作的身影。"王雪臣说，读博期间，魏老师经常跟他讨论很多新的研究思路，"许多涉及数学其他学科领域和学术界的前沿知识都是在老师的鼓励下边学边用。博士毕业不仅提升了我的学历，也提升了我的教学和科研能力。"

理学院青年教师申作林也曾跟随魏老师学习多年，他说："魏老师不仅是我学术道路上的引路人和楷模，也是我人生道路的指路人。他对学生负责的精神，不仅是在课堂上，更在我面临就业和生活的迷茫时，给予我及时的指点和帮助。”

如今，魏俊杰老师已经退休，然而为师之道的品格，孜孜不倦的工作精神，仍浸润在平凡的日子里。他依然每天去工作室写论文、做研究，学生们不时看到老师的新论文，还经常在学术会议上看到老师的身影。

三尺讲台育桃李，四海星辉映师恩。“大师之大，在于广博，在于深邃，更在于亲切，在于心和。”这也是从教40多年的魏俊杰教授一直在用行动践行的师者情怀。

HARBIN INSTITUTE OF TECHNOLOGY, WEIHAI

SHIZHE
RUGUANG

王卫卫

WANG WEIWEI

王卫卫，中共党员，教授，硕士生导师。1958年出生于陕西省西安市。1978年考入太原重型机械学院锻压工艺与设备专业，毕业后留校任教，1999年到哈尔滨工业大学威海校区工作。曾获山西省科技进步奖二等奖两项。2009年获评首届“我爱我师——我心中的好老师”，2017年获评“立德树人”先进个人。

真材实料锻大器

王卫卫教授虽然已经退休，但仍然担任教学督导专家，同时协助指导课题组青年教师和学生科研工作。头发灰白的他依然身板笔挺，潇洒儒雅。在校区工作20多年，他始终以教授身份稳站讲台，坚守立德树人的初心，培养高素质创新人才。

教授风范　精益求精真功夫

来威海校区之前，王老师一直在山西工作，但他对哈工大一点儿都不陌生。1987年他获得哈尔滨工业大学工学硕士学位，哈工大非常希望他能调入工作。后来他培养的几名硕士研究生选择到哈工大读博士，他与哈工大相关专业教师一直保持着密切的联系。因此当1999年威海校区扩大本科招生规模、急需专业教师时，王卫卫来到威海校区，很快就被委以重任，先后担任材料工程系首任系主任、材料学院首任院长，和同事们一起，将原先机械系下属的材料教研室建设发展成为实力雄厚、前景广阔的材料科学与工程学院。

王老师初到威海校区时，在校学生不到2000人，教职工不足200人，标志性建筑——主楼还在设计当中，校大门尚未竣工，材料工程专业第一个本科班级刚刚升入大三。作为骨干教师，王卫卫教过材料专业大部分课程。"没办法，那时本科生数量增长很快，老师引进跟不上需要，我们只能多承担一些。"

王老师严谨生动的讲课风格和成熟潇洒的举止风度使他深受学生爱戴，在早期的学生心中，王老师就是他们的"偶像"。实验员贾彬彬是材料专业

1999级本科生，毕业留校后做过王老师的秘书，又在王老师的指导下拿到博士学位。他一直记得第一次见到王老师的情景："他身材笔挺，穿一身得体的黑西装，拿着话筒在讲台上侃侃而谈，声音浑厚，语言精练，手势、神态与内容的配合浑然一体，从内而外透露出一种自信——那种对业务有着炉火纯青的修炼而形成的一种游刃有余的自信，再加上英俊的相貌、儒雅的风度，我们一致认为，这就是成功男人的典范！"

王老师主讲的课程"材料成形设备"是材料成型与控制工程专业最后一门课程，是在学完基础课之后，与工艺和模具设计相衔接的一门必修课。为了让学生真正掌握这门课的知识，把专业课程这个"圆"画圆满，王老师经常在讲课时为学生"补课"。

这门课所用的教材也是由王老师主编的。这本教材自1994年开始编写出版，被列入"十一五"国家规划教材，已成为大多数国内高校材料成形专业的必选教材，甚至有些高校将它作为博士研究生入学考试的参考教材。

虽然已多次讲过这门课，但每次上课前，王老师都要拿出至少6个小时备课。"'材料成形设备'这门课要给学生介绍当前主流的和最新的成形装备，因此必须时常更新内容。要找最新资料，要想好怎么串起主要内容，还要提前想到哪些知识点需要给学生补充。"

规格严格　千锤百炼铸重器

"真材实料，锻焊大器"是材料学院的人才培养目标，也是王老师一直坚守的育人本色。他说，为师要有真材，就需要不断提升自己；教学要有实料，就需要理论与实践的紧密结合；哈工大的学生是"国之重器"，唯有规格严格，千锤百炼，方能功夫到家，成为大器。

王老师对讲好工科专业课有一套自己成熟的经验："首先要对课程体系有个系统认识，当学生在学习中遇到与其他课程知识相关的问题时，教师要能回答出来。其次平时要多关注行业发展、技术进步和生产状态的变化，不仅要把最新的设备告诉学生，还要思考为什么会有这些变化，告诉学生这样变化的原因。”

而对行业的关注与了解，则源于王老师多年来持续从事科学研究。近年来，他先后承担和参与了包括国家自然科学基金、总装预研、省市发展计划项目在内的多项科研项目，由他负责设计计算的新一代空间模拟试验舱一次抽真空合格，已经应用到我国航天器发射前的地面检测和试验中；主持开发的超硬铝合金半固态锻造成形技术已经在我国某型水中兵器关键制件生产中应用，并获得中国船舶重工集团公司颁发的科学技术奖二等奖；参与研制开发的我国首条具有自主知识产权的热冲压生产线已经投入实际生产应用。他将这些科研成果和实践经验融入教学，使每一次课堂教学都紧跟技术前沿，将每一个设备部件都讲得生动鲜活。

“重基础，强实践”一直是哈工大人才培养的特色，实践实习是工科教学的重要环节。“2000年97级学生到长春实习，这也是威海分校材料专业本科学生的第一次实习。为保证实习效果并为后续的实习奠定基础，首次实习由我和一名老教师带队前往，第二年由我和另外一名老教师带队，第三年由我和一名年轻老师带队。这样通过连续几年的努力，逐步形成了一整套实习要求与规范，同时也为后续青年教师带实习做出了榜样。”王老师的带队实习包括天天带学生下车间并进行现场讲授，往往一天下来嗓子都讲哑了，但良好的教学效果受到学生的欢迎。

为保证学生实习质量，王卫卫又和同事们一起开拓了洛阳一拖、景德镇景航、东风汽车等新的实习基地，以保证实践教学的效果和质量。他还在网上找了很多视频，上课时放给学生看，给学生讲解设备的工作原理和应用办法。

身正示范　春风化雨细无声

学高为师，身正示范。多年来，王老师一直坚持在教书中育人，在实践中育人，在每一次指导和讨论中育人。他认为课堂不仅要教给学生专业知识，更是对学生进行思想教育的阵地。专业教师开展思政教育一是要求老师有心，二要善于传达。用不着刻意去讲，只要摆出事实，道理水到渠成。

2013年，王卫卫作为优秀教师代表在本科生毕业典礼上致辞，他用“浴不必江海，要之去垢；马不必骐骥，要之善走”勉励同学们要做对祖国和社会有用的栋梁之材。

2010级学生赵晨对王老师深夜改报告的事记忆犹新。“无论多晚发去的资料，第二天打开邮箱总能发现王老师凌晨发来的修改意见。”与王老师接触的每一个细节，都让学生深受教育与感动。

2012级研究生崔斌读书的时候经常需要找王老师签字、汇报，除了出差、上课，王老师基本都在办公室。“早上绝对比我到A楼的时间早，晚上绝对是一身运动装束在办公室，10点A楼关门后才回家。我们都养成了不用电话联系、不用短信确认、不用提前预约的习惯，根本不用担心他不在办公室。”投入地工作，做一个“靠谱”的工程师，如今在北京控制与电子技术研究所工作的崔斌一直这样要求自己。

“王老师总会引导我们主动思考。他最常挂在嘴边的一句话就是‘你们有什么想法？’每次开组会，我们汇报完毕，他都会很清晰地列出几条，逐条进行分析讨论，然后问‘我说明白了没有？’而不是‘你们听明白了没有？’”从大四到研二，2009级学生邸贺曾经跟随王老师学习3年。“都说跟王老师做毕业设计比较辛苦，但是用不到一年的时间，学到比别人更多的知识，养成更好的做人做事的习惯，真的是会影响一生。”

作为一名德高望重的老教师，王卫卫在努力做好自己工作的同时，还积极参与学校、院系和教研室的教学活动，将自己多年积累的教学经验与方法无私地传授给大家。2010年后，材料学院进入快速发展时期，集中引进几名青年教师。他积极主动地承担起指导青年教师的工作，从教学方法、教学内容、教学课件到科研方向、研究内容等方面尽可能给青年教师以帮助，使青年教师尽快走上并站稳讲台。作为中国机械工业教育协会材料成型与控制工程（应用型）专业委员会的主任委员，他充分利用自己的资源优势，积极带领和引导相关教师了解和掌握当前学科和专业的发展方向与趋势，不断提升教学质量和水平。在校院两级教学督导工作中，他对每位青年教师都努力做到认真负责，充分肯定优点，明确指出不足并给出具体的改进意见，为提高青年教师教学水平做出了贡献。

爱好体育的王老师课下经常是一身运动装束，他的排球、乒乓球、羽毛球打得都够专业水准，运动场上矫健的身姿，潇洒自如，让围观的人也能感受到他的乐观开朗、积极向上。王老师曾经担任校区教代会提案工作委员会主任，积极鼓励和支持广大代表撰写提案，认真督促落实每一份提案，为推进学校的民主管理、反映广大教职工的心声做出了贡献。

作为材料学院的创始人和首任院长，王老师带领材料人凝练出了“真材实料，锻焊大器”的人才培养理念，他以自身对职业的敬重、对教学的严谨、对学生的仁爱影响和带动着身边的每一个人，奠定了材料学院奋发向上的优良院风和教书育人的文化底蕴。

HARBIN INSTITUTE OF TECHNOLOGY, WEIHAI

SHIZHE RUGUANG

刘会英

LIU HUIYING

刘会英，无党派人士，教授，硕士生导师。1960年6月出生于山东省寿光市。哈工大教学带头人，山东省教学名师，山东省有突出贡献的中青年专家，宝钢优秀教师。获评“我爱我师——我心中的好老师”。获黑龙江省教学成果一等奖等5项省级教学成果奖。

点燃学生的创新梦想

在哈尔滨工业大学威海校区主楼西侧的雪松树下，有一块刻有“感恩”字样的纪念石；在研究院2号楼前的草坪上，有一块刻有“创新无止境”字样的纪念石，这两块纪念石虽然内容不同，却都与同一个人有关，她就是海洋工程学院机械工程系专业基础课老师刘会英。40多年的从教生涯，她潜心教学研究，投身学生创新指导，用爱与付出助力学生成就人生梦想。

实践+创新　她牵头建成省级精品课程

1992年7月，刘会英来到建设初期的威海校区，成为机械工程系一名专业基础课教师。

担任“机械原理”课授课教师的很多年里，刘会英都在思考这门课如何教才能培养出更适应现代产业要求的人才。多年的教学经验让刘会英清楚地意识到：“现代社会经济发展对人才的需求更注重复合型和创新型的高素质工程人才，这对于我国工程人才的培养理念、机制和方式提出了全方位的改革要求。”

随后的几年里，刘会英作为“机械原理”课程负责人，带领团队进行大刀阔斧的课程改革。他们将基于工程项目全过程的教学方法和教学理念融入系列课程体系建设中，通过立体化教材建设、实践教学平台建设、综合课程设计改革和教学模式的改变，经过多年的探索与实践，形成了注重实践教学，培养创新型人才的新模式，达到了同时获得知识和培养能力的目标。2005年，该课程获得山东省高等学校精品课程荣誉称号，是哈工大威海校区首批获得该荣誉的课程之一。

他们以机械系统的方案设计为主线，以机构创新设计为重点，编写出版了国家“十一五”规划教材《机械原理》等，对培养创新型工程人才起到很好的引导作用，使用效果良好，已经出版第五版。《机械原理》获得2009年山东省优秀教材一等奖。

刘会英非常注重团队成员的自身建设，她要求每一位教师做到融知识、思维、方法、原则与精神于一体。她说：“在教学中，学生是积极主动的参与者，教师则是学生活动的协助者，这样才能使学生以主动的、实践的、课程有机联系的方法学习工程，使学生得到解决工程实际问题的通用能力和方法。”他们积极探索课程设计新途径，将机械原理、机械设计两门课的课程设计合并起来，并将课程设计融入课堂教学中，实施“弹性时间”安排，开放式选题，通过产学研合作，为学生提供真刀真枪的训练项目，特别是交叉学科的项目，为学生拓宽知识面、增强实际工作能力提供条件。

围绕课程教学体系改革，刘会英带领团队先后完成了6项教学研究项目，获得多项校级、省级一等奖项，发表相关方面教学论文8篇。

课程+创新　她创建首个学生创新设计室

带领教师团队开展课程改革的同时，刘会英也在思考和探索一种更好的教学方式，为学生们提供一个实现奇思妙想的平台。2001年秋季学期，刘老师给2001级车辆工程专业上课，组织刘纪涛等几名同学组成机械创新小组，这就是创新设计室的雏形。

成立伊始，没有资金，没有器材，也没有实验场所，但同学们对科技创新的热爱和对梦想的执着深深感染着刘老师。她给大家在机械原理实验室挤出了几平方米的角落。但实验室的空间实在太小了，他们就看中了旁边废弃的厕所。在得到相关部门批准后，2003年夏天，刘老师带领学生们买来了水泥、涂料，借来工具，开始砸厕所建实验室。高温天气下厕所的恶臭呛得人喘不过气来，飞来飞去的苍蝇更扑面难忍，但大家毫不在意，经过十几名同学连续数天的辛苦劳作，终于建立了自己的实验室。

创新小组是个民间组织，刘老师也是义务指导同学们的创新设计工作，但大家都热情满满。2004年8月，刘老师和学生们带着他们用捡来的木头、纸壳、铁丝和买来的旧物作为加工材料制作的参赛作品，参加了山东省首届机械工程专业大学生现代作品设计竞赛，6项作品全部获奖，其中“汽车转向同步照明灯”在首届全国大学生机械创新设计大赛华东区预赛中获得一等奖，并作为山东省唯一参赛作品参加了全国总决赛，获得了三等奖的好成绩。

创新小组在校内的名气越来越大，作为当时校区唯一的实践教学平台，吸引了汽车学院、信息学院、海洋学院、计算机学院等各个院系和专业的学生，人数越来越多，机械创新小组也升级成为创新设计室。

创新设计室实施的是“项目教学法”，使项目从想法的提出到立项，从设计到加工装配调试，再到结题，形成一个完整闭环过程。而这些，恰恰都是创业必需的知识积累和必备环节。2007年至2008年，创新设计室成功完成了两个难度较大的科研项目，增强了设计室成员创业的自信。2009年，在刘会英老师支持下，3名成员共同创建了威海正棋机电技术有限公司，为设计室的发展注入力量。

后来，设计室又陆续孵化了10余家创业公司，这些公司在自己的细分市场都成为了优秀企业。说起这些，刘会英特别自豪：“当老师的，看到学生们有成就，多累都开心。”

与此同时，创新设计室也在不断尝试产学研合作。2011年3月，创新设计室与山东新北洋信息技术股份有限公司强强联合，成立了“哈工大-新北洋联合工程实验室”，并成功获批国家地方联合工程实验室。

如今的创新设计室已培养本科生、研究生400余名，设计室也发展成为一个面向国防和国民经济发展的科研单位——机械制造与控制工程研究所，致力于工业机器人和航天运载器机构设计工作，开发的工业协作机器人达到国内领先水平。

爱心+创新　她带出校区首个全国先进班集体

2002年秋天，刘会英老师成为0201101班班主任，结识了来自全国各地的29名有志学子。

初入大学，崭新的环境、陌生的人群让同学们感到茫然和不知所措。刘老师为大家建立成长档案，并对班级进行了全面规划："做稳大一，个性大二，发展大三，规划大四"。从此，29颗年轻的心为了心中的理想开始奋斗。

为了营造良好的班级环境，刘老师带领孩子们一起爬山，包饺子，组织卡拉OK比赛、寝室篮球赛……一次次活动拉近了同学们之间的距离，班上逐渐形成了团结、温馨、积极向上的氛围。

刘老师从大一开始就狠抓学风建设，组织同学们以一帮一的形式实现学习互助，交流学习经验也是每次班会重要内容。良好的学风让班级的平均学习成绩多次名列年级第一，保送研究生占本专业保研总数的2/3，读研人数占本专业的58%，87人次获得各类奖学金。

入学的班会上，刘老师告诉同学们："作为21世纪的大学生，开拓视野、实践创新是必修的一课。"0201101班因此成为创新设计室的主体。在刘老师带领下，同学们克服了没有场地、没有资金、没有材料的种种困难，一步步将创新设计室经营起来，培养了大批的创新之星，为走向社会打下良好的实践基础。大学四年，班上同学完成各类作品20余项，参加了全国、华东区、山东省及学校的比赛并获奖多项，获得了7项国家专利。在2004、2005年度，班级获得创新奖学金的人数占全校获奖人数的近1/2，成为活跃在校园内的一支创新生力军。

关注学业的同时，刘会英更关心同学们的生活和心理状态。针对班上贫困生较多的情况，她及时组织开展"贫困不丢人""自立自强""共同进步"等几次讨论会，提出了"一个都不能少"的倡议，号召全体同学互敬互爱、互相帮助、共同进步，并为8名同学联系校内相关部门提供勤工助学岗位，一起走出困境。班上所有的贫困生树立自信，发奋学习，在助学岗位吃苦耐劳，积极地参与班里的各项活动，取得了令人瞩目的成绩。

在刘老师带领下，0201101班自入学起，就遵循学校“以党建为龙头”的工作重点，把加强思想政治教育、坚定理想信念作为班级的重要工作内容。全班29位同学在大一时就提交了入党申请书；大三时，班级就成立了2002级第一批班级党支部；大四毕业时，全班已有7名正式党员、3名预备党员，位居全校之首。

对0201101班来说，刘会英老师不仅是良师益友，更像一位母亲。班长张立伟的话道出了全班同学的心声：“无论在学习上、生活上还是在工作中，刘老师都给我们以无微不至的关怀与照顾。4年的时间里，刘老师的爱心、责任心和认真做事的态度影响了班里的每一个人。对于刘老师，什么话语也表达不了我们的谢意，只能将心里最美好的祝福送给她，祝她一生平安幸福！”

2006年，0201101班荣获全国先进班集体称号，毕业时，同学们用这一殊荣得到的奖金制作了“感恩”纪念石，以表达对刘会英老师和母校的感恩之情。

2025年2月，65岁的刘会英老师办理了退休手续，仍忙着指导创新设计室的各项工作，为校区科研育人工作发挥余热。对她来说，教书育人、助力学生成就人生梦想，是她终其一生的追求。

HARBIN INSTITUTE OF TECHNOLOGY, WEIHAI

SHIZHE
RUGUANG

麻志滨

MA ZHIBIN

麻志滨，中共党员，教授级高级工程师。1960年8月出生于黑龙江省哈尔滨市，2006年调入哈尔滨工业大学威海校区工作，作为班主任，他所带的0702101班荣获“全国五四红旗团支部”荣誉称号，本人获评“我爱我师——我心中的好老师”。

“718”的领航人

他是一名普通的实验课老师，却用爱心托举了无数学子的创新梦想；他是一位平凡的班主任，却带出了校区第一个“全国五四红旗团支部”。20多年来，麻志滨在平凡的教育工作岗位上踏踏实实工作、兢兢业业耕耘，用自己的全部耐心和爱心对待学生，用实际行动传承和诠释哈工大精神，践行为人师者的责任担当。

创建“718”，打造科技创新的“黄埔军校”

1996年调入哈工大之前，麻志滨一直在哈尔滨一家仪器厂从事技术工作，1982年起被聘为全国电工电子委员会环境分会委员，参与国家标准的制定和企业标准的审核。从产品设计，到工艺流程设计，再到具体的加工生产，20多年的工作经历不仅打下了坚实的技术基础，更使他养成了标准化、程序化的工作思路。2006年3月，麻志滨来到威海校区，成为信息科学与工程学院实验中心教师。

作为一名具有丰富实践经验的实验教师，麻志滨一直在思考，如何使实验中心的功能最大化，在完成教学任务的同时给学生带来更多的收获。在学院领导的支持下，他开始指导学生参与科技创新活动。2011年，在他的努力下，一群心怀创新梦想的学子聚集在主楼的一间教室里成立了创新实验室，不久后，实验室搬至主楼718教室，成为学院首个学生自主管理的实验室。麻老师回忆说，这群有着技术情怀的年轻人一下就喜欢上了“718”这个“神秘”的数字，并把它作为实验室的代号，“718创新实验室”因此诞生。

信息学院青年教师杜海一直记得实验室成立之初，麻老师对实验室未来发展的期待与定位。“麻老师希望‘718’是一个学习的平台，大家在这里，通过兴趣引导去做自己喜欢的事情，在科技创新的过程中学到更多专业知识，同时，也可以锻炼自己的人际交往、团队合作、运营管理等能力。”

学院青年教师姚统曾是718创新实验室首批成员之一和最早的学生负责人。姚统回忆说，创新实验室从成立起，就承担了为大一新生开展科技创新启蒙培训的任务，麻老师每学期都会为大一新生做科技创新启蒙讲座，结合自身经验为新生们讲授关于科技创新的相关知识，帮助新生认识科技创新，点燃参与创新的激情和梦想。

从几人、十几人、几十人到后来的几百人，加入“718”参加创新活动的学生越来越多。自2011年起，麻老师和同事们开始组织和指导学生参加全国大学生电子设计竞赛，参赛的学生最多时有130多组。

麻老师一直坚持，“不是为了比赛而科技创新”，后来这也成为“718”全体成员的共识。他们的底气来自学院的支持，“学院对我们组织参赛没有获奖的要求，重要的是让学生从中得到锻炼”。作为指导老师，麻老师只做必要的指导，决不会为得奖而越俎代庖。“剔除了功利思想，我们的学生是因为真心喜爱才参与活动的，等到升入高年级时他们一般都会进入老师的课题组，参与实际的课题研究。而他们受到的锻炼在求职时也得到了用人单位的认可。”对于参赛的绝大多数学生来说，在创新的过程中感受快乐，通过比赛一点一点地提升自己的实践动手能力才是最大的收获。

麻老师指导的学生获得全国大学生电子设计竞赛一等奖、“天华杯”全国电子专业人才设计与技能大赛二等奖，这两个奖项均是校区在该项赛事中获得的最高荣誉。同时他指导的学生还有33人次获得山东省电子设计竞赛一等奖、70余人次获得二等奖。

如今，由他指导成立的718创新实验室，已发展成为大学生电子信息科创平台。培训的课程更系统，包括了从最基础的焊电路板到机械设计，再到计算机编程以及组织管理相关的一系列课程；培训的覆盖面也更广，2024

年参与人数已占全部大一人数1/2以上。14年来，有50000多人次在这个电子信息类工程实践创新平台接受科技启蒙、培训教育，听取专题讲座、创新课程，从事竞赛训练，累计获得国家级奖项1000余项。实验室成员有90%以上在大三阶段就进入校内外老师课题组或企业承担重要科研任务，718创新实验室也因此被称作科技创新的“黄埔军校”。

带领0702101班，拿下校区首个“全国五四红旗团支部”

2007年秋天，麻志滨成为刚刚入学的0702101班的班主任。

面对这个基础薄弱的班级，麻老师给予了十二分的真诚，他说：“我没有显赫的学历，也没有很好的研究方向，不能给大家太多的指导，但我愿用真心、真意、真情陪伴同学们度过大学这4年，使同学们以后回首大学生活时能够不留遗憾。”

麻老师鼓励同学们以全国先进班集体为榜样，用“高度决定视野，角度改变观念，尺度把握人生”激励大家。每个学期开学之初，他都会找同学们逐个谈话，详细了解班级同学的学习和生活情况。不少同学在学习上存在困难，麻老师每次开班会都会鼓励同学们：“大家能够考到哈工大来，就证明你们都是非常优秀的同学，只要找到属于自己的学习方法，你们一定能够做得很好。”在他的鼓励和耐心指导下，班级营造积极向上的学习氛围，建立多层次的学习体系，通过结对子加强了学风建设。全班同学以科技创新为突破点，形成了全班积极参与科创的风气，通过参加竞赛增强了创新意识和创新能力，也树立了自信心，形成了独特的班级文化。

生活上，麻老师给予了同学们无微不至的关心和爱护，冬夜里冒雪送来的苹果，流感时送来的消毒液，每一个节日的礼物和祝福，都是他给予学生的关爱之心。

4年间，全班共有12人次获得一等奖学金，占同专业获奖总数的57.1%；1人被评为十佳大学生，1人获十佳大学生提名奖；9人次获得科技创新国际奖项、16人次获国家级奖项、27人次获省级奖项。

麻老师还积极引导同学们参与社会实践和志愿服务，在实践和奉献中快乐成长。先后多人次荣获省、校级“优秀志愿者”荣誉称号。0702101班先后荣获“哈工大三好班级”“哈工大三好班级标兵”“哈工大优秀团支部标兵”“山东省五四红旗团支部”“山东省优秀班级”等称号。

2011年，0702101班团支部被团中央授予“全国五四红旗团支部”荣誉称号，这是校区首次获此殊荣。

这份荣誉的背后，是班级全体同学的团结奋进的汗水，也饱含着麻老师的默默付出。

担任信息学院实验中心主任，牵头建设工信部实验教学示范中心

作为信息学院实验中心主任，麻志滨带领同事们一起积极开展实验室建设。面对实验中心教学任务重、实验室基础薄弱等问题，他们全身心投入，不断完善实验室的各项规章制度，在学校的大力支持下，实验中心的硬件和软件都有了很大提高，建设成果得到了广大师生的认可与好评。

2015年，信息学院实验中心下辖电气自动化实验中心获批工信部实验教学示范中心。信息学院实验中心面积超过2500平方米、实验设备达到1000多万元，承担全校3000多名学生、23门课程的实验教学工作。

作为实验指导教师，麻老师坚持将创新实践教学融入人才培养全过程。他认为勤动手，多做实验，引导学生产生自主学习兴趣，将理论知识与实际操作相结合十分关键。因此，教学中他指导学生通过实验消化理论知识，通过理论知识做好实验，大大提升了学生学习电类课程的兴趣。

春风化雨，爱润心田。麻志滨在平凡的工作岗位上，用一件件小事，一点一滴的行动，履行了一名教师的职责，诠释了一名共产党员对教育事业的忠诚。

HARBIN INSTITUTE OF TECHNOLOGY, WEIHAI

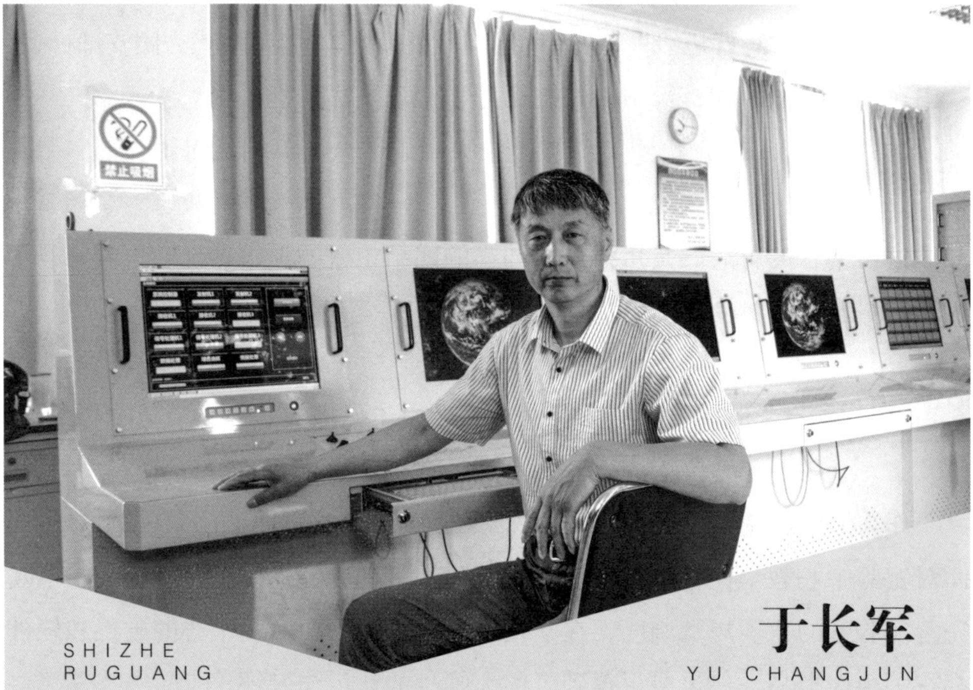

SHIZHE
RUGUANG

于长军

YU CHANGJUN

于长军，中共党员，研究员，博士生导师。1962年5月出生于黑龙江省依兰县。党的十九大代表，两次获得国家科技进步奖一等奖，主持多项国家自然科学基金面上项目和重点项目。国家最高科学技术奖获得者刘永坦院士新体制雷达研究团队核心成员，获评山东省“齐鲁最美教师”，荣获哈工大第七届“优秀教工李昌奖”。

向海图强育栋梁

从他的办公室窗口望出去，是一个面积约6000平方米的长条雷达天线阵，天线阵外海浪汹涌翻腾。尽管海面一片白雾茫茫，新体制雷达却如“火眼金睛”的“千里眼”，将偌大的海面纳入视野……今年是他在国家最高科学技术奖获得者刘永坦院士带领下工作的第41年，他说：“我们就是要争这口气，搞出我们国家自己的新体制雷达。”

40多年来，于长军倾注全部心血开展新体制雷达的研发工作，向海图强，把试验场作为生动的育人阵地，为国家培养一大批杰出的雷达专业人才，为祖国的海防事业默默耕耘。

初心不改　为国家需求无悔坚守卅载光阴

于长军曾经面临两次重大的人生选择，每一次选择，他都以国家需求为先。

第一次选择是进入刘永坦院士的团队参与新体制雷达科研攻关。20世纪70年代，国家曾对新体制雷达进行突击性攻关，但因难度太大、国外技术封锁，未获成果，当时国内科技界对这项研究有不同的声音。刚留校工作的于长军选择这一高难度研究方向必定承担风险，很可能几十年不会有任何成果，也可能一辈子默默无闻。但他始终坚守“国家的需要就是共产党员的责任”的信念，开始了一场填补国内空白、从零起步的新体制雷达研发攻坚战。经过于长军等科研人员800多个日日夜夜的努力，数千次实验、数万个测试数据的获取，航天部预研项目“新体制雷达关键技术及方案论证”获得通过，许多关键技术的突破为中国新体制雷达研制成功打下了良好基础。

第二次选择是主动请缨常驻威海新体制雷达站。1989年，新体制雷达预研取得成功后，团队在新建的哈工大威海校区校园边的海滩上建起了中国第一个新体制雷达站，急需科研人员长期驻守。当时学校建设刚刚起步，周边都是果园和荒地，雷达站孤零零地设在海边。于长军却毫不犹豫地主动请缨来到威海，成为常驻雷达站的“第一人”。

在大多数人眼中，留校工作6年，放弃省会城市优越的工作生活条件、从零开始的选择并不明智，他却义无反顾地再次选择了以国家需求为先。当时没有交通工具，每天在曲折崎岖的小路上步行半个多小时才能到雷达站。实验做完经常是半夜，于长军和同事们结伴打着手电相互壮胆走路回家。雷达站的电缆线和电话线都是架设在电线杆上的，海风时常刮断电线，出现两站间电话不通、电缆传送的射频激励信号时断时续的情况。于长军就在腰上拴根保险绳，爬上电线杆修好电线。有人问他这么艰苦后不后悔，他还是那句话：“国家的需要就是共产党员的责任。”

30多年如一日默默驻守雷达站，于长军从风华正茂的小伙子成长为两鬓斑白的研究员、博士生导师，无论身份如何变化，他一直坚守在雷达站的天线阵旁，为国家海防安全站岗放哨。

信念如磐　打造千里眼构筑祖国海防长城

1990年4月，雷达站完成了整机调试；

1990年10月，国家多个部门联合举行的鉴定会宣布：新体制雷达研究成果居国际领先地位；

1991年，“新体制雷达关键技术及方案论证”项目获国家科技进步奖一等奖；

…………

预研取得了丰硕成果，荣誉纷至沓来，于长军却异常冷静。成果倘若不能转化应用于海防装备，就像是一把没有开刃的宝剑，好看却不中用，研究不能停下来，要为祖国海防实力提升抢出时间。1997年，新体制雷达项目被正式批准立项，作为刘永坦院士团队的骨干成员，于长军再次开始了新的攻关历程。作为雷达站重要的技术研究和实验的负责人，除了完成雷达站的实验之外，大部分时间要在海防实际应用地做实验。于长军无数次往返实验场地和实际应用场地，项目最紧张的四年间，他每年有300多天都是在外地实际应用场地度过的，风尘仆仆、行色匆匆、废寝忘食是他的生活常态，连家人都难得见他一面。但于长军毫无怨言，用实际行动践行了他对党和国家的承诺。

地域和环境差异给实际应用带来了新问题和新困难，特别是遭遇各种各样的电台、电离层杂波等强大的电磁干扰的难题，于长军咬紧牙关将全部精力都投入科研攻关中，他说："一个一个研究，一个一个排除，可以说，我们是在解决强大的电磁干扰中成长的。"和团队成员用常人难以想象的毅力，解决和填补了无数个理论、技术上的难点与空白，取得了新体制雷达研制的突破性成果，为打造国之重器又一次贡献了自己的智慧和力量。

2014年新体制雷达项目荣获国防科技进步奖特等奖，2015年荣获国家科技进步奖一等奖，2017年于长军同志当选党的十九大代表，2019年刘永坦院士荣获2018年度国家最高科学技术奖。作为团队的核心成员，面对荣誉和光环，于长军依旧心态平和。为了让开刃的宝剑更加锋利，于长军继续投身雷达的改进型研制工作，用自己的努力和付出，使新体制雷达在我国对海防御、海洋监测、海洋经济开发等领域发挥更多更重要的作用。

心底无私　勇做领头雁培育雷达专业人才

在国家最高科技奖获得者团队成长起来的于长军，始终对刘永坦院士的栽培之情心怀感恩，他传承刘永坦院士的精神，尽心竭力为祖国海防事业培育雷达专业人才。于长军同志担任工信部"对海监测与信息处理"重点实验室副主任、哈尔滨工业大学（威海）电子工程研究所所长、雷达站站长，成为当之无愧的领头雁，他始终坚守立德树人根本任务、托举青年教师成长成才，淡泊名利，甘为人梯，尽显党员本色。

近5年来，于长军主持国家自然科学基金重点项目1项、面上项目3项。在承担国防重大项目的同时，还带领团队服务地方，与国家海洋局合作完成了海洋公益性行业科研专项项目。为了帮助团队里的年轻人快速成长，于长军总是把更多的机会让出来，每次申报课题或奖项，他都把自己的名字排到后面，“年轻人的成长需要机会和支持，我只是在做当年刘永坦先生做过的事情”。在担任电子工程研究所所长的同时，于长军还兼任信息科学与工程学院教授委员会主任、通信与信息系统学科带头人，他组建的威海校区“对海监测与信息处理”团队，有2人晋升为教授、4人晋升为副教授。

于长军将教学科研与立德树人有机结合，他为自己见证了祖国日益强盛感到无比自豪，更为自己作为新体制雷达科研团队的一员，亲身参与了新体制雷达从0到1打造祖国海疆“火眼金睛”的过程而骄傲，他将自己的成长经历、科研心得融入人才培养、课程教学中，他讲授“电子侦察与对抗”“海洋目标探测技术”等多门专业课，课程内容中融合了大量电子信息领域的实践经验，更体现着雷达人突破国外技术封锁、自力更生艰苦奋斗的执着精神，让学生在学习知识的过程中感受我国科技水平从跟跑向并行、领跑的战略性转变，深受学生喜爱；他身体力行做学生的榜样，严慈相济做学生的人生导师，培养学生的真才实学。

威海校区雷达站研究生团队已经在于长军老师的引领下树立了“传承时代楷模精神，观海听涛立鸿鹄之志”的伟大抱负，以国家需求为己任，刻苦努力勇担海防通信重任，积极参与国家级、省部级以及学校的各项创新创业活动，获得国际、国家、省部级奖项12项。其中，在第十四届iCAN国际创新创业大赛（全国总决赛）和第十六届中国研究生电子设计竞赛全国总决赛中，该研究生团队参赛项目均获得全国一等奖，被评为哈工大十佳研究生团队。团队还积极主动发挥党员先锋模范作用和朋辈引领作用，积极参与本科生科创启蒙和培养工作，用实际行动传承哈工大“八百壮士”精神，践行新时代青年奋斗者的精神风貌，涌现出了研究生国家奖学金获得者，省级创新之星、创业之星，省级优秀志愿者，哈工大十佳学生干部、优秀党员、优秀团干部等一批先进学生典型。

花甲之年的于长军依然步履不停，继续坚守为国铸就“海防长城”的初心和使命，以国家重大需求为己任，面向国家未来远海战略需求，在科研一线不断求索，奋力攻关。

HARBIN INSTITUTE OF TECHNOLOGY, WEIHAI

SHIZHE
RUGUANG

戴伏生

DAI FUSHENG

戴伏生，无党派人士，教授，硕士生导师。1963年7月出生于吉林省吉林市，1997年调入哈尔滨工业大学威海校区。获宝钢优秀教师奖，获评校区优秀教学院长，获评“我爱我师——我心中的好老师”。

信院有个“戴实在”

牵头策划建设了三个本科专业、两大山东省精品课程群、电工电子及工信部实验教学示范中心，获评宝钢优秀教师、优秀教学院长、“我爱我师——我心中的好老师”……39年的教学生涯，戴伏生始终坚持踏踏实实教学、实实在在做事，凭借“严”与“实”树起了自己的品牌。

功夫到家　坚持教学高标准

1984年，刚满21岁的戴伏生从长春邮电学院无线电工程专业以优异成绩毕业，被分配到东北电力学院做教师，组建成立了“电力系统通信工程”专业。1997年9月调入哈工大威海校区。

当时校区教职工总共只有百余人，专任教师只有几十人。由于急缺主讲教师，报到第二天他就登上讲台，为从哈尔滨搬迁到威海的汽车工程学院95级学生上课。当年教务处的教学效果测评他名列前茅，学生在评教中说：“希望学校多引进像戴老师这样的教师。”

而像这样年年得到学校和学生的双双好评，几乎贯穿了戴伏生的整个教学生涯。他主讲“电子技术基础课程教学”，2002年获得学校第五届优秀教学成果奖二等奖。他作为骨干参与的“电工学重点课程建设”，获得2003年黑龙江省教学成果二等奖。他主持的“电子技术系列课程教学设计”，2005年荣获学校第三届优秀教学设计二等奖。

从1997年调入校区到2023年退休，戴伏生从未离开过讲台。他为全校区的工科学生上电工电子基础课，为本专业的本科生和研究生上专业课。无论其他工作有多忙，教学永远摆在第一位。在学生眼中，戴老师风趣幽默，温和可亲，对学生的各种问题永远有耐心；可是他的严厉也是出了名的，学生私下里“封”他为信息学院“四大名捕之首”，不管考试还是做实验、写论文，绝对不允许有一丝的侥幸和懈怠。他的研究生一篇论文要修改数月甚至半年多，“改的次数数不清”，最后“不敢去敲戴老师的门了”。

2005年戴老师组织校区学生首次参加全国电子设计大赛，之后每年都指导学生参加大学生竞赛。他认为这是学生促进学习、锻炼自己的一种有效方式。而在指导过程中，戴老师总是尽量让同学们独立设计、创作，发挥自己的聪明才智。

“我尽量避免将我个人的思想渗透到他们的设计路线中去，因为比赛的主体是学生，他们才是真正的主角，我所能做的就是在他们遇到解决不了的问题时给一点小小的提示。其实对同学们而言，参加比赛获奖与否并不重要，重要的是他们独立思考、探索解决问题的方案的过程。如果能够做到这点，那就是他们最大的收获。”

事实也证明了戴老师的看法。参赛的学生表示，参加比赛最大的意义就在于作品设计过程中对专业知识有了更高层次的认识和理解。

规格严格　打造精品重示范

戴伏生还记得自己调转前，1997年第一次到威海校区了解情况时见到的景象。“没有校门，没有主楼，校园里有大片荒地。实验室更是简陋，一个胶合板抠两个孔，连接几个器件，就当实验器械。”但他坚信，哈工大的校区绝对不会一直这个样儿。

1998年戴伏生牵头成立了电工电子教研室并担任主任，1999年被推选为信控系主任助理，2000年任系副主任，负责全系教学工作。1999年至2004年，他作为系教学负责人，既要完成教学任务，又要结合校区发展完善基层教学单位软硬件条件和专业建设。他主持建设了电工电路、电子技术、电子设计自动化（EDA）、电子工艺设计和电子产品组装与调试等5个较大型基础实验室，策划建设了4个通信与电子信息专业实验室。实验室建设过程他认真负责、力求节约，同时完善了各项管理措施，其建设全过程的经验堪称典范，并在威海校区推广。他作为主要负责人参与的“电子技术基础优秀课程建设”于2006年通过专家验收，成为校区最早获评“山东省精品课程”的3门课程之一。

戴伏生认真研究教学发展规律，熟练掌握教学管理与教学建设各环节的运作，制定系里教学管理规定并予以实施，使系里的教风、学风、教学建设和教学秩序在校区表现极好。他在充分调研的基础上，规划了“通信工程”“电子信息工程”“电子科学与技术”3个本科专业的建设与发展，并详细制定了教学培养方案，为新专业顺利招生以及培养学生奠定了扎实的基础。

2011年，担任信息科学与工程学院教学副院长后，他在实验室建设和课程群建设上继续发力，为优质本科教学打下良好基础。他牵头建设了以开放式自主学习实验管理系统为特色的“公共技术基础课程实验实习教学质量工程建设”项目，2013年该项目以全优成绩通过学校验收，获得学校实验示范中心奖励。与校本部联合申报并成功获批“工信部电气自动化实验示范中心”建设，2015年顺利通过验收。

2012年是山东省申报精品课程群的第一年，戴伏生抓住机遇，带领教师完成了“电路原理、电工技术基础、电子技术基础、电路技术工艺实训”等联合系统化精品课程建设，成为校区第一个成功申报课程群的学院。2014年他又作为总策划，组织、动员与指导了“自动控制原理、单片机及接口技术、电力电子技术、自动系统、计算机控制技术”课程群的建设，获评山东省精品课程群。同时作为山东省“十二五”重点学科“通信与信息系统”建设的负责人，他带领同事们圆满完成建设任务并于2015年顺利通过验收。

“台上一分钟，台下十年功。”作为老师，每一次课前必须做好充分的教学准备。2016年在教案评比中，戴伏生老师主讲的“模拟电子技术基础”和“数字电子技术基础”两门课程的教学设计与教案，双双获得“优秀教案”

第一名，并作为校区设计与教案的典范公开展示推介。

在戴伏生和同事们几十年如一日的努力下，信息学院的教育教学、人才培养一直走在校区学院的前列，很好地传承了哈工大“规格严格，功夫到家”的精神和品质。

立德树人　耐心踏实育新人

在戴伏生看来，“学高者为师”，做老师首先要有高深的学问，教育的主要形式是传授知识，但教育的目的却在于给学生一个出路，给学生日后个人发展和将来为社会做贡献的途径。“我们没做过什么惊天动地的大事，但希望我们的学生将来能成为社会的栋梁之材，为国家的建设做出卓越贡献。”

为了教给学生真本领，他将“引导”作为教育工作的重中之重，经常给学生讲学好专业基础课的重要性。“低年级时一定要打好基础。基础知识掌握得越牢固，将来实践起来就越容易，更利于向更高的层次迈进。”他告诉学生要充分利用好学校为学生创造的条件，正确地对待教学实验，有兴趣的同学可以适当自己做一些实验或者多看一些相关的专业书来拓展视野，学生一定要对自己负责。“我们做老师的都非常愿意帮助学生们，没有谁会对学生有任何的保留。我们都希望学生能够超过我们，这绝不是为了任何回报，这就是为师者的良心。”

为着这份师者良心，戴伏生不仅自己教好课，还为学院带出了一支素质过硬、可持续发展的教学队伍，养成了信息学院良好的教学风气并一直传承。

教学是新引进的年轻老师必过的第一关。担任督导专家20多年间，戴伏生指导过百余名年轻教师和新进教师的教学。为保证教学质量，对于课堂存在问题的教师，学院会组织督导组反复听课，不断纠错，直到“过关”为止。他经常耐心地花上大把时间与青年教师谈心，讲自己的成长，讲学生的期盼，讲欧美的终身制教授也把上课当成第一任务。他说：“教学是一个学校的根，是一个教师的根，如果开始时急功近利，以后会问心有愧。”

在2016年校区学生组织的“我爱我师——我心中的好老师”评选中，戴伏生被学生评选为最受欢迎的教师之一。学生说：“如果忽略掉他教授的身份，你是不是感觉他就像你记忆深处所熟悉的一位大伯？这位大伯和蔼可亲，关心你的学习生活，理解你的难处，同时又对你严格要求，希望你能成才。”

HARBIN INSTITUTE OF TECHNOLOGY, WEIHAI

SHIZHE
RUGUANG

张 敏

ZHANG MIN

张敏，无党派人士，教授，硕士生导师。1966年1月出生于黑龙江省龙江县，主持国家社科项目“田纳西·威廉斯戏剧诗学研究”，主持的“大学英语优秀课程建设”被评为山东省精品课程，2009年获得“威海巾帼十杰”荣誉称号，2020年被评为“师德师风”先进个人。

从“知心姐姐”到“知心妈妈”

在同事的眼中，张敏勤勉尽责、兢兢业业；在家人看来，她温婉贤淑、宽容平和；在学生的心中，她学识渊博、诲人不倦。30余载春秋，她始终坚守学习之路，无论是教学还是学术，都取得了斐然的成就。

师者仁爱　护航学子健康成长

1988年，张敏自黑龙江大学外语系毕业后考入哈尔滨工业大学外语系深造，从此与哈工大结缘。1990年，研究生毕业的她选择留校，成为一名大学外语教师。1992年，威海校区急需英语教师，张敏毅然来到威海。

那时的威海校区还是一片荒芜之地，建筑稀少，条件简陋。初到此地，张敏也曾有过犹豫。然而踏上讲台的那一刻，看着学生们充满求知欲的目光，她的心突然就安定下来。“觉得其他的东西都不那么重要了，他们需要我，我要把学生们教好。”

1994年，威海校区首届本科生入学，这些学生底子好，对大学的期待也很高。虽然当时硬件条件不足，但是张敏和曹菁、颜英俊、陈忠良等同事下决心要让学生得到更好的教育，在课堂上学到更多的真本领。她在课本内容之外，下大气力补充了不少其他内容，让学生在课业上有更多的积累。在与学生的交流中，张敏发现了一个行之有效的方法，要求学生用英语记日记。这样不仅能提高学生的英语表达能力，还能通过日记及时了解学生们的困惑和苦恼，再通过评语与学生交流，及时疏导学生的心理和情绪问题。为了让学生增强信心，了解大学英语四、六级考试难度，张敏用图纸做了一张很大的表格，把每次小测、模拟测的成绩都列在上面，请学生到家里来谈心，有针对性地进行分析，帮他们找到内驱力。由于与学生谈心的次数特别多，学生们亲切地送给张敏老师“助理班主任”的称号。

真心的付出换来了令人欣慰的成绩，那一届学生参加大学英语四级考试一次性通过率为88.8%，比校本部高出20余个百分点，这个成绩让大家都备感振奋。不仅如此，扎实的英语功底为学生带来了深远的影响，前几年这个班返校聚会时，大家纷纷告诉张老师，扎实的英语基础为他们的后续发展提供了很大助力。无论是硕士博士学习阶段，还是工作中与外国专家交流，都深深受益。看到学生现在成了各行各业的栋梁之材，张敏觉得“一切都值得”。

1997年，第一届英语专业本科生入校。在全力教好每门课的同时，张敏利用课余时间与学生们谈专业愿景及如何学好专业，同时鼓励他们勇敢追梦。对于想要考取本专业研究生的同学，张敏帮助他们准备课程和选择学校，鼓励学生将英语作文或文学评论拿来帮他们修改完善。第一届英语专业的学生有的考取了南京大学和北京外国语大学的研究生，有的就读了英国剑桥大学硕士和布里斯托大学博士，还有同学跨专业考取了计算机专业和考古学专业研究生，为后面的学弟学妹们树立了好榜样，很多人在各自的工作岗位上成了中流砥柱并回馈母校，这也让张敏备感欣慰。

随着年龄增长，张敏老师从学生们的“知心姐姐”变成了“知心妈妈”，每当站到亲切的三尺讲台上，就像看着自己的孩子坐在台下。她不仅讲授知识，还引导学生思考大学发展规划、人与人互帮互助和睦相处、养成良好的生活和学习习惯。她将教学中发现的问题及时跟分管学生工作的副书记沟通，尽可能了解掌握每个孩子的思想状态，有针对性地单独辅导，像妈妈一样提供全方位的关爱。对于课业完成不顺利的学生，她会一次次主动沟通，起早贪黑为学生审阅作业和论文，提出修改意见。

“每个孩子对大学都有着自己的憧憬和梦想，老师就是他们的引路人，尤其在他们迷茫或遇到困难的时候，一定要帮助他们渡过难关，如竹子般节节突破，在逆境中破纪录。”张敏说。

严谨治学　坚守教学三十载

校区发展过程中经常面临师资短缺、任务繁重的挑战，只要有需要，张敏就敢于冲上前。她先后承担了1994年第一届本科生的大学英语教学任务、1996年第一届英语专业师资班和1997年第一届英语专业本科生的教学重任，每一次都是开创性的工作，需要不停地备新课、开新课。

她先后承担了大学英语、综合英语、英语视听说、英语语法、英国文学、美国文学、欧洲文化、英语诗歌、看名片读名著、论文写作、文学导论、文学专题、英国文学作品赏析、美国文学作品赏析、听力等十余门课程。课程之多、跨度之大，所需付出的精力与时间难以估量。然而，她从未提出任何要求，总是尽心尽力上好每一堂课。“现在想来，当时和同事们克服了许多现在想都不敢想的困难，既难忘又自豪。”张敏说。

作为教师，备课和批作业是基本工作，但是如何让学生在知识的理解与消化上下功夫是张敏工作的重点，尽力使学生们课程收效最大化是她的目标。她在工作中勇于探索，总结出“质疑法”和“模仿法”这两条有效经验。

“质疑法”主要用在文学作品赏析课上，目的是让学生会写英语小论文。学生3人一组利用课余时间研讨，张敏面对面和每组学生沟通选题角度、内容、结构等；课上学生发言3到5分钟，用英语自我陈述，全班同学利用5到8分钟时间质疑，要求陈述者和听者做好记录；最后老师进一步质疑并鼓励式点评。在层层的提问中学生从不说、不问、不会说、不会问到敢于表达甚至引起辩论，渐渐提升视野的开阔性和思维的缜密性。有一次，一名女同学的发言成了激烈的辩论赛，台下同学们不断质疑，台上的她淡定应对，用流畅的英语引经据典，辩才无二，这让张敏脸上难掩欣慰的笑意。“在现代化教学手段如此多样的今天，学生们更需要面对面与老师交流，更需要老师的情感投入。”

“模仿法”则是用来提高听力能力。张敏精选了语言用法标准的英语文章的有声资料，让学生每周反复听、模仿，然后学生自录音频发到班级听力群，课余时间张敏逐一听，记录每个学生的优点和不足，课上逐一展开讲解。一位声音很好听的男生，总用自己的调子说英语，语感不大好。张敏鼓励他把每个句子的每个词、每个词的每个音都做重读、轻读、长音、短音等标记，一段时间以后他模仿时震慑了全场，简直就像原声一样。“模仿可以将标准的发音和音调存储在自己的大脑记忆中。当这种存储量达到一定程度后，不仅听力能力会大大提高，标准的语音也会脱口而出。”

“质疑法”和“模仿法”使学生成绩提升很大，但要占用教师大量的课余时间。“为了学生，我觉得这种付出是值得的。”张敏说。

积极努力　带领团队共同成长

2003年起，张敏主持学院工作。她坚持将教学和师资队伍建设放在首位，民主办学，和谐发展。她尊重老教师，定期举办座谈会，听取他们对学院发展的建议；她关心青年教师的成长，帮助他们解决生活和工作中的困难，鼓励并指导他们继续深造。

“让每一名教师发展好，为年轻教师提供机会，学院才能发展好。”针对学院教师队伍的实际情况，她同副院长史光孝、安秉哲等班子成员反复研究，决定在不影响教学的情况下，每年有计划派教师出去提高学历、赴英美进行业务培训。尽管当初学校和学院资金特别紧张，但都对在外读书的年轻人给予了尽可能的帮助。

几年间，多名教师前往美国、加拿大、荷兰等国访学并攻读学位，还有教师到北京大学、南京大学、复旦大学、上海外国语大学、北京师范大学、南开大学等国内著名高校攻读博士学位。42名英语教师被派往英美大学短期学习培训。他们的视野不断开阔，综合素养得到提升，形成了稳定的教师队伍，同时建立了良好的学院风气。

尽管教学和管理工作繁忙，但张敏从未停止学习和提升的脚步。2002

年孩子刚满一岁，张敏就着手准备考博。2003年她成功考入南京大学英美文学方向博士研究生，边工作边学习，仅用3年时间就通过答辩并获得优秀评价。2007年，她又进入山东大学博士后流动站继续深造。2010年，为了开阔视野，张敏远赴美国纽约大学访学。

对她而言，学习是一种乐趣，因此闲暇时光她喜欢坐在家中阅读，写写文章，做做课题。她在CSSCI（中文社会科学引文索引）检索期刊上发表了十余篇高水平论文，主持了国家社科项目“田纳西·威廉斯戏剧诗学研究”（2007），翻译了《田纳西·威廉斯传》（2024）等多部译著，主编并出版了多部教材。她主持的“大学英语优秀课程建设”被评为山东省精品课程。

忙碌的学习和工作让张敏无暇顾及家庭与孩子，在读博的3年间，家人默默承担了照顾孩子的重任。为了不影响她写博士论文，那段时间孩子常住姥姥家。有一天，孩子回来看到她在家，怯生生地说：“妈妈，我不知道你在家，我不该回来，又影响你写论文了！”谈及此事，张敏心绪难平。正是家人的支持和鼓励给了她坚持的信心与前进的动力，让她能够全身心地投入学习和工作中。她说，她的成绩和荣誉背后，是丈夫、孩子、父母以及所有亲人、朋友的默默付出。

在家人眼中，张敏不仅是博士、教授，更是一个温柔贤惠、体贴孝顺的妻子和儿媳。爱人说：“她在学识和职业上的成就，与她的为人相比，都显得微不足道，因为她拥有一颗金子般的心。”张敏与婆婆一家相处融洽，她的爱、善良和贤惠赢得了婆婆、家人及邻居的赞誉。

2011年9月张敏结束了美国访学之行，想满腔热忱再次投入学校的发展建设时，却不幸被诊断出癌症晚期。怀揣着坚定的育人梦想，在家人的精心照料下，在校院各级领导和同事们的关爱中，她从死神手中挣脱出来，带着放化疗的后遗症，毅然重返工作岗位。2021年办理退休手续后，仍然送走了最后一届硕士研究生，她说只要身体允许，只要有需要，就尽己所能坚持工作。

2020年，在学院举办的“从教30年”教师纪念奖杯颁发仪式上，张敏说：

“当教师是个良心活。教学生，不仅要教授他们知识和技能，更要传授理念和美德。有时候和学生不经意的一席交谈也许会影响他们一生，当老师就要尽我们所能让学生在各个方面有所收获。”

HARBIN INSTITUTE OF TECHNOLOGY, WEIHAI

SHIZHE
RUGUANG

桂洪斌

GUI HONGBIN

桂洪斌，中共党员，教授，博士生导师，山东省教学名师。1967年3月出生于黑龙江省齐齐哈尔市，2008年到哈尔滨工业大学威海校区工作，获各类教学奖5项。兼任教育部海洋工程类教学指导委员会委员、山东省交通运输类（含船舶与海洋工程）教学指导委员会委员、山东省船舶高校联盟理事长。

做学生成长的“贵人”

1986年，桂洪斌以优异成绩考入大连工学院船舶工程专业，从大连理工的硕博连读到上海交大的博士后，桂洪斌一路向海的求学之路始终与海洋强国紧密相连。

2008年，为适应国家重大需求和山东半岛蓝色经济区建设，哈工大（威海）开始进行“面向海洋、特色发展”的战略调整，心怀强国使命的他对我国海洋事业的人才短缺感到忧虑，毅然放弃中国船舶科学技术研究中心的优越条件，选择了为海洋强国培育新生力量的大学讲台，挑起了船舶与海洋工程专业从“零”起步的重担。

用专业精神建设一流专业

船舶专业最初的学生是从机械设计制造及其自动化专业转入的，学生的培养方案也是在机械专业基础上修改的，与高水平大学的船舶专业培养方案存在较大距离。为尽快适应人才培养需要，重新制定一套科学而合理的教学方案迫在眉睫。在近两年时间里，桂洪斌夜以继日地忘我工作，以精益求精的专业精神广泛搜集相关院校的教学经验，对标一流，数易其稿，最终编制出船舶与海洋工程专业培养计划和教学大纲，为培养拔尖创新人才奠定基础，2019年船舶与海洋工程专业获批山东省一流专业建设立项。

为推动新的学生培养方案落地，在当时师资严重紧缺的情况下，他自己带头承担了“船舶设计原理”“船舶结构力学”和“船舶振动基础”等数门专业课的教学任务，保证了教学计划的圆满完成。年轻的博导初冠南教授曾经和桂老师在同一个教研室，他说：“2009年我入职时第一个见到的就是桂老师，和他相处的几年里，他给我印象最深的就是敬业精神和责任担当。他那种一心为着学科发展的纯粹的奉献精神，对我的工作和事业产生了很大影响。”

2015年，正当迎接船舶专业一级学科硕士点评估的关键时刻，他接到父亲病危的消息。在急忙飞回老家的两天里，看着病床上危在旦夕的老父亲，想着迫在眉睫的评估工作，在忠与孝的天平上他选择了事业。然而，返回学校的第二天，老父亲就溘然离世。“这就是忠孝不能两全吧。没能为老父亲送终是我这辈子的最大遗憾，但是这次评估太重要了，关系到学校的发展，关系到学科的未来。作为学科负责人，我没有别的选择。”桂洪斌说。

用精益求精推进教学改革

桂洪斌先后担任教育部海洋工程类教学指导委员会委员、山东省交通运输类教学指导委员会委员和山东省船舶高校联盟理事长，深知工程教育与产业融合的重要意义。他精益求精推进教学改革，以工程教育认证的理念、新工科的培养思路谋划学院发展。

为了培养船舶专业的一流拔尖创新人才，他通过承办中国造船学会年会，广泛结识国内外学术界的专家学者，提升校区船舶学科的知名度；他带领专业老师走遍山东省内造船企业，并将学生实习基地拓展到江南造船厂和沪东船厂，与10余家船企签订校企联合培养协议，顺利实施工程领军人才计划；他积极推动实验室建设，建设了拖曳水池与综合水池、轮机工程、船舶结构力学、船舶振动噪声、循环水槽等专业实验室，为提高学生对船舶工程的认识、培养生产实践能力和促进本科生精准就业奠定了良好基础。

他多方争取资源支持学生科技创新工作，带队参加2019年第二届中国智能船艇挑战赛，学生的创新成果以高智能和高效能的先进技术优势，获得自主航行性能短程竞赛一等奖和任务功能实现竞赛一等奖。近年来，船舶与海洋工程专业学生的创新成果不断涌现，桂老师亲自指导的学生有百余人次在各类大赛中获奖。船舶专业50%以上的本科生到国内外知名高校和科研院所读研，毕业生以专业素质高和动手能力强受到国内知名船企的青睐。

用师者仁心感染青年人

从船舶工程系主任到海洋工程学院教学院长，他把培养学生的社会责任感作为最大追求，始终以自己对专业的热爱影响和带动青年教师和青年学生。

桂老师用自己丰富的人生阅历，把“先做人再做学问”之道融入课堂；他为本专业所有的本科生讲导论课，将思政教育的“盐”撒到专业教育中。他积极推行青年基本功大赛，把“课程思政”的元素设计在大赛的评价中，邀请立德树人标兵、教务处处长、马克思主义学院书记等做评委，把“大国重器梦”与“海洋强国梦”根植于学生的专业学习中，内化在学生成长的引领中。陈曦是桂老师的研究生，也是上海交通大学的优秀博士生，他说：“‘注重制造’‘精益求精’‘四个自信’‘胸怀天下’等词语，已经在桂老师的课堂上通过那些不经意的‘故事’刻在我们心里，让我们把理想信念同船舶学科发展、同祖国需要自发地结合起来。”

随着学科发展，一批批青年教师被引进来。桂老师在严格要求的同时热情帮助他们过教学关、科研关和水平关，推动一批青年教师在船舶与海工装备领域崭露头角。作为专业建设的负责人、学科发展的排头兵、指导学生科技创新的“名师”，桂老师有很多机会评优评奖，但每次他都笑笑说，把机会留给年轻人。

学院青年教师谢芳说，桂老师的办公室是我们青年教师的“教研室”，也是学生的“第二课堂”，不论老师还是学生都可以到他的办公室里畅所欲言。对我们年轻老师他总是倾囊相助，帮我们提高业务能力，规划发展方向，还帮我们解决生活中的实际困难。作为青年教师“业务成长导师”，桂洪斌助力2人晋升教授、3人晋升副教授，多人次获得学校研究生课程思政项目立项、教学基本功竞赛一等奖等奖项。

桂洪斌心存大爱，提携后学。有位外校考来的研究生参加面试，其他导师看他有点小儿麻痹后遗症都有顾虑，桂老师却主动选择了这位自卑又自强的学生，并像对待自己的孩子一样倾心培育。因为不想“厚此薄彼”，桂老师坚持不担任班主任职务，他把所有学生当作自己的亲学生。他时刻以学生为中心，每年学生外出实习他都要亲自带队，即使偶尔不带队，也要目送实习的车辆离开校园才回到办公室。在学生印象里，不论在路上遇见还是到他办公室，他都会像慈祥的长者关怀备至，总是用自己的学识、阅历、经验点燃学生对真善美的向往，被学生们视为人生中的“贵人”。

2020年4月，校区以船海学科为基础，整合相关学科优势资源组建了新的海洋工程学院，举全校之力向海图强。桂老师和同事们的干劲更足了。

他参与的教改项目“面向未来技术创新人才培养的新工科教育模式研究与实践”获得国家教学成果二等奖，“基于科创竞赛的船舶专业学生创新实践能力培养”获得中国造船工程学会教学成果二等奖。因在教育教学方面的突出成绩，2023年桂洪斌获评山东省高等学校教学名师。

不久前，桂洪斌作为牵头单位项目负责人组建的“服务现代海洋产业的船舶与海洋工程专业发展共同体”召开年会，集合省内所有开设船舶与海洋工程本科专业的8所高校，协同省市级船舶工业行业协会及相关研究院所和企业，谋求以船舶与海洋工程专业高质量发展助力海洋强省建设。

面向新征程，桂洪斌表示，将围绕海洋强国、海洋强省战略需求，对标工程教育认证要求，将“思政铸魂、知识筑基；工程赋能、科研聚力”理念融入人才培养全过程，为社会主义现代化强国建设培育船舶与海洋工程领域一流人才。

HARBIN INSTITUTE OF TECHNOLOGY, WEIHAI

SHIZHE
RUGUANG

黄 博

HUANG BO

黄博，中共党员，教授，博士生导师。1974年5月出生于湖南省岳阳市，创办哈尔滨工业大学（威海）机器人研究所、威海市机器人与智能装备产业研究院，主持并参与了国家重点研发计划、国家自然科学基金项目、863重大专项、国家核高基重大专项等多项科研课题，培育孵化了多家高新技术企业。获评“我爱我师——我心中的好老师”。

做“智”造领域的“领跑者”

哈尔滨工业大学（威海）机器人研究所内，黄博正在跟学生们如火如荼地讨论着机器人领域同步定位与建图（SLAM）技术的应用。近些年来，履带式自重构机器人、四足机器人、轮式移动机器人……一台台工业机器人从这里诞生，它们融入日常各个场景，为生产生活带来便利。

今年是黄博从事机器人工程领域研究的第23个年头，从带领团队突破关键技术，到推动产教融合实践创新发展，从担任哈尔滨工业大学（威海）机器人研究所所长，到创办新工科专业“机器人工程”，黄博在智能制造这条道路上始终保持昂扬向上的激情，谋划学科长远发展，坚持人才培养高标准，带领着一批又一批青年在“智”造浪潮中逐风破浪，勇立潮头。

敢为先锋　厚积薄发勇攀“智”造高峰

1998年，黄博从哈工大汽车设计制造专业毕业后便留校任教，对待科研，黄博认为“基础性的工作和方向的思考同样重要”。在传统机械工程领域做好科研和授课的同时，他也关注着国家的战略部署和工程学科发展方向。在敏锐洞察到传统机械工程与新兴技术的融合趋势后，黄博将目光聚焦到机器人工程领域。

瞄准方向，黄博开始持之以恒深耕工业机器人研发，带领团队开拓了机器人SLAM技术、软体机器人、医用智能装备、农业机器人等多个研究方向。然而，在相对陌生的领域开拓，并不是一件容易的事情，问题层出不穷，团队也常常因“此路不通”而感到沮丧。

SLAM是机器人自主定位和环境感知的重要技术，现有的视觉SLAM系统具有观测绝对静态的强假设，在高动态环境中不能很好地工作。为了解决这一问题，黄博团队历时4年进行摸索实践，从早期的深度图并行加速处理，到基于场景流构建的动态特征识别，最终搭建了多传感器融合的SLAM系统，完成了多项技术的改进，实现了准确性和鲁棒性的显著提升。

“技术研究成果创新是一方面，如何转化为实际生产力，服务于社会发展也应该是我们需要解决的问题。”

蘑菇采摘机器人是黄博团队负责的项目之一，蘑菇既娇嫩又密集，如何设计才能保证采摘末端具备高可靠性的、无损又快速的性能困扰了黄博和团队成员很久。黄博选择打牢基础，围绕底层和基础进行研发创新，将技术应用与基础研发结合起来，满足工程需要的同时，引领行业进步。靠着不服输、不怕错的韧劲，黄博团队经过多次调试设计，最终在设计方案上有了突破，该款机器人也实现了小规模量产，达到了业界顶尖水平。

理论创新与工程应用两手抓，黄博带领团队在*IEEE Transaction on Robotics*、*Advanced Science*、*Soft Robotics*等机器人领域高水平期刊发表论文多篇，拥有近20项发明专利。他作为国家重点研发计划项目首席科学家，主持完成了国家863、核高基等重大科研项目，创办威海市机器人与智能装备产业研究院，带领团队建设了山东省特种机器人与智能装备协同创新中心、山东省现代数字化医疗装备高校重点实验室等省级创新平台，累计承担科研经费近亿元。

深耕沉潜　产学融合探索创新发展

在机器人工程领域探索挖掘多年，黄博又有了新的思考：“科研创新的第一步在于问题的判别，要能解决真问题。因此产学研合作是高校科技工作者必须要走的路。”

在黄博看来，工科的科技创新要到产业的需求中间去发现场景、发现需求，要能落到实际应用中。他带领团队走访上百家威海企业，汇聚校区优势力量，为企业提供技术支持，先后与广泰空港、威高、天润工业、华菱光电、未来机器人等多家企业开展智能装备方面的联合研发。

“红色坦克”消防机器人，是黄博团队与威海广泰空港合作的首个产业化应用成果。威海广泰空港设备股份有限公司相关负责人表示，企业现有技术造一辆消防车没问题，但想要实现无人操控且能满足消防应用，企业的技术就有短板。黄博团队通过研发和应用多传感融合技术、自动构建地图和自动识火灭火三项核心技术，实现了消防机器人自动抵达火场中心、自动寻找火源、自动灭火等功能。

在产学研合作中，黄博始终面向企业需求，帮助企业赋能，进而引领行业自动化、智能化发展。在与威海广泰空港合作中，黄博带领校区优势力量，对广泰新时代的保障装备发展与技术创新战略做了进一步的梳理与规划，协助公司确定了技术创新与产品研发的战略定位，共同建设技术创新中心，先后完成了“飞机智能除冰车”“无人驾驶登机桥”等一大批智能化装备研发，为民族装备制造业的智能化转型提供了强有力的支撑。

在理论与应用的碰撞中，黄博将学以致用的观点传递给更多的青年工作者。他培养的多位毕业生扎根企业，成长为技术和管理骨干，创立的产业研究院也在产学研合作中多次发挥牵头作用，为威海当地产业创新布局做出贡献。

勇担重任　从零起步打造教育高地

2018年，教育部提出要建立工程教育的新理念、新标准、新模式、新方法、新技术、新文化，威海校区开始布局新工科专业的建设。在机器人工程领域深耕多年的黄博意识到培养具有交叉学科背景的科技人才具有重要意义，他着手从零开始创建校区机器人工程专业。

人才培养经不起丝毫马虎和懈怠。在培养方案设计上，黄博亲力亲为，做了大量调研和考察。他结合行业发展和时代需求，精心打磨课程体系，带领老师扎实开展学科建设，打造了“多学科交叉”的10余门课程和3门年度综合能力实践课程。

新工科不仅对老师来说“新”，对学生来说也是同样如此。作为专业负责人，黄博对待学生始终耐心细致，做好学生的“引路人”。“刚进入机器人专业的时候，我们对于交叉学科的教学方式还不适应，课程压力很大。黄老师一直关心和鼓励我们，即使出差在外也不忘给我们批改作业，有次凌晨三点还在反馈作业批改的情况，这让我们非常感动。”第一届机器人工程专业毕业生曾嘉豪回忆道。

凭着这股对专业的精益求精和对学生的无私奉献，黄博带领专业老师投身机器人工程创新人才培养。截至目前累计培养300余名毕业生，机器人工程专业被学生们评为“零转出”的热门专业。黄博也多次受邀讲授新工科建设经验，为其他高校同行提供借鉴。

温暖领航　师者仁心助力学生成长

“与学生相处要保持‘两颗心’：一颗是爱心，要把每个学生当作是自己的孩子来爱护和培养；另一颗是年轻的心，要能与学生同频共振，知他们所想，予他们所需。”多年来黄博秉承着这样的信念为学生启智润心。

他担任班主任，学生生病时送药、失落时安慰、迷茫时解惑，毕业多年的学生想起与黄博老师的相处依然感动不已。黄博也多次获得“金烛奖”、优秀专兼职学生工作者称号，被学生评为“我爱我师——我心中的好老师”。

坚持立德树人，黄博始终如一坚守师者初心，用正能量引导学生。面对学生对于知识的渴求，黄博坚持严规格、高标准开设7门课程，每年为500余名学生授课解惑，授课对象涵盖机械专业、机器人工程专业、未来技术学院等多个学院本科生和研究生。机器人研究所团队建设中，黄博着力为年轻人创造良好的学术发展环境，从选题到论文写作他都倾囊相授，在他的带领下团队形成了敢想敢做敢为的学术氛围，多名学生在科创赛事中斩获金奖、银奖，1名学生获哈工大春晖创新成果奖。

时至今日，黄博及其团队依然在智能制造领域开拓创新，披荆斩棘。面向时代所需，黄博又有了新的方向：聚焦科技助农，助力乡村振兴，带领更多的年轻人领跑中国“智”造。

HARBIN INSTITUTE OF TECHNOLOGY, WEIHAI

SHIZHE
RUGUANG

钱宏亮

QIAN HONGLIANG

钱宏亮，中共党员，教授，博士生导师，全国五一劳动奖章获得者，山东省第十二次党代会代表。1977年11月出生于上海市，曾任国家“重大科学工程项目”——500米口径球面射电望远镜（FAST）结构系统副总工程师，主持多项国家自然科学基金和重点项目，获国家科技进步奖二等奖1项、省部级科技进步奖一等奖2项。获评“我爱我师——我心中的好老师”。

“我们的目标是星辰大海”

1996年钱宏亮考入哈尔滨工业大学土木工程学院，从此与结构工程结缘。他担任国家大科学工程——500米口径球面射电望远镜（FAST）结构系统副总工程师，历时8年全程参与项目预研、可行性研究和初步设计，提出了主动反射面柔性索网结构方案并完成密云30米望远镜模型试验。无论身份如何转变，他始终立足结构工程专业，紧盯国家海洋强国和山东海洋强省战略重大需求，坚持为中国建造打造“钢筋铁骨”。

立足结构工程　打造大国重器的“钢筋铁骨”

1996年，钱宏亮独自一人从上海坐了42小时的绿皮火车到达哈尔滨，从此开始了与哈工大的不解之缘。本科期间他担任过学习委员、班长，因学习优异被保送攻读硕士、博士学位。2003年5月，国家天文台FAST项目组向哈工大空间结构研究中心寻求帮助时，钱宏亮正在导师沈世钊院士的指导下攻读博士学位。

1994年，国家天文台提出建造FAST的设想，并组织国内多家高校、科研院所进行预研，当时哈工大并没有参与。“FAST反射面结构有三大特点：一是体型超级巨大，二是要求实时变位，三是超高精度要求。每一个特点对于工程技术都是巨大挑战，因此9年时间都没能找到合适的反射面结构方案。”钱宏亮讲道，“2003年7月，国家天文台FAST项目组看到沈老师的著作《悬索结构设计》，并且了解到沈老师的团队主持设计了很多重大工程，于是就向沈老师求助。我们的团队从那时开始参与FAST的预研工作。”

在导师沈世钊院士和范峰教授的带领下，钱宏亮参与到这个项目中来。经过3年的探索，对多种方案进行了详细的对比、研究和演算，团队创新性地提出了采用“整体索网结构+分离式背架结构”共同支承FAST主动反射面的总体方案。

2006年3月，研究团队在国际评审会汇报了哈工大方案，得到了国内外最权威的天文学家和结构专家的充分肯定。2007年1月FAST项目作为国家重大科学工程正式立项，哈工大作为第一合作单位负责反射面结构系统的初步设计。研究团队又经过4年深入系统的理论试验研究和技术攻关，解决了很多关键科学问题，FAST项目终于在2011年进入实施阶段。

为了选择适宜的工作面变位方案，课题组对备选的9种可能参数组合都选择了400多个代表性位置进行模拟，在研究几何尺寸、材料性能等结构随机参数对结构的影响以及结构疲劳性能时，使用统计学方法分别进行了10余万次的计算，提出了变位控制策略研究、风环境及风致响应、日照非均匀温度场及其效应、索网疲劳特性、结构参数敏感性分析等八大课题……每一步都没有任何参考，需要精密计算后提出并应用到工程中。在研究遇到瓶颈时，钱宏亮和他的团队成员常常在凌晨一两点还在想办法，甚至在眯一会儿时一旦有想法也会立刻清醒起来进行试验。

“类似技术上的难关有很多很多，现在记不清楚了。可去大窝凼，也就是FAST台址的那条山路，我却记得很清楚。”钱宏亮说。为了把地形地貌和地质情况全部摸透，他们常常要开车走三四个小时的山路，路的一侧就是随时有巨石滚落的悬崖，经常需要步行两三个小时到谷底查看。“不掌握第一手资料就不能拿出最准确、最科学的方案，因为一旦有丝毫疏忽，都会对整体结构工程产生影响，从而给党和国家造成巨大损失。”说起在贵州的那段时光，钱宏亮仿佛又回到了和团队成员一起奋斗的日子。

2016年，FAST建成投入使用，这一世界上口径最大最先进的射电望远镜被媒体称为“天眼”。它的成功落地，将中国的天文学带进了世界第一梯队。为了感谢哈工大团队在FAST超级工程中做出的杰出贡献，国家天文台将一颗小行星命名为“哈工大星”。

参与“天眼”项目的8年，钱宏亮和团队成员攻克了多项关键技术难关，解决了结构系统体型巨大、高精度和可实时变位三大技术难题，为中国“天眼”量身打造了“钢筋铁骨”。

潜心教书育人　愿做严谨治学的“大先生”

沈世钊院士曾为弟子们寄语“厚植笃行”，这四个字对钱宏亮影响深远。“做老师做学问，都要不断积累，厚植根基，才能做到高瞻远瞩，举重若轻，在服务社会的同时，不断提升自己。”

2007年博士毕业后，钱宏亮毅然投身威海校区的建设与发展，成为土木工程专业的创始成员之一，积极推动校区的专业建设和人才培养。

任教以来，钱宏亮始终坚守教学一线，承担多门核心专业课程的教学任务。他深受沈世钊院士“思路清晰、重点突出、概念清楚、语言精练”教学经验的影响，在“钢结构”“大跨空间结构”等课程中，通过设计真实的工程案例、提出关键的结构设计问题、引导学生深入讨论分析，提高学生独立思考和解决复杂工程问题的能力。他鼓励学生深入理解工程背后的力学原理和结构概念，而不仅仅囿于追求计算的精确度，努力夯实专业基础，才能在遇到不同情境的困难时灵活运用所学知识。

他坚持“因材施教”的理念，根据学生的兴趣、能力和学习进度量身定制教学内容，帮助学生找到适合自己的研究方向，并搭建各种平台托举学生成长。2023年，他指导的学生团队参加全国大学生结构设计大赛，在这项土木领域级别、难度和影响力最大的顶级赛事中从1200多支队伍中脱颖而出，以山东省第一名的初赛成绩进入全国总决赛，并在决赛中斩获全国一等奖。在他的引领下，空间结构研究生团队近年来获得国际、国家、省部级奖项15项，他指导的学生获得山东省优秀硕士/博士毕业论文、博士研究生国家奖学金、工信部创新创业奖学金、共青团中央研究生支教团成员、哈工大先进班集体、哈工大优秀团支部、优秀学生干部等多项荣誉。

他以自身成长经历、科研经历和项目经历为课程思政切入点，培养学生的家国情怀。他主动参加哈工大“八百壮士”精神宣讲团，宣讲哈工大“八百壮士”的爱国奋斗精神，主讲的党课“天眼望星辰　丹心昭日月”获评山东省优秀党课，被学生评为“我爱我师——我心中的好老师”。

奋力向海图强　面向“大海洋”工程学科目标

2020年，校区成立海洋工程学院，钱宏亮成为首任院长。他紧盯国家海洋强国和山东海洋强省战略重大需求，以“走在前、开新局”的使命担当，带动师生围绕“经略海洋”做大文章。

钱宏亮非常注重团队的培养与建设，他常说：“水涨才能船高。”在他的带领下，海洋工程学院不断壮大。依托机械、船舶、土木、力学4个一级学科，建设了山东省首个拖曳水池，积极推动学院多学科交叉融合，打造特色鲜明的船舶与海洋工程学科，凝练出高端船艇、智慧海洋牧场、海洋再生能源、水下航行器与海工装备等重点科研方向，形成了一支以山东省高校黄大年式教师团队为核心的优秀教师队伍。

他先后主持国家级、省部级等科研项目20余项，研究领域涵盖特种结构的各个方面，包括望远镜结构、大跨度体育场馆、高铁结构部件的服役安全、深远海养殖平台、水电站大跨度隔水幕墙以及海上新能源装置等。这些结构领域的“硬骨头”，都是钱宏亮带领研究团队重点攻关的方向。

在众多研究项目中，深远海养殖平台的研究给团队成员牛爽副教授留下了深刻的印象。针对深远海养殖装备网衣清理难度大、捕捞效率低、易受灾害威胁及综合成本过高等问题，钱宏亮常常与牛爽讨论结构方案至深夜，即便在航班上，他也不忘根据手绘图纸构思结构优化方案。正是在这种不懈的努力下，团队开展了结构体系创新、结构轻量化、流场控制、环境监测与主动避灾等一系列关键技术研究。自主研发的“可折展变形”平台，通过灵活的浮体设计，实现了网衣的自清洁、捕捞的高效化以及在遇到灾害时的快速避险等关键功能。这一创新方案不仅有效解决了深远海养殖装备的多项难题，还为深远海养殖产业的高质量转型发展注入了新的活力。

20多年来，钱宏亮用自己的行动践行着哈工大精神，他始终用“我们的征途是星辰大海”来激励自己和学生们，多年如一日地潜心科研构建起中国建造的“钢筋铁骨”。面向未来，他将继续坚守立德树人初心，服务海洋强国战略，瞄准国家重大需求，在铸造大国重器的路上不断奋力前行。

SHIZHE
RUGUANG

姜　杰

JIANG JIE

姜杰，民建会员，教授，博士生导师，国家重点研发计划首席科学家，山东省高层次人才。1978年8月出生于吉林省四平市，2009年于美国卡内基－梅隆大学完成博士后研究后进入哈尔滨工业大学威海校区工作，担任科技部重点领域咨询专家、中国仪器仪表学会分析仪器分会理事、威海市政协常委等。

精微铸器　树人报国

从大学时第一次与分析仪器结缘，到成功研制出国内首台微塑料专用检测仪，20多年来，姜杰始终奋战在立德树人、科研报国的第一线，为实现自己最初的梦想不懈努力。

立德树人　他将教育融入工作、生活的点滴之中

姜杰出生在吉林的黑土地，在国内取得博士学位后，赴美国卡内基－梅隆大学做博士后研究，2009年回国加入威海校区，成为一名大学老师。恰好赶上哈工大获批第一批卓越工程师培养计划实施高校，他在教学和科研实践中，不断探索优秀工程人才培养的新路径。如何带领不同知识结构和认知体系的年轻人走在科学仪器开发道路上、如何满足国家对工程人才的需求，是他每天必须思考的问题。

教学方面，姜杰坚持哈工大“厚基础、强实践、严过程、求创新”的人才培养特色，围绕本、硕、博融会贯通教育，融合课程思政和科研成果，逐渐形成“从课本基础理论出发，深度融合前沿科研成果，激发学生的创新思维”的教学理念，构建了“学位课、选修课、创新研修课、创新实验课”多维教学目标和课程，重视学生多维知识结构、创新思维和国际视野的学习能力培养。出版《环境仪器分析》和《海洋科学与工程类课程思政案例》教材，开设的本科课程“环境分析化学”获山东省一流本科课程和山东省本科高校黄河重大国家战略优秀案例，研究生课程“现代检测技术”获评山东省研究生教育优质课程、山东省课程思政示范课程。

学生培养方面，姜杰坚持以身作则，师生共创。即便教学、行政管理任务繁重，他依然坚守在仪器研制攻关的一线。从课题立项时的反复论证，到实验方案设计的亲力亲为和实验过程的亲自示范，从中间检查的反复研讨到论文发表的逐字推敲，姜杰都认真指导、严格把关。他经常提到团队建设、青年教师和学生的培养是团队发展的根本，2017级博士生张向楠表示："老师在生活中非常和蔼和宽容，但是对待科研，坚决杜绝投机取巧，要求每一个数据都要追根溯源，每一个结论都要反复验证。"在他的带领下，一批批学生逐渐成长起来，在全国大学生节能减排社会实践与科技竞赛等学科竞赛中获国家、省部级奖励共4项，校级奖励7项，学生们的论文成果在*Nature*子刊等国际著名期刊发表，指导的博士研究生获国家奖学金、山东省优秀博士论文、哈工大校优博提名等奖励，第一位博士生张洪已经成为山东省青年人才、哈工大（威海）特聘教授。

初心不变　他的成果"微塑料专用检测仪"填补国内空白

与分析仪器结缘，始于本科时的一次学术报告。姜杰回忆说："当时是去参加分析化学领域专家金钦汉教授的学术报告会，他分享了原创性微波等离子体炬光谱仪研发的艰难过程，做中国人自己的科学仪器的理念深深地吸引了我。"自此姜杰对分析仪器研制产生了极大的兴趣。

大四时，姜杰经过努力，在本科毕业论文环节进入了金钦汉教授的实验室学习，一待就是六年。作为实验室最刻苦的学生之一，他潜心学习仪器研制相关的知识，几乎放弃了所有休息日，常常半夜才回宿舍；从本科微波等离子体炬光谱仪的改进和应用，到研究生阶段从头开始离子阱质谱仪开发，从没见过质谱仪到自己研制的质谱仪第一次显示信号，经历了无数的日日夜夜和不懈坚持。博士顺利毕业后，姜杰申请了卡内基－梅隆大学的博士后，加入线性离子阱质谱发明人Mark Bier教授实验室学习先进质谱仪器开发。"当时就觉得，自己在质谱仪器研究领域还有很远的路要走，要想在这个领域真正取得突破，要去学习国外的先进经验，加以吸收再去超越。”这段异国求学经历，不仅让姜杰的专业知识和实践能力得到大幅提升，也培养了他的国际视野和跨文化交流能力。

来威海校区工作后，姜杰从头开始，开启检测仪器研发之路。主持“十二五”国家科技支撑计划课题的研发工作期间，姜杰自己设计图纸、编写控制软件、组装调试部件和整机，他说：“那台仪器上几乎每个螺丝都是我自己拧上去的。”那时，他和团队成员经常工作到凌晨，有时甚至需要通宵攻关。尽管艰辛，但他们从未放弃，而是以严谨的态度对待每一个细节，反复测试、调试，确保仪器性能达标。毕业多年后，2010级硕士张恒南依然记得当年跟姜老师做科研的情景：“那时候实验室条件还很艰苦，没有专门的工程师，研究生也很少，我们对仪器研制一窍不通，老师经常给我们开小灶，手把手教我们从原理到研制、从模块到组装。”

这一过程不仅磨炼了团队的意志，也让姜杰自身的专业技能得到了进一步提升。他始终坚信：“科研之路需要静下心来，沉住气，甘坐‘冷板凳’。”经过几年的艰辛努力，姜杰逐渐形成了自己稳定的研发团队，规划了面向国家重大需求和国际学术前沿的科研方向。面向国家重大需求，团队成功研制出首台基于电磁加热－质谱技术的微塑料专用检测仪，填补了这一领域的空白，并获得“十四五”国家重点研发计划项目支持，有力提升了我国在微塑料污染领域的话语权，为我国原创科学仪器提供了增量。

此外，课题组面向国际前沿热点，重点开展早期生命起源和化学反应机理等基础研究，初步成果发表在*Nature*子刊、*J. Am. Chem. Soc.*、*Angew. Chem. Int. Ed.*等行业顶级期刊。

团队成员一直记得姜杰说过的话：“科研需要不懈的努力和勇于创新的精神，虽然充满艰辛和疲惫，但解决实际问题、为国家发展带来直接推动，会获得巨大的成就感，带来不断前进的动力。”

向海图强　建设海洋科学一级学科博士点

作为哈工大一校三区办学格局的重要组成部分，威海校区提出面向海洋特色发展。如何依托校区特色打造本硕博人才培养贯通体系，如何开启“向海图强”的新模式，是姜杰作为学科带头人和院长一直在思考的问题。

姜杰多次前往中国海洋大学、厦门大学等海洋学科强校取经，了解学习海洋科学交叉培养模式，经过多次论证，确定了学科以“面向国际学术前沿和国家重大需求，海洋资源与环境为特色，立足理学，理工结合，发挥工科优势”为指导思想。逐步构建起“海洋水资源与水生态”“海洋生物学及资源利用”“海空天立体观测网”“海洋生态环境与数字海洋”“海洋能源绿色循环利用”与“海洋材料化学及材料深加工”6个特色研究领域协同发展的学科架构，凝聚校区交叉学科力量建设海洋学科，成功获批山东省优势特色学科，为校区发展带来了山东省的政策和学科建设经费支持，最终推动海洋科学博士点成功获批，这也是哈工大第一个布局在校区的一级博士点。

如今，该学科已形成贯通本硕博培养链条的课程体系与科研平台，拥有海洋新材料与智能装备国际联合研究中心、山东省示范工程中心、山东省基础科学培育中心等多个国家级和省部级科研平台，为学科发展提供保障。

近年来，在姜杰带领下，学院各科研团队承担国家重点研发计划、国家自然科学基金、山东省重大创新工程等多项国家及省部级科研项目，并取得了一系列具有国际影响力的重大成果，在*Nature*子刊、*Science*子刊等著名期刊发表高水平学术论文多篇。

面向未来，姜杰充满信心：“在建设海洋强国的征程上，我们既要做好乘风破浪的开拓者，更要成为薪火相传的播种人！”

HARBIN INSTITUTE OF TECHNOLOGY, WEIHAI

SHIZHE
RUGUANG

王大方

WANG DAFANG

王大方，中共党员，教授，博士生导师。1978年1月出生于辽宁省沈阳市，1996年考入哈尔滨工业大学车辆工程专业，2001年提前留校任教，2008年获得北京理工大学博士学位。现任中国汽车工程学会常务理事，汽车先进动力系统分会委员，专用车分会委员，中国电工技术学会电动车辆专业委员会委员。获评“我爱我师——我心中的好老师”。

始于青衿　成于师者

作为汽车工程学院搬迁至威海后的第一届本科生，王大方已经在哈工大（威海）的校园里度过了近30年的时光。从学生到院长，从青涩学子到如今的教授、博士生导师，他与母校一起成长，一起进步，用青春与奉献谱写了属于自己的奋进之歌。

“汽车是我选择的命运”

王大方与汽车结缘始于1996年填报高考志愿那天。“读书报国，男生要学工科”是王大方心中的执念，而哈工大一直是他的奋斗目标。20世纪90年代末，计算机已经是热门专业，在家人的参谋下，王大方第一志愿填报了计算机，第四志愿才是汽车。但在提交志愿的前一刻，他却突然改变了填报顺序，把汽车放到了第一志愿。他认为：“学汽车，可以多动手实践，更符合自己的报国心。”

近30年过去，王大方还记得当年怀着一腔期待踏进校门时心里的落差：“三栋略显陈旧的教学楼静立眼前，与想象中的大学校园颇有差距。”不过天性乐观的王大方很快释然，这位工科生逐渐发现，质朴的校园恰能屏蔽外界纷扰。“这里是一个特别适合学习的地方，老师们认真负责，外在的环境又不那么喧嚣，我能更好地专注在自己想做的事情上。”

四年本科期间，王大方始终保持着专业第一的成绩，于2000年获得保研资格。本科忙于学习的王大方，却在研究生阶段展现出另一面——当选学生会主席后，他的日程被各类活动填满：学术沙龙、文艺会演、校际联谊……他策划了2001年校园十佳歌手大赛，凭借个人口才从联通公司争取到万元赞助，将一部彩屏手机设为冠军奖品。这个在按键手机时代堪称“黑科技”的奖励，至今仍是校友津津乐道的校园传奇。

在学习和学生工作中都做得非常出色的王大方逐渐爱上了威海这座城市，并将人生坐标永久锚定在这片海滨校园。他说：“从1996年开始，我一直在威海校区度过，在这里读书、工作、结婚、生子，这里就是我的家。”

“讲门好课是做老师的基本”

留校工作后，王大方先后承担了“汽车专业英语”“汽车构造”等课程的教学工作。他从听课开始，一点点打磨自己的教学基本功，因为他始终坚持：“讲门好课是做老师的基本。”

在开始主讲“汽车构造”时，讲完课，他不能确定学生有没有听懂，对内容理解了多少，就给学生发放调查问卷，通过反馈了解学生的掌握情况，从而提升自己的授课水平。在不断摸索中，他逐渐形成了独特的教学方法：课前根据教材重点与科研经验筛选授课内容，课堂采用“回顾—框架—总结”三段式结构，课后持续追踪学生学习效果。为打磨这门课，他花费三年时间优化课程体系，最终实现教材内容与课时安排的精准匹配。

如今在课堂上，从学生的眼神和表情等反应中，王大方已经可以轻松了解学生对讲授内容的理解程度，并根据学生的反应及时调整课程进度以及讲解内容。

但他始终没有忘记，如今在课上得心应手的他，当年曾有过怎样狼狈的过往。初上讲台，王大方每天为备战课程全力以赴，可是学生的反馈却给他泼了一盆冷水，打得他措手不及。“学生反映我的语速太快，跟不上。”

为克服这一障碍，汽车工程学院前辈赵桂范老师对他展开了一对一的“集训”。“赵老师找一间小教室，与我并肩站在讲台上，她说，我们现在来讲课，你跟着我说，我说一句，你说一句。”一老一少就这样对着空无一人的教室，一句一句地死抠语速语调，赵老师不时提点王大方：“声音再大一点。”“再稍微慢一点。”“好，就是这样。”

集训过后，王大方慢慢把握好了上课的节奏，课讲得越来越精彩。回忆当年，王大方心里充满了感恩与追思：“那是我成为教师的关键一课，赵老师已经故去多年，我至今非常感念她。”

近年来，王大方主讲的“车载网络技术”成为学院热门选修课。针对这门实践性极强的汽车前沿技术课程，他创新采用“实验室实景教学”模式——手把手指导总线通信协议调试，并要求当堂复现操作流程。这种与企业需求深度接轨的教学设计，为车辆工程方向学生增加了就业底气。

“突破技术封锁是哈工大人的责任与担当”

除了潜心教学，王大方一直坚持科研育人的初心。2015年，他创立了智能电动车辆研究所，聚焦智能电动车辆控制与仿真研究。

研究所瞄准高性能电机模拟器这一科研难题，持续攻关，最终成功突破国外的技术封锁。

王大方介绍说，电机模拟器是一个多速率且离散的高动态随动控制系统，其中涉及多个不同速率系统的耦合。在高速、超高速模拟过程中各系统稳定配合是一大难题。他和团队成员广泛阅读国内外文献，经过无数次分析，创新性地提出一种基于迭代嵌入的多速率系统建模和稳定性分析方法，可使电机模拟器在超高速下保持系统精度。

经过7年的持续攻关，团队自研的具有自主知识产权的电机模拟器达到国际领先水平，相关成果发表在TII等顶级期刊上。该成果顺利通过了中国汽车技术研究中心的三方认证，关键性能指标达国际领先水平，实现进口替代。该设备已为国家新能源汽车技术创新中心供货，获华为采购订单，并应用于潍柴电驱动系统测试，王大方和团队“技术突围—指标突破—产业落地”的创新闭环，也驱动着国产汽车关键技术自主化进程。

目前，王大方团队已承担15项省部级科研项目，获授权发明专利44项，发表SCI/EI论文30余篇，累计到账经费达8000万元。团队与一汽、华为、兵器集团、潍柴、采埃孚、联合电子等行业内龙头企业进行深度合作，在产学研用方面走在前列。

“我要为学生开辟一片‘跑马场’”

谈起学生培养，王大方自始至终以高度的政治素质践行教育的正确方向，为团队营造了积极向上的学术氛围。多年来，他坚持从每个项目收益中抽出20%左右购置实验设备。“这对学生培养很有用，我希望给他们更好的环境和空间，为他们开辟一片跑马场，让他们每个人都跑出最好的自己。”

“身为哈工大学生，你们不仅要高标准完成学习和科研任务，更要高规格把握研究生阶段的科研方向，把科研发展与国家重大需求结合起来。”王大方在例会上经常这样叮嘱学生。

他重视学生独立思考、敢于质疑的能力。例会上，每位参会同学都要提出自己的问题，他认为：“能提出问题本身就是学习的过程和能力的培养。我们要做到为每个学生提供成长平台，让每个人都能在项目组里实现自己的价值。”

他重视在实践中培养学生的创新能力，鼓励学生不仅要精通自己的专业领域，还要拓展其他领域的知识。团队走出了一批批优秀的本、硕、博学生，如今在南京理工大学工作的王明玉特别怀念在团队的时光，“在团队的学习经历深深影响了我，我现在带学生就是在延续实验室的风格。”

薪火相传，生生不息，这就是王大方作为师者最幸福的事。

“打铁还需自身硬”

作为汽车工程学院院长，王大方肩负着推动学院发展的责任与使命。

他深入思考汽车学科的发展之路，并总结了学科发展要经历的三个阶段：

一是打铁还需自身硬，内部首先要强，人、指标、成果要出彩；二是背靠大树好乘凉，跟国家级平台紧密合作，提升自身水平和影响；三是鱼跃龙门放金光，以自己的力量为核心，依托哈工大的资源，牵头申报高层次平台。“一旦到了这个层次，学科就真正壮大了。”

进入汽车领域近30年，他对中国汽车行业发展经历的各种浪潮如数家珍，对国产车的崛起充满信心。“中国的汽车发展势头很猛，一旦我们在发展的关键点上控制好，就可能会产生压倒性的优势。”

“学科的发展，产业的未来，任重而道远。但只要齐心协力，我们期待的那一天总会到来。”他认真地说。

从本科生、研究生到教授、博士生导师，王大方亲身经历和见证了校区发展的30年。“这些年，亲眼看到学校从校园环境到招生质量、师资队伍等各个方面都有了翻天覆地的变化，能与母校一起共同成长，感觉特别骄傲。”面对未来，王大方将一如既往、步履不停，在与母校发展、国家需要同频共振的征途上，继续贡献自己的力量。

HARBIN INSTITUTE OF TECHNOLOGY, WEIHAI

SHIZHE RUGUANG

王剑锋

WANG JIANFENG

王剑锋，中共党员，研究员，博士生导师，山东省青年人才。1980年4月出生于山东省文登县（今威海市文登区），获得2020年教育教学“校长奖”青年教师卓越奖，2021年被授予山东省教育系统优秀共产党员荣誉称号，2022年王剑锋科技创新工作室被评为山东省教育系统劳模和优秀人才创新工作室。

造辆好车去追梦

悉心培育，将哈尔滨工业大学（威海）大学生方程式赛车队（以下简称HRT车队）打造成中国最优秀、创新能力最强的车队之一；践行立德树人根本任务，立志为民族汽车行业培育创新型人才；坚守“为党育人、为国育才”初心，探索学生思想政治教育与科技创新双向融合……汽车工程学院青年教师王剑锋，工作20多年来始终带领学生行走在追梦的路上。

白手起家　以赛车梦助力中国梦

1999年，王剑锋怀着设计制造一辆有自己基因汽车的梦考入哈工大（威海）车辆工程专业，2003年毕业后留校担任汽车学院工程实验教师。

2009年，得知要举办首届中国大学生方程式汽车大赛，2007级车辆工程专业学生杨昌龙找到王剑锋，想成立车队参加首届中国大学生方程式汽车大赛。王剑锋被同学们心中有梦、眼里有光的样子所触动，答应做车队的指导老师，续写那个一直深埋在自己心底的“汽车梦”。

缺场地，就在车间借一个小房间作工作室；缺资金，积极寻求学院、校友各方支持；缺造赛车经验，老师和同学们一起努力。王剑锋带领队员们攻克了发动机、变速箱设计改装、车身工艺设计、加工成型等主要技术难题，反复研讨解决方案，反复验证又反复推倒重来。

2010年10月，他们带着亲手造的宝贝赛车奔赴首届中国FASE赛场，一举夺得最佳外观、最佳视频、年度综合奖三项大奖，总成绩排名全国第七。

2012年车队第一次走出国门去日本参赛。耐久赛前三小时，悬架碳纤维杆连接结构脱胶，王剑锋带领大家沉着应对，用借来的材料和临时改进的应急方案，在最短的时间里修好悬架，通过裁判车检，顺利完赛。第一次把哈工大的名字写在国际赛道上。

2015年，HRT车队荣获“哈工大五四奖章”。

2017年，获得共青团中央颁发的“小平科技创新团队”奖。

2019年，获得全国互联网+大赛铜奖、工信部创新创业特等奖。

2016年和2023年两次获得大学生方程式大赛和巴哈大赛“双冠王”称号。

截至2024年，车队共设计制造50辆赛车，获得8个冠军、9个亚军、6个季军，累计获得国际和全国大赛奖项近300项。

他们制造了国内首例碳纤维单体壳车身，最早研发大学生方程式赛车气动换挡系统，碳纤维轮辋、组合碳纤维进气管等多项创新技术获得国家发明专利授权。

他们成立公司，生产的铝合金旋压轮毂被很多高校的车队用在自己的赛车上，累计交付各类零配件510件，斩获“工信创新创业奖学金”特等奖等10多项创业奖。

作为校区创新型人才培养的重要平台，HRT车队从最初的20人小团队，发展成为涵盖汽车、机械、材料、计算机、管理、交通等多个学科200余师生的团队。2000余名毕业生从这里走向世界各地，有的进入知名企业成为汽车制造业领军人才，有的进入国内外知名高校继续深造，为科技强国建设持续注入青年力量。

从最初的造辆好车去夺冠，到赛车梦助力中国梦，HRT车队已经成为哈工大威海校区育人的一张闪亮名片。

立德树人　培养创新型人才

在学院工程实验中心，王剑锋一干就是20多年。作为工程实验老师，他每年承担4门本硕实践课程以及各类专业实践课程的指导工作，作为项目负责人获得山东省教学成果二等奖和山东省研究生优秀科技创新成果三等奖。

他总结多年的培养经验，构建起以大学生方程式赛车为驱动的新工科人才培养体系，探索出“教学—赛车—科研”三者相互促进、多学科融合的工程实践指导方法，全面提升学生的专业能力和综合素养，培养理论与实践相结合、能够解决复杂工程问题的新工科人才。赛车的设计制造需要用到许多学科的知识，同时车队的组织运作又要用到团队组织、成本控制、市场营销等方面的知识。HRT车队为来自不同学院、不同专业、不同年级的学生提供了一个很好的公共实践创新平台。队员们在完成所学专业系列课程的基础上，参与到赛车的策划、宣传、设计、制造到比赛的全过程，激发了多学科交叉融合的创新意识和学习兴趣，也提高了队员们的团队合作意识和能力。

他积极探索学生思想政治教育与科技创新双向融合，2012年成立赛车队团支部，2022年成立大学生赛车队党支部，在队员选拔、过程培养、备赛参赛、科普教育各个环节融入思想教育，用老一辈哈工大人艰苦奋斗、追求卓越、勇于创新的事迹和“规格严格，功夫到家”的校训精神，培养了同学们越挫越勇的精神、坚定的理想信念和深厚的家国情怀，将“造辆好车去夺冠”的赛车梦，升华为振兴中国汽车制造业的“汽车梦”，鼓励青年树立推动“中国制造”转型为“中国智造”的理想。

他积极参与学院学生培养教育工作，先后担任7个班的班主任，目前还同时担任2个班级的班主任工作。由于工作表现突出，他多次获得“优秀班主任”称号，两度获得优秀毕业班主任“金烛奖”。

爱岗敬业　发挥党员先锋模范作用

多年来，王剑锋坚持深入研究汽车领域前沿问题，主持参与10余项科研项目，荣获威海市科学技术一等奖，近年来以第一作者发表SCI论文9篇。他组建智能与特种车辆研究所，围绕特种车辆的底盘设计与智能化控制进行研究，多项研究成果在企业转化落地。

2018年起王剑锋开始担任汽车工程学院副院长，负责学院科研管理工作。他深入青年教师了解大家在科研方面的“急难愁盼”问题，结合学院实际积极谋划，多方寻找资源，为老师与企业和研究院所牵线搭桥，整合学院科研团队，优化科研资源配置。在他的努力下，学院科研经费大幅度提升，实现历史性突破。

他兼任学院实验中心主任期间，通过联系企业和校友，积极拓展实验室设备更新的途径，共获得价值600多万元的捐赠实验设备，实验中心获得2017年哈尔滨工业大学“立德树人先进团队”荣誉称号。

对于新时代创新人才的培养，王剑锋表示，必须坚持基础理论与工程实践相结合，瞄准新能源智能汽车领域的关键技术，为学生提供充足的实验条件。他说：“要让学生在造辆好车的过程中锻造成才。”

HARBIN INSTITUTE OF TECHNOLOGY, WEIHAI

SHIZHE
RUGUANG

马秀娟

MA XIUJUAN

马秀娟，中共党员，教授，硕士生导师，山东省教学名师，哈工大教学带头人，教育部普通高等学校教学工作审核评估专家，山东省电工学研究会副理事长。1964年8月出生于黑龙江省五常县（今五常市），1999年调入哈尔滨工业大学威海校区，2008年获宝钢优秀教师奖。

让课堂成为育人的“强磁场”

人人都有梦想，马秀娟的梦想是长大后当一名老师。从小学到高中，这个梦想一直激励她刻苦学习，最终从北方一个农村考取到北京理工大学。大学四年马秀娟对学业丝毫没有松懈，学习成绩一直保持优秀，取得保研资格到哈工大攻读硕士研究生，1990年毕业后留校任教。

童年的梦想终于变成了现实，她下定决心努力做一名好老师，一名能影响学生的好老师，就像自己在求学路上曾经遇到的许许多多好老师一样。

潜心教学研究　打造精品课程

从教30余载，马秀娟一直致力于电工学的课程建设。2001年“电工学重点课程建设”项目在哈工大立项，马老师负责教案和补充教材的编写、实验讲义的完善和CAI课件的制作。该项目获得哈工大2003年教学成果二等奖，同年又获得黑龙江省教学成果二等奖，成为当时校区教学方面获得的最高奖项。2007年马老师作为课程负责人主讲的“电工学”课程被评为山东省精品课程，成为校区四门山东省精品课程之一，并被推荐申报国家级精品课程。

2004年信息学院机构调整，组建基础教学部，马老师成为这个年轻集体的负责人，负责全校电类和非电类专业学生的电专业基础课程的教学安排和教学质量，她还和刚入职的两位老师一起担负着近600人的非电类专业学生的电工学的教学任务。她非常重视对青年教师的培养，为每一位从事教学工作的青年教师制订培养计划，并对课堂教学、批改作业、辅导答疑、指导实验、评阅试卷各个环节进行精心的指导，同时还在生活上给予青年人关心关爱。在她的悉心指导下，青年教师快速成长，多人站上教学基本功大赛的领奖台。

青年教师井岩2003年春报到时正值“非典”，一到校就被隔离在招待所。马老师天天打电话安慰她、鼓励她，隔离期满出来的第一天就请她去家里吃饭。如今井岩已经成长为课程骨干教师，2017年在第二届全国高校青年教师电工学课程教学竞赛中获得特等奖，2020年获得校区首届教育教学“校长奖”青年教师卓越奖。

在马秀娟的带领下，校区的电工学课程按照精品课程的标准持续建设，2019年“电工技术”首批申报就成功获评山东省一流线下课程。

为提高学生的实践动手能力，马秀娟主编了44万字的《电工电子实践教程》，参编《可编程控制器》等教材。她始终奋斗在教育教学改革的前沿，主持山东省教育厅“电子设计自动化实践课程体系建设及实践基地建设”等教研项目，指导并参与山东省重点教研项目“四课一堂多维混合式教学模式创新研究”和“山东省电子设计自动化实践课程体系建设及实践基地建设”以及校区“AI+电工技术课程教学的创新设计与实践”及“电工技术课堂教学改革示范课程”等教研项目，参与黑龙江省教育厅“基于MOOC课程教学模式的电工学课程改革与建设”和“山东省急需领域拔尖创新人才培养”等项目，在核心以上期刊发表教学研究论文十余篇。

兢兢业业教书　勤勤恳恳育人

马老师在教学中兢兢业业，注重因材施教，保证教学质量。因为对事业的热爱，她把课堂教学作为艺术品打磨，每一堂课、每一个知识点都精心准备、反复雕琢，深奥枯燥的“电工技术”和“电子技术”课程变得清晰易懂，甚至妙趣横生。她备课认真，讲课投入，在校区督导专家组评教和院系教学质量检查活动中均获优秀。老教师都说：“马秀娟讲课是一把好手。”

在学生眼中，马老师是一名治学严谨又幽默诙谐的严师，循循善诱为学生授之以鱼，更授之以渔，传授的不仅是知识，更是思维的方式和学习的方法。马老师的教学一直深受学生们好评，学生评教均为A^+和A，学生经常说，上马老师的课只会觉得时间过得太快，酣畅淋漓、意犹未尽。

2020年新冠疫情突发，学校决定网络授课，这对马老师来说还是个新鲜事物，最初也有过畏缩，但一向不服输的马老师决定“笨鸟”先飞。她早早下载了各种教学应用软件，认真研究、比较每种软件的特点、优势、方法和技巧并反复测试，遇到问题就向年轻教师请教。功夫不负有心人，马老师圆满地完成了一学期的网络授课任务，也得到了学生的高度认可，学生们说：“马老师的课堂‘干货’满满、互动热烈，她对课堂高度负责，课前一次次叮嘱我们上课的内容和课程的资料，课后调研我们的接受度和反馈意见，力求让我们有最好的‘云端’体验。”

教师的职责不仅是教书，更重要的是育人。马老师在教学过程中注重课程思政，在加强学生品德修养、培养学生奋斗精神和增强学生综合素质上下功夫，积极引导学生健康发展。课间休息时，马老师会和同学们一起品读古诗词，从自然之美聊到家国情怀，将思想教育丝滑融入。“听马老师讲课你会超级崇拜她，听马老师品诗你会深深爱上她。”“马老师的课堂是严谨的工科课堂，而课间却是一场小型的‘诗词大会’。”

马老师不仅带好带强自己的教学团队，培养好自己的学生，还心系威海校区青年教师的成长和进步。作为校区学术委员会成员和教学指导委员会成员，她公平公正参与校区职称评定、人才选拔、评奖评优、教研项目论证验收等工作。作为督导组组长，她保质保量完成听课、巡考、教学档案检查等各项督导工作，每次听完课都会耐心与青年教师交流，肯定其优点，指出其不足。

坚持科研梦想　矢志追求卓越

虽然教学工作量很大，而且已结婚生子，但为了提高自己的学术水平，1996年马秀娟毅然决定攻读博士学位，继续深造并开展科学研究。

在马老师参与过的科研项目中，最辉煌的当属“小卫星星务管理系统设计及可靠性研究”。这是国家高技术研究发展计划航天技术领域（863–2）重点课题“微小卫星一体化总体技术”中的一项关键技术。

1996年哈工大的小卫星研究刚刚起步，马秀娟师从我国小卫星专家马兴瑞、曹喜滨两位教授攻读博士学位，有幸参与了哈工大自主研发的中国高校第一颗小卫星“试验一号立体测绘小卫星”的课题研究，经历了从论证、申请到研制的全部过程。这段读博的经历，让马老师对哈工大人的责任与担当、对“规格严格，功夫到家”的校训都有了更深的理解，并在以后的教学工作中努力践行。2004年4月哈工大牵头研制的“试验卫星一号”发射运行成功，消息传来，马老师激动不已。

为了能够在该方向上继续研究，2004年马老师又申请了黑龙江省博士后基金，主要研究小卫星星务管理系统可靠性分析与优化设计。后来又参与了863项目“空间激光数字通信技术控制分系统”和校区基金项目“一维扫描激光雷达汽车防撞装置”的研究。

马老师不仅孜孜追求个人科研能力的精进，更倾注心血培育未来的科研领军人物。近年来，她指导团队成员紧跟校区海空天无人系统体系的战略布局，聚焦无人装备先进能源保障的核心技术和科学难题开展深入探索。近五年，团队成员获批国家自然科学基金3项、国家科技重大专项和省重点研发计划课题各1项，发表中科院一区Top期刊论文15篇，获发明专利授权10余项。她累计指导硕士研究生37人，其中硕士生武帅在哈工大继续攻读博士学位，于2023年毕业留校任教，现已入选哈工大青年拔尖人才和省级青年。

从教34年来，马秀娟潜心教学与研究，秉持匠者之心不断精进教学水平，立足教书与育人，坚持严管厚爱为学生点亮启航明灯。“教育的真谛是忘记一切所学，最后剩下的东西。”她常常思考这句关于教育的箴言，也希望一批一批走进校园又走向社会的学生，能够始终牢记诚实守信的做人原则、追求卓越的做事态度以及服务社会的责任和使命。

HARBIN INSTITUTE OF TECHNOLOGY, WEIHAI

SHIZHE
RUGUANG

王晨旭

WANG CHENXU

王晨旭，中共党员，教授，博士生导师。1977年10月出生于河南省淮阳县（今周口市淮阳区），1997年考入哈工大，2004年到哈尔滨工业大学威海校区工作。威海市优秀教师，两次获评哈工大（威海）优秀共产党员，获评哈尔滨工业大学立德树人先进个人标兵，获省部级以上科学技术奖励2项。获评“我爱我师——我心中的好老师”。

飞天探海的筑梦人

连续5年学生评教A$^+$，搭建整合电子信息联合创新平台，参与建成国内首个海洋探测技术博物馆，托举国内首个面向海洋目标探测识别的通遥一体化卫星星座“威海壹号”成功飞天，为海洋强国再添利器……

在信息科学与工程学院院长王晨旭教授看来，大学教师与学生之间应该是一种伙伴关系，相互尊重，教学相长。学习成绩不是衡量学生的唯一元素，每一个人都应该在大学里享受成功的喜悦。

结缘哈工大　苦练真功夫硬本领

1997年，王晨旭怀着对哈工大的向往和航天报国的梦想，从河南淮阳中学考入哈工大，进入航天学院航天电子与光电工程系学习。

辅导员老师和他的第一次谈话让他记忆犹新：“大学不是终点，而是崭新的起点，大家要努力学习，掌握本领，对得起青春和未来。”

硕士生导师说过的话——“科研没有捷径，每一步都要经得起推敲”，如今已成为他学术生涯的座右铭。

读博士期间，哈工大“立足航天、服务国防”的使命深深影响了他，“精益求精，永不言弃”的信念从此指引着他的科研行程。

王晨旭说：“课堂上老师们对公式推导的每一处细节都‘锱铢必较’，实验室里老一辈教师为攻克技术难题通宵达旦，参与研发项目时团队在极端环境下反复试验上千次，只为将性能提升1%……这些对学术的敬畏执着和追求极致的细节，让我知道了‘规格严格，功夫到家’的校训不仅是学术标准，更是一种做事态度。”

结缘哈工大，以规格严格练就真功夫、硬功夫，王晨旭说自己很幸运。而他本科所在宿舍8人中，有4人保研、4人考研，如今5人在高校工作，其中2人为国家级高层次人才。

“个人的努力固然重要，但在哈工大所学的知识、所受的锻炼是我们事业上取得进步的根基。”王晨旭说。

扎根黄海之滨　传承哈工大精神

硕士毕业后，王晨旭满怀对教师职业的热爱和向往来到黄海之滨。那时的威海校区正处在扩大规模的关键期，美丽的校园里到处都是生机勃勃的景象。从学生到教师，身份的转变让王晨旭既忐忑不安又无限憧憬，他下决心要成为学术研究的探索者，更要成为哈工大精神的传播者。

传承信息学院重视教学的优良传统，他主动向许承斌、张秀珍等老一辈教学带头人学习，认真对待每一堂课。“许老师有一句非常朴实的话我一直记在心里：如果备课时你有一种迫不及待想要上讲台的感觉，那就是备好课了。”他备课认真，每次都是迫不及待走上讲台。

王晨旭讲课很有激情，同时又坚持“规格严格”。一次在批改学生作业时，他发现许多同学在同一处公式推导上“偷懒”，便专门用一节课的时间重新讲解。王晨旭告诉学生：“工程问题容不得半点马虎，今天的‘差不多’，可能就是明天的‘差很多’。”许多学生毕业后反馈，正是这种“较真”的态度，让他们在工作中受益匪浅。

王晨旭特别重视实践教学环节和学生科技创新能力培养。他与学工部门联动，带领学院实验中心骨干教师整合建立了大学生电子信息联合创新平台，覆盖8个学院22个专业，形成“科创启蒙-科技立项-学科竞赛-科研项目”“四段进阶”“科教融合”的“金字塔式”创新教育模式。每年有1000余名学生在这个平台上学习，现已成为校区学生科技创新的重要“大本营”。

为了能够让学生有更好的创新实践平台，他先后促成学院与中科院自动化所、国家专用集成电路设计工程技术研究中心（青岛）、中科院微小卫星创新研究院、Xilinx等国内外知名企业签订实习实践协议，带领学生参与实际项目。一名去华为工作的学生返校时说："工作后才真正明白，哈工大教给我们的'功夫'，是沉得下心、扛得住事的底气。"

作为导师，王晨旭深知"育人"比"授业"更重要。在课题组，他既要求学生在实验数据上"零误差"，也鼓励他们关注行业痛点，树立"国之所需，吾之所向"的志向。曾有一名研究生因实验屡次失败而沮丧，王晨旭陪他一起复盘问题，并分享自己当年失败的案例。后来这名学生在毕业论文致谢中写道："老师教会我的不仅是技术，还有如何在挫折中坚守。"

课堂、实验、班会、组会、思政实践，王晨旭的思政教育随时随地开启。他将自己多年来的研究工作经历和经验融入课程思政，通过价值引领升华学生的爱国心；专业导论课上讲述当前制约我国芯片产业进步的瓶颈，提升学生的职业认同感与爱国心；参加学生党支部活动时他和同学们一起学习时代楷模刘永坦院士的先进事迹，引导学生党员胸怀国之大者、为国家科技自立自强交出青年一代的答卷；他参与建设国内首个海洋探测技术博物馆，引领更多青年学子树立逐梦深蓝的远大志向。

面向国家重大需求　托举"威海壹号"飞天

王晨旭本科学的是"电子科学与技术"专业，后来更名为"微电子科学与工程"专业。作为现代信息技术的基石，微电子技术以半导体集成电路为核心，是我国正在大力发展并急需人才的重要专业。2003年校区"微电子科学与工程"专业开始招收本科生，王晨旭和同事们一起，搭建课程体系、设计培养方案、建设实验室，燕子筑巢般一点点建起这个新专业。同时，他围绕超大规模集成电路设计、智能感知与无人系统和海洋物联网开展研究，先后主持了国家自然科学基金、山东省自然科学基金、中科院战略先导专项

A类项目等省部级以上课题10余项。

如何将所学用于国家所需，是王晨旭选择科研方向首先考虑的问题，而哈工大人“只要有一颗纽扣就想给国家做一件大衣”的担当给了他探索的动力。2015年，校区提出“面向海洋，特色发展”战略，王晨旭一直在思考如何让航天电子学科在海洋领域发挥作用。在周志权教授的团队里，他的问题有了答案：那就是把“天”和“海”连在一起，把哈工大的航天优势和海洋应用结合起来。

从2018年起，王晨旭积极推动“太空与海洋创新发展高峰论坛”在威海举办，汇聚全国的院士专家交流探讨航天科技助力海洋强国建设。“在跨学科的思维碰撞中，我们逐步完善了海空天一体化对海观测综合试验平台，孕育了‘威海壹号’卫星的蓝图。”

2021年，在威海市环翠区挂职科技副区长的王晨旭，积极主动了解地方经济发展需要和企业痛点需求，融入推动威海市远遥浅海科技湾区建设，推荐校区三位专家担任环翠科技企业副总，促成了校区和环翠区多项成功合作案例。一年多的挂职工作更加坚定了他把科研成果应用到地方发展、实现把“论文写在祖国大地上”的报国志向。

2021年10月，“威海壹号”卫星项目获批。王晨旭一方面参与卫星智能感知模块的研发，一方面作为主要负责人之一对项目进行统筹。时间紧，任务重，没有现成的经验可以借鉴，其中爬坡过坎的难度和压力都是前所未有的。研发进入倒计时，有一天王晨旭突然感觉胸口不舒服，被大家送到医院抢救。醒来后，医生建议住院观察一段时间，但为了不成为项目研发进度的“瓶颈”，王晨旭坚持出院。“医生说要出院的话，安全问题你自己负责。我说没问题，我自己签字。”

每次遇到困难，王晨旭都咬紧牙关，坚决顶住。“一方面是团队给予我巨大的支持，另一方面也是早已入脑入心的‘精益求精，永不言弃’的精神成为我的力量源泉。”

2024年2月3日，承载着研究人员心血的“威海壹号”01/02星搭乘“捷龙三号”运载火箭在广东阳江成功升空，并顺利传回数据。王晨旭和团队成员又进入了新的工作阶段。“要让卫星更健康更长期地在轨运行，要把卫星获取的数据更好地利用起来，还有很多工作要做。”

在威海校区工作22年，亲历了校区的快速发展，当年白手起家建立的专业获批省级“双一流”专业，昔日指导的学子现已成长为集成电路行业的技术骨干，凝结了多年心血的“威海壹号”卫星已经在浩瀚星空发挥作用……王晨旭说：“很光荣，我是一名哈工大教育工作者。”

在这片充满希望的热土上，他愿继续以海纳百川的胸怀践行“规格严格”，用勇立潮头的担当诠释“功夫到家”，继续书写新时代哈工大人的蓝色篇章。

HARBIN INSTITUTE OF TECHNOLOGY, WEIHAI

SHIZHE
RUGUANG

初佃辉

CHU DIANHUI

初佃辉，中共党员，教授，博士生导师，山东省高层次人才，国家重点研发计划项目首席科学家。1970年5月出生于山东省昌邑县（今昌邑市），目前任哈尔滨工业大学计算学部副主任、哈尔滨工业大学（威海）计算机科学与技术学院院长兼软件学院院长。

以“互联网+”为学生成长赋能

30多年来，初佃辉扎根黄海之滨，服务齐鲁大地，从“讲台新兵”成长为知名专家，深耕服务计算与智能软件服务工程领域，致力于以“互联网+”赋能产业升级，推动校区计算机学科全面发展。

夯实专业基础　培养创新人才

1995年，初佃辉从哈尔滨工业大学毕业，来到当时条件还很艰苦的威海校区。他牢记毕业设计指导老师和教研室主任的教导，坚持“为人师表、身正为范”，首先过好“教学关”。

初佃辉先后承担计算机实用基础、数据库系统及应用、C语言程序设计、FoxPro程序设计、程序设计方法、软件工程等多门课程的教学工作，参与《计算机文化基础》《计算思维导论》等教材的编写，手把手带着学生写代码、编程序。担任行政工作后，他依然坚持站稳讲台，始终将学生培养放在首位。近年来，他参与的教学研究项目获得国家教学成果一等奖1项、二等奖1项，获得山东省教学成果特等奖2项、二等奖1项。

计算机专业重理论更重实践，初佃辉特别重视学生实践能力的提高。他积极推动校企合作，与华为、浪潮、百度等知名IT企业建立起紧密的联系，聘请业界工程师担任兼职导师，为学生提供更多实践和实习机会。他鼓励学生参与科研项目和创新创业竞赛，在团队中锻炼自己的领导能力和实践能力。他用自己的科研经费购置实验设备，指导的多个学生团队在科创比赛中获奖。在他的指导下，2019级人工智能专业学生和树繁获得校区第一枚中国大学生程序设计竞赛金牌、第一项全国大学生软件创新大赛最具创业潜力奖、第一项软件服务创新大赛一等奖。

初佃辉特别注重培养学生的家国情怀，希望学生能够为国家的发展做出贡献。他一入职就担任95级一个班的班主任，1997年计算机科学与技术专业首届本科生入学，他依然担任班主任。他还经常利用党课和导师进小班的机会跟学生交流，指导学生要学会规划自己的学习和生活，要敢于超越自我，不断提升自己的能力。他说:“哈工大是我国最早设立计算机专业的高校之一，我们创造了很多新中国历史上的第一，所以我们的学生要敢于接受国家重大任务，敢于迎接挑战。”

深耕服务科学　赋能产业升级

深耕计算机领域30余年，初佃辉深刻体会到技术发展的日新月异。他紧跟前沿技术，深耕软件服务，赋能产业升级。

1996年，月工资不到200元的初佃辉借了3500元，到北京中关村组装了一台486电脑，有了自己的第一台电脑。从带领学生编写小型应用软件入手，初佃辉开始了自己的研究工作。

“先是在其他专业老师的课题组里做一些软件开发工作，初步学习如何做科学研究；1999年开始读研究生，逐步培养起系统的研究能力；后来主动走出去，发挥自己的专业特长，为山东环球渔具股份有限公司、威海市环翠区房产管理局、威海市劳动和社会保障局等当地企事业单位开发个性化应用软件。”从“敲边鼓”到“唱主角”，初佃辉在实战中不断提高自己的软件开发水平，也体验着服务软件带来的工作效率的提高和管理水平的提升。

2000年底，从一个镇办企业发展成为全球最大鱼竿生产企业的光威集团将内部管理规范化提上日程。得知初佃辉正带领团队从事企业现代化管理方面的研究，集团创办人陈光威先生找上门来，请团队为光威集团量身打造一款渔具制造企业的ERP软件。初佃辉带领团队吃住在工厂，详细调研各部门业务，梳理工作流程，开发了涵盖采购、生产、销售、财务、质检等公司全部业务的管理系统，2002年上线后为光威集团大大降低了人工和材料成本，带来巨大的经济和社会效益。

2002年6月，初佃辉被威海市委、市政府授予“优秀青年科技人才”称号，2010年获第九届山东省优秀青年科技奖，先后获评威海市有突出贡献的中青年专家和山东省有突出贡献的中青年专家，入选山东半岛自主创新示范区蓝色汇智双百人才和山东省高层次人才计划。荣誉的背后，是初佃辉一步一个脚印，服务区域地方的一个个硕果。

近年来，初佃辉带领团队深耕服务计算与软件服务工程、云计算与移动互联网技术、数据挖掘与大数据分析技术、智能医养融合服务技术、工业互联网技术等领域，先后主持承担国家重点研发计划2项以及国家自然科学基金、山东省自主创新工程重大专项等省部级项目和企业横向合作项目30余项，获吴文俊人工智能科学技术奖一等奖1项、山东省科技进步奖特等奖和一等奖各1项、中国电子学会科技进步奖二等奖1项，取得专利/软件著作权60余项，发表学术论文150余篇，出版专著2部。

围绕《“健康中国2030”规划纲要》《国家积极应对人口老龄化中长期规划》等国家战略任务和社会民生重大需求，2022年初佃辉作为第一完成人与山东众阳健康科技集团有限公司联合完成了“智能化医养融合服务平台关键技术及应用”研究。该成果突破了多项关键技术，形成了“互联网+医疗健康”和“互联网+养老”融合的智能化综合服务解决方案，为我国即将到来的深度老龄化社会提供了技术支撑。

初佃辉深刻洞悉“互联网+”对于产业升级的重要性，积极推动与企业深度合作，将科研成果转化为现实生产力。他主持与海尔集团共建的“大规模个性化定制系统与技术全国重点实验室”协同创新中心，聚焦智能制造关键技术，致力于解决大规模个性化定制中的核心技术难题。他领导建设了山东省企业网络化与电子商务工程技术研究中心和山东省数字服务计算技术与系统重点实验室（筹），力图为国家制造业数字化转型提供重要支持。

团队成员李春山说：“初老师的前瞻性布局，让我们能够紧跟国家战略需求，尤其是在工业互联网和大规模个性化定制领域，我们不仅突破了多项关键技术，还为企业提供了切实可行的解决方案，真正实现了产学研深度融合。”

紧跟时代步伐　统筹学科发展

30余年间，威海校区计算机学科从9名教师、每年招收不到70名专科生，发展到现在拥有专任教师70余人、本硕博各学段全覆盖的2000余名在校生的规模。初佃辉也凭借着对教育事业的热爱和对科研工作的执着，一路成长为计算机学院的领军人。

他紧跟时代步伐，面向国家需要和行业发展，牵头创办特色新专业。在学校的大力支持下，2004年信息安全专业和软件工程专业开始招生，为国家培养了大量急需的优秀人才。2019年，信息安全专业改名为网络空间安全专业，人工智能专业开始招生。2020年，面向现代服务业交叉学科人才培养的服务科学与工程专业开始招生。“这三个专业都是按照新工科专业的建设标准要求、为满足社会对创新型复合人才的迫切需要而新建的。”初佃辉表示。

2020年，哈工大计算学部成立，初佃辉担任学部副主任。他说：“这种一校三区共建、共享、互通、互补的新机制有助于推动计算技术、人工智能与各学科的交叉融合，为我们建设与世界一流大学相匹配的高水平学院，培养更多国家和社会急需的创新型复合人才奠定了坚实基础。”

面对人工智能时代的机遇与挑战，初佃辉认为，计算机学院应继续加强学科交叉融合，培养更多拔尖创新型人才。“我们不仅要教会学生知识，还要培养他们的创新精神和实践能力。只有这样，我们的学生才能在未来的竞争中脱颖而出，为国家和社会做出更大贡献。”

HARBIN INSTITUTE OF TECHNOLOGY, WEIHAI

SHIZHE
RUGUANG

王佰玲

WANG BAILING

王佰玲，中共党员，教授，博士生导师，国家级高层次人才，哈工大网络空间安全研究院副院长，哈工大（威海）网络空间安全学科带头人。1978年5月出生于黑龙江省哈尔滨市，2008年到哈尔滨工业大学威海校区任教。获评山东省优秀科技工作者并记省级二等功，主持多项国家和省部级安全项目。

为国家网络空间安全培养优秀人才

他是威海校区首届计算机专业毕业生，也是国家网络安全专家；他做过IBM的高级工程师，却选择回校任教，培养更多网络空间安全领域的优秀人才。十多年来，他脚踏实地，在这片熟悉的校园里默默耕耘，践行着自己的教育理想，为国家网络安全事业的蓬勃发展注入源源不断的动力。

立德树人行高远

2001年，王佰玲从威海校区本科毕业后到校本部继续深造，2006年获得博士学位。毕业后凭借出色的专业能力进入IBM STG Lab（IBM系统科技部实验室）担任高级工程师一职。

在IBM两年的工作经历，让他深切感受到企业对人才的珍视，同时他敏锐地捕捉到国家网络安全行业人才的巨大缺口。他意识到，仅凭一己之力在企业打拼，于整个行业发展的迫切需求而言不过是杯水车薪。于是，怀揣着对行业发展的担当与使命，王佰玲毅然将职业方向调整为教育领域，立志要为国家培养网络安全专业人才，壮大行业队伍，提升整体网络安全水平。出于对母校的深厚眷恋以及对母校平台资源的充分信任，他选择回到哈工大威海校区任教。

“没有网络安全就没有国家安全，同样的技术既可为国家安全添砖加瓦，也可能被敌对势力渗透利用。作为网络安全科研领域的学生，一定要主动提高分辨是非的能力，以正确的价值理念推进科研创新和技术进步。”这是王佰玲对学生们的反复叮嘱。

作为高校党员教师，王佰玲始终秉持着一个坚定信念：将思政教育如丝线般，细密且扎实地贯穿于网络安全人才培育的全过程。无论是一堂堂精彩纷呈的课程讲授，一次次紧张忙碌的科研实战，还是一场场思维碰撞的学术研讨，他都巧妙地融入社会主义核心价值观、崇高的精神追求等思政元素，于潜移默化之中，点亮学生心中的价值灯塔，厚植他们的爱国情怀。

在支撑北京某网络安全单位科研攻关任务时，他带领自己第一个研究生以及4名满腔热血的大四本科生组成了最初的科研小分队，他们一起蹲机房、敲代码、写方案，在技术讨论之外，最常讨论的就是为人之“道”、科研之“德”和创新之“魂”。他时常鼓励学生们在搞创新的同时把人生信仰、事业追求与国家安全、社会和谐、人民幸福结合在一起。

他深知，实战是最好的课堂，连续多年带领学生投身国家网络安全维保一线。假期也好，佳节也罢，他们无惧辛劳，扎根现场。在这场没有硝烟的网络安全对抗实战中，学生们褪去青涩，不仅练就了过硬的网络安全实战本领，更进一步提升了服务国家的使命感。如今，这些昔日的参与者已在行业中崭露头角，成绩斐然。有三名学生凭借过硬的科研能力在学生阶段相继获得山东省科学技术奖，部分佼佼者毕业后选择留校任教，接过育人的接力棒，将自己的所学、所悟、所经历，毫无保留地传递给学弟学妹们，延续着知识传承与精神接力，推动行业蓬勃向前。

十多年来，王佰玲团队形成了师生同研共商、因材施教、教学相长的培养模式，注重团队精神传承和教师言传身教，鼓励学生们把科研信仰、事业追求与国家安全紧密结合在一起。贯穿整个学习期间的思政元素与专业精神教育鼓舞和激励了团队中每一名学生，成为他们以优异的成绩毕业并获得社会认可的精神动力。

人才培养重创新

“王老师方向把得很准，能敏锐捕捉科技前沿热点，结合我们的专业技能和兴趣共同深耕。”

“王老师说，年轻人要勇于向前迈一步。他鼓励有能力的同学建立团队、开辟方向、挑战难题，更大地激发了我们的潜力。”

“王老师是个很负责的导师，为我们每一个人量身打造有区分度、有创新潜力、有实际价值的研究方向。”

…………

提起王佰玲老师，他的学生们总有说不完的话。作为诸多课程的主讲教师，他凭借扎实深厚的专业知识、别具一格的教学方法以及对学生无微不至的关怀，所授课程在学生评教中多次获得优秀，深受学生们的爱戴与赞誉。

他指导的研究生中，有的来自土木、园艺等非计算机类的本科专业。为了帮助非科班出身的研究生快速进入科研角色，他带领团队认真分析每一名学生的学缘结构，深入挖掘他们过往专业学习中沉淀的知识优势与思维特点，并结合当前行业技术前沿的发展趋势，为每个学生精准“把脉”，给出最契合其成长轨迹的研究方向建议。

“你们虽然来自非计算机类专业，但只是上手慢一些，只要更勤奋、更刻苦，有可能走得更好更远。”在王佰玲老师的悉心教导和鼓励下，很多研究生从入门时的“一无所知”达到了毕业时的“技术精通”，有的发表了高质量学术论文，有的授权了国家发明专利，有的获得了山东省科学技术进步奖。

“科研育人”是王佰玲一直以来的坚持。近年来他先后主持了国家自然科学基金、国家重点研发计划、工业互联网创新发展工程等国家级和省部级项目，并将自己多年来从事网络安全研究工作的经验融入人才培养的过程中，成功建设了工控系统安全、车载网络安全、物联网安全、金融安全等多个交叉研究方向和人才培养小组，所带的学生也得到了技术能力、组织能力、胆识等多方面的锻炼与提升。

近年来先后获评山东省“网络空间安全”优秀研究生导学团队和十佳研究生导学团队，获省级教学成果一等奖一项，校级教学成果一、二等奖各一项，并获评哈尔滨工业大学立德树人先进导师。截至目前，王佰玲团队已累计培养130余名硕博士研究生，其中11人获得优秀毕业生称号，7人被评为校级优秀论文或者获得国家奖学金，9人继续攻读博士学位，3人已留校任职，1人海外入职全球领先的国际性金融服务公司，10余名毕业生投身航天和国防事业。以学生为第一作者共发表论文67篇，授权专利34项（含国防专利4项）。科研团队获得山东省公安科学技术进步奖2项、山东省科学技术进步奖二等奖2项、中国电力科学技术进步奖一等奖1项。

学科建设筑平台

为了打造校区网络空间安全学科特色，提升网络空间安全人才培养的平台支撑能力，为国家安全培养更多优秀人才，王佰玲一直在积极努力。

他带领团队在威海校区夯实了方滨兴院士创建的信息内容安全方向，从课堂到实验、从教学到科研，提升了校区信息内容安全方向教研团队建设，并开辟了校区网络舆情对抗、工控信息安全、智能车联网安全、金融数据安全等多个研究方向，科研成果达到国际先进和国内领先水平。

他带队组建了网络空间安全新工科专业，联合自动化控制学科教师，结合已有工业信息安全研究成果，原创性研制10台实验设备并组建供40人使用的工控系统安全攻防实验室，同时采用师生同研共商、教学相长的培养模式，建立了国内首个网络空间安全警校联合实验室，带领威海校区成功获批“网络空间安全”一级学科硕士点，形成了校区网络空间安全学科特色。作为学科方向负责人，配合哈工大计算学部完成了哈工大网络空间安全一级学科博士点建设工作和国家一流网络安全学院建设示范项目的申报工作，为学科建设和研究生培养做出突出贡献。

他抓住山东省第一批重点实验室重组的机会，申请并获批了山东省工业网络安全重点实验室，同时担任山东省网络空间安全工程技术研究中心和山东省网络空间安全高校重点实验室主任，并在学校的大力支持下建设了系统安全新工科实验室，助力威海校区新工科学生实践培养环节质量的提升。未来技术学院成立后，他主导开设了“新一代互联网技术与实践”课程，进一步拓宽了新工科学科边界。

“科技报国、服务人民”是王佰玲始终恪守的信条。在“规格严格，功夫到家”校训的指导下，在服务国家、扎根地方、促进区域发展的历程中，王佰玲带领团队一直在努力。

他说，保障国家网络空间安全，筑牢人才根基是关键。未来期待为国家培养更多优秀的网络空间安全人才，为打造风清气正的网络空间做出哈工大人的贡献，为国家的长治久安保驾护航。

HARBIN INSTITUTE OF TECHNOLOGY, WEIHAI

SHIZHE
RUGUANG

张　鹏

ZHANG PENG

张鹏，中共党员，教授，博士生导师，山东省黄大年式教师团队、山东省产教融合研究生联合培养示范基地负责人，山东省教学名师。1978年9月出生于山东省烟台市，现任山东省军民两用新材料及制品高校重点实验室、山东省高性能构件成形工艺与装备工程技术研究中心、教育部微系统与微结构制造重点实验室（威海）主任。

精研覃思润“生”涯

张鹏常说：“大学的学术氛围越自由、创新活动越集聚，来的学生越优秀，教师就必须更加努力地讲好课程、搭好平台，来支撑他们的成长和发展。”正是这份为党育人、为国育才的信念，支撑他不断将新的教育理念、方法和工具应用到课程教学的创新实践，建设了大量优质教学资源和功能完善的科教平台，支持和指导了一大批青年学子的成长发展。

躬耕教坛　厚积薄发

2008年，张鹏博士毕业到威海校区材料科学与工程学院材料成型及控制工程专业任教时，正值学院快速发展的起步阶段。当时，专业本科生刚刚扩招，研究生学位点刚刚建立，专业师资紧缺，他在主讲“弹塑性力学基础”“压铸工艺学”“工程塑性理论”等本科、研究生课程的同时，还承担了生产实习、课程/毕业设计指导和学院科研、研究生管理任务。无论早晚去办公室找他时，总会看到他忙碌的身影。

他坚持以学生为中心，秉承“规格严格，功夫到家”的校训，不断探索科学育人新规律。每年张鹏要承担130多学时各类课程的授课任务和10余名本科生、研究生的毕业设计指导工作，虽然是挑战，但也推动他不断深入研究教育理念、教学模式的改进。从“弹塑性力学基础A”“工程塑性理论”等本科、研究生专业学位课程着手，他提出了课程体系模块化、模块内容层次化、知识脉络工程化的课程架构设计思路，探索了以教学案例配合课堂教学推动思政融合、科教融合、产教融合、赛教融合的课程教学模式，获批山东省一流本科课程、山东省本科课程思政示范课程、山东省研究生优质课程、山东省研究生课程思政示范课程、山东省研究生优质专业学位教学案例库等立项支持。

他主编教材7部，其中《弹塑性力学基础理论与解析应用》入选山东省一流教材，《智能材料力学基础》入选工信部“十四五”规划教材，《工程塑性理论基础及应用》入选教育部高等学校材料类专业教学指导委员会规划教材。

依托中国学位与研究生教育学会面上项目，张鹏开展了“双一流”背景下的研究生教育研究；依托教育部学位与研究生教育发展中主题案例建设项目，他开发了侧重科技创新的材料加工原理类课程教辅案例。近年来，他获评山东省教学名师、山东省优秀教师、山东省优秀研究生指导教师等多项荣誉，获得省级教学成果奖3项。

精研覃思 创新领航

回首过往，从实验室一无所有的荒芜，到如今小有规模的蓬勃，其间的酸甜苦辣，皆化作成长的经历。

科研起步阶段，他日夜埋首于项目申请书的撰写，聚焦塑性宏微观成形理论与工艺、功能梯度增材制造等方向，挖掘独特的研究切入点，反复打磨方案，阐述创新理念与潜在价值。

取得理论上的突破后，他带领团队成员不断创新，研制出高强塑性镍基高温合金，突破了新型航空发动机/舰船燃气轮机紧固件和涡轮盘等关键热端部件材料承温承载的瓶颈；开发出精密热模锻关键技术及成套装备，攻克了超大尺寸涡轮盘热模锻成形载荷与组织调控等技术难题，实现了关重构件自主可控制造；提出高温疲劳寿命预测方法，满足了高温合金关重件复杂工况安全服役寿命的可靠预测，相关成果已应用于钢研高纳、华东锻压、山东瑞泰等单位高温合金研发及航空发动机和燃气轮机“两机”配套产品生产制造，为我国“两机”动力装备高质量发展提供了相关理论和技术支撑。

近年来，张鹏主持国家自然科学基金项目4项、国家重点研发计划项目课题以及山东省重点研发计划项目等20余项，第一作者、通讯作者发表学术论文100余篇，出版专著2部，授权发明专利60余件，获黑龙江省技术发明奖一等奖、二等奖各1项，中国机械工业科技进步奖二等奖等多项奖励。

以身垂范　协同共进

张鹏先后担任材料科学与工程学院副院长、院长及教务处处长等职务，在每一个岗位上都兢兢业业，追求卓越。

在全日制工程硕士大范围扩招时期，相关的培养方案、培养模式、双导师制等的设计思路、执行方式尚处在探索阶段，他研究了如何通过校企协同方式构建全日制工程硕士培养模式并获得学校立项支持，探索了依托校企项目聘任校外导师，形成了学位论文指导、校企平台/课程共建、生产现场授课、入驻企业实践等一整套培养思路，为学院全日制工程硕士特色培养模式构建和培养质量稳步提升做出重要贡献。

在“双一流”建设、“双万计划”、课程思政等教育改革活动如火如荼开展时期，他开展了学院教学、科研团队和专业方向课程群的组建，主持建设了山东省黄大年式教师团队，整合建设了科技部海洋工程材料及深加工技术国际联合研究中心、山东省军民两用新材料及制品重点实验室、山东省高性能构件成形工艺及装备工程技术研究中心、微系统与微结构制造教育部重点实验室威海校区分室、山东省产教融合研究生联合培养示范基地等一系列科教平台，形成了海洋工程材料及深加工技术一流材料学科新兴交叉方向。

张鹏担任山东省本科教育教学指导委员会委员、中国机械工业教育协会材料成型及控制工程专业教学委员会委员、哈尔滨工业大学教学委员会委员、山东省大学生金相技能大赛委员会主任委员等，负责的材料成型及控制工程和智能材料与结构两个专业分别获批省级一流本科专业建设点。

精培厚植　德才兼举

科教融合，人才培养是落脚点。从最开始的耐心指导激发学生科研热情，到培养过程中的夯实理论基础、引导探索创新、复盘失败经验，到如今高年级“传帮带”，团队进入良性发展模式。任教以来，张鹏指导博士研究生14人、其中毕业6人，硕士研究生27人、已毕业21人。多名学生获山东省优秀博士学位论文、优秀硕士学位论文、优秀本科学位论文及校优秀学位论文，多人获研究生国家奖学金、黑龙江省“三好学生”、哈工大“十佳英才”提名奖及各类省级竞赛奖励。

近5年他负责建设了山东省产教融合研究生联合培养示范基地，获批教育部产学合作协同育人项目2项，获第十届全国大学生金相技能大赛优秀指导教师奖，指导学生获全国大学生金相技能大赛一等奖、山东省机械工业科学技术奖一等奖、山东省装备制造业大赛二等奖、第十七届“挑战杯”山东省大学生课外学术科技作品竞赛三等奖等10余项。

历经多年磨砺，他带领的科研团队人才辈出。已成长为单位专业技术骨干的2017届硕士毕业生易岑回忆起大学美好时光，感念师恩，赋韵表心意：“工大时光美如画，鹏师恩重情长挂。常呼鹏哥更亲切，亦师亦友润生涯。……”已成长为单位重要岗位骨干的2017届硕士毕业生耿芳芳说：“读书时，张老师行政事务繁忙，课题组学生众多，他仍悉心关怀。从论文框架到图例，逐一把关，科研、人生皆指引。”已成长为单位关键岗位骨干的2018届硕士毕业生陈林俊说：“张老师以身作则，诠释工作与生活平衡艺术，激励学生全面发展，助其实现价值幸福。”2020年入职校区工作的青年教师朱强表示：“科研路上驱迷雾，解惑途中赋妙思。今承衣钵育桃李，愿化春风报尔慈。”

面向新时代，张鹏关于未来的规划清晰明确。“一方面，聚焦前沿课题持续深化科研探索，冲击更高水平学术成果。另一方面，优化教学，打造精品课程，融入科研案例，提升学生实践能力。同时，拓展对外交流，加强与顶尖团队互访学习，为成员创造更多成长机遇，推动团队迈向新高度。”

HARBIN INSTITUTE OF TECHNOLOGY, WEIHAI

SHIZHE
RUGUANG

初冠南

CHU GUANNAN

初冠南，中共党员，教授，博士生导师，山东省青年人才。1979年12月出生于山东省莱阳县（今莱阳市），2009年取得哈工大博士学位后来威海校区工作，2021年获中国汽车工业技术发明一等奖。获评“我爱我师——我心中的好老师”。

做学生成长路上的灯塔

从踏上讲台的那一刻起，初冠南就开始思考关于“经师”与“人师”高度统一的问题。从教十多年来，他将成为一名好老师作为自己的最高追求，在不断思考中积极实践，努力提升自身素质，在“传道、授业、解惑”的道路上行远自迩，笃行不怠。

培根先铸魂　做灯塔照亮学生的求学路

2009年9月，初冠南博士毕业来到威海校区工作。初上讲台，除了潜心钻研教学内容和教学方法，初冠南深知“传道须先明道”，“对老师来说，想把学生培养成什么样的人，自己首先就应该成为什么样的人。”而毕业时导师的一番话，为他的从教之路指明了方向。“老师说，作为一名教师，要教出比自己优秀的学生；作为一名高校科研工作者，要有一项技术真正应用于社会。如此，才不枉国家的培养。”

十多年过去了，初冠南一直牢记导师的嘱托，严谨务实，言传身教，将爱与责任化为一盏明灯，照亮学生的求学路。

初冠南先后主讲“金属力学性能”“金属工艺学”“机械设计基础”三门本科生核心基础课，还主动承担了专业导论课，通过在课堂上讲授哈工大的历史、专业发展史以及哈工大对国家的重大贡献，用事实与实践让学生理性认识专业，让学生感受哈工大人的家国情怀，并与专业和学校建立密切联系。

2019年春季学期，校区在研究生培养中开设“工程伦理课”，初冠南被选为3名授课导师之一。为此，初冠南在清华大学完成了进修，并取得了培训证书。在这门课的教学中，他利用大量数据和实例，为同学们讲授工程伦理的意义和重要性，使课堂真正成为培养学生道德情操的主阵地。

2018级博士生林才渊从2012年读本科开始一直跟随初冠南，受初老师教诲多年，受益良多。“初老师就像我们求学路上的灯塔，总是会在我们迷茫时、困惑时给予我们最及时的指点，包括每次参加比赛、评奖时，他会适时关注我们的进展，及时给予我们提醒和引导，虽然也许只是几句话，但总会让我们感到心安。”在初冠南的悉心指导下，林才渊先后获得中国国际“互联网+”大学生创新创业大赛国赛银奖、山东省研究生优秀成果奖一等奖，两次获得国家奖学金并被评为校区优秀共产党员，毕业后到航天八院任职，现担任宇航事业部部长。

授业更精业　努力做学术造诣深厚的“经师”

从教以来，初冠南一直牢记“规格严格，功夫到家”的校训，“虽然我们的校训很质朴，但就是在这样的校训指引下，哈工大培养出了一大批杰出人才。这是母校给予我们的基因和传统，也是哈工大人一生的底气和保障”。

教学中，初冠南一直坚持锤炼教学基本功，认真上好每一堂课、教好每一名学生，用实力站稳讲台。对学生，他始终坚持因材施教，给不同的学生量身定制培养方案，尽己所能为大家提供学习和锻炼的机会。2020级硕士研究生曹梦凯本科就读于河南工业大学，考研时慕名拜至初冠南门下，在他的眼里，“初老师对学生特别好，私下里很随和，他跟我们相处的时间很长，所以对每一名同学都很了解。针对大家不同的特点，他会为大家安排不同的学习任务，让每一个人都能发挥自己的长处”。同时，初冠南在学术上的严谨务实也让曹梦凯和同学们非常钦佩。“初老师经常以实际行动告诉我们，科研工作绝不能马马虎虎，任何实验数据都要努力做到更精确才可以。”

作为一名高校教师，初冠南坚持用科研反哺教学，用课题助力育人。自

2005年起，他就致力于一种全新的轻量化成形方法的研究工作，经过十年磨一剑的不懈努力，在2015年获得了原理性突破，成功研发出一种全新的轻量化成形方法。该成果获得了国际专利授权，初冠南也因此拿到了学院的第一项国家重点基金。十余年来，他主持国家自然科学基金、国防973课题、山东省重大科技创新工程、山东省重点研发计划等国家及省部级项目30余项，发表SCI论文60余篇，授权发明专利20余项，其研究成果已在航空航天和汽车领域获得广泛应用，2021年还获得了中国汽车工业技术发明一等奖。

初冠南课题组的学生既有本科生，也有硕士和博士研究生。他认为，培养学生的动手能力是工科学生成才的重要条件，学生的创新必须付之于实践、完善于实践，最终应用于实践。因此，初冠南把自己的研究平台向课题组的所有学生开放，让学生尽可能多地参与科研和实践。在初老师指导下，课题组的同学积极参加中国国际“互联网+”大学生创新创业大赛、“挑战杯”全国大学生课外学术科技作品竞赛等各类科创类比赛，并捧回多项大奖。

春风化细雨　爱心浇灌桃李芬芳

作为老师，初冠南一直怀有一颗师者仁心，始终坚持用心培养学生、用爱感化学生、用行动引领学生。

在平时的工作和生活中，他把课题组的学生当成自己的孩子。他的办公室就在实验室隔壁，不上课、不出差的时候他都泡在办公室里。每到节假日，他会组织同学们聚餐、郊游、团建，让学生们感受到家一般的温暖。学生们也都很喜欢性格随和的初老师，没事的时候也会找初老师聊聊天，说说自己近期的学习情况、课题进展和心理困惑，听听初老师的鼓励和安慰，然后带着满满的能量继续努力前进。

2019级硕士研究生王彪毕业后在浙江海亮集团从事科研工作，读研时跟随初冠南学习的两年时光，对他的人生产生了重要的影响：“本科阶段我比较内向，也不太自信，跟初老师读研后他一直鼓励我，帮助我慢慢找回了自信。临毕业时，初老师又叮嘱我要踏实做事，认真工作，无论走到哪里，都要谦虚好学，努力提升自己的能力。”

从教十余年，初冠南用爱心培育万千桃李，也收获了满园芬芳。看到学生获奖、保研、出国深造、找到理想的工作、取得优异的成绩……初冠南说：“那是一名教师最值得自豪的时刻。”

HARBIN INSTITUTE OF TECHNOLOGY, WEIHAI

SHIZHE
RUGUANG

宋晓国

SONG XIAOGUO

宋晓国，中共党员，教授，博士生导师，国家级高层次人才。1983年出生于山西省介休县（今介休市），2012年哈工大博士毕业进入威海校区工作，获中国机械工程学会特等奖、中国有色金属学会一等奖、河南省科技进步奖一等奖各1项，获评2019年山东省教育系统优秀共产党员。2023年入选省级“发现榜样”名单。

锻焊大器　为国铸才

这个个子不高却顶天立地敢想敢为、貌不惊人却有胆有识雷厉风行的年轻人，从教以来，始终坚守“为党育人、为国育才”的初心使命，以自身的模范行动引领青年学生“立大志、成大器、做大事”，把一腔忠诚报国之志锻焊到学生们的心中，为全面建设社会主义现代化国家培养了一大批拔尖创新人才。

奋发作为锻大器

宋晓国出生在山西的黄土高坡，高考后他在志愿书上郑重填上“哈尔滨工业大学”，并考入焊接这个哈工大“王牌专业”。

从本科到博士，宋晓国研究的一直是焊接技术。这里走出了无数大师，解决了很多国际技术难题，特别是为我国载人航天工程做出了重要贡献。深受影响的宋晓国从承接第一个科研项目开始，就遵循一个铁则：首要考虑的是对国家有什么样的贡献，能为国家培养什么样的人才，这两样是重中之重。

以国家重大需求为己任，十多年来他带领团队围绕“航天强国战略”“海洋强国战略”，不断向深空、深海进军。他开发了国内首套表面活化连接复合装备，解决了航天轻质钛、铝等材料连接过程中氧化膜去除这一“卡脖子”技术难题；与航天单位合作，研发的火箭贮箱多余物自动清理检测系统填补了国内空白，为我国下一代火箭研制保驾护航；开发了航空发动机新一代报警器膜盒成套焊接技术并形成标准，打破了国外“打包售卖”“整体更换”的技术垄断。他担任“十三五”国家重大基础设施HHT高温高超声速风洞洞体结构的焊接总师，建设亚洲第一、世界第二的高温高超声速风洞，为我国新型飞行器的研制提供核心基础实验设施。

作为山东省特种焊接技术重点实验室主任，他带领实验室聚焦特种环境、特种材料、特种结构的焊接，主持或参与国家和山东省重大工程项目40余项，与潍柴、四方车辆等多家大型企业开展焊接领域关键技术的科研合作，为山东省新旧动能转化和产业升级做出了重要贡献。

申报课题时废寝忘食设计方案，项目赶进度时大年初二开启工作模式，到偏远的地方做现场调试吃不上饭，这于宋晓国都是常有的事。因为工作原因他一年要跑十多趟北京、上海，却从没进过三环，从没到过外滩。凌晨三点多起床赶六点多的飞机，快中午到调试现场，晚上坐飞机往回赶，夜里十一二点到家，这样的时间表他早已经习惯了。

"新时代的科技工作者就要有敢于攻坚克难的毅力，敢于解决'卡脖子'难题的勇气，瞄准国家重大急需集智攻关，彰显属于我们的时代担当。虽然有时也觉得累，但更多的是成就感。"

铭记责任铸英才

立德树人是高校办学的根本任务，教书育人是教师的天职。对宋晓国来说，科研报国是心之所向，培育学生是心中所爱，动力源于此，成就也源于此。

教学和科研是大学永恒不变的主题，哈工大的教授应两手都要抓、两手都要硬。宋晓国将最新的研究进展和学术成果随时补充进教案，让学生们及时了解国际学术前沿动态；采用翻转式、雨课堂等教学手段加强课堂互动，更加注重学生的学习成效；在专业课中加入创新性实验，指导学生参与科研创新活动，培养学生独立自主的创新能力和科研素养。他主讲的"机械工程材料"课程多年教学评价均为A，指导研究生和本科生获科技竞赛国家级奖项4项、省级奖项5项。

为提升学生实践能力和创新精神，他积极推进科教融合、产教融合。他担任威海校区大型仪器设备测试与管理中心主任，多方筹措经费购置高端分析测试设备，服务师生超万次；他长期负责学生的校内认识实习和校外生产实习，安排学生在校内实验室掌握设备仪器的基本操作，组织学生走进中国一汽、洛阳一拖、南京石化等工程实践基地与企业技术人员学习交流，了解企业在实际生产中遇到的技术瓶颈，鼓励学生利用所学知识提出解决方案，培养分析和解决工程问题的实践能力；积极推动“卓越工程师计划”及“工程领军人才计划”，派出高年级学生进入企业或研究所，在企业高层的指导下进行实践训练或完成毕业设计，在实际环境下切实提高学生工程领导力。

面向新时代工科人才培养的新要求，宋晓国带领全系教师开展焊接专业课程体系和教学体系改革，优化整合课程体系架构及内容，实施“焊接技术与工程专业”阶梯式科教融合培育创新人才的教学模式，增设水下焊接、高能束焊接、先进材料连接、焊接可靠性分析与评价等专业选修课模块，促进学生的全面发展和个性化发展。

为加快自主培养新时代卓越工程师，宋晓国正在筹建跨学院、多学科、开放式的新工科“未来智能焊接与先进激光制造”创新平台，推动传统工科专业优化升级；同时组织国内外知名的企业工程师深度参与人才培养方案制定、课程研制和课堂教学，大力推进人才培养供给侧改革，切实增强人才培养供需匹配度。他指导的3名研究生入选中组部、教育部“工程硕博士培养改革专项”，将与航天科技、中核集团进行联合培养。

宋晓国说：“我从师长那里传承了许党报国、接续奋斗的精神，一定要把这种精神传下去，培养更多的有用之才。”截至目前，他的团队已培养博士12人、硕士60余人、本科生200余人，很多毕业生成为国家航空航天、轨道交通、电力电子、能源建筑、教育行政等各领域的优秀专业人才。

追求卓越砺尖兵

党的二十大报告指出，“教育、科技、人才是全面建设社会主义现代化国家的基础性、战略性支撑”。“培养造就大批德才兼备的高素质人才，是国家和民族长远发展大计”。

宋晓国说:“做教师搞科研越久，越是感到肩上的担子重。焊接技术的突破、专业人才的培养，对于国家重大工程的实现具有重要意义，这样的紧迫感使我始终保持高强度的工作状态，把项目做好、把队伍带好、把学生培养好。”

他牢记习近平总书记在致哈工大建校100周年贺信中提到的“改革创新、奋发作为、追求卓越”的嘱托，瞄准山东省“走在前、开新局”建设社会主义现代化强省对于高水平科技自立自强的需要，立志奋发作为、追求卓越，培养焊接领域的拔尖创新人才。他系统梳理本科生和研究生专业教学内容，挖掘专业课程中蕴含的优秀传统文化基因和课程思政要素，让思政教育触动学生心灵，实现知识传授与价值塑造、人格培育的统一；他积极引入“大国重器”、“超级工程”、“载人登月计划”、哈工大“八百壮士”事迹等实例，将思政教育有机融入专业课程教学，勉励大学生树立远大理想，积极投身国家重大战略建设，为实现中华民族伟大复兴的中国梦贡献力量；联合全国50所高校院所焊接专业党支部成立共建工作室，探索在加强新时期大学生思想政治教育中如何更好发挥教师党员作用。

在宋晓国的字典里，没有节假日这个词，他的办公室始终对学生敞开。他多次组织学生去红色教育基地参观学习，感悟英雄的爱国精神；他带领课题组学生连续7年资助贫困山区的孩子，以实际行动向学生传递大爱。课题组每周的例会，从晚上7点开到11点，经常如此。每个做汇报的学生都特别认真地准备，学生说：“无论是课题框架还是每一个实验数据的来源，宋老师都严格把关，一丝不苟。”追求真理、严谨治学的科学家精神就是在这样日复一日的严格把关中传承。

宋晓国笃信：“一个人走得快，一群人走得远。”来威海后，他以自己的博士研究为起点，先是组建了“钎焊团队”，凭借勤奋努力取得了一些高质量成果；随着影响力逐渐增大，吸引了其他方向的年轻老师加入，形成了面向航空航天、轨道交通等领域的“轻质材料连接方向”；担任学院科研副院长和院长后，他大刀阔斧进行资源整合，将学院按照专业和方向划分成8个研究团队和6个教学团队。

这个年轻的“当家人”思路清晰、干事实在，有大局意识、敢于担当。他以自己的成长经历与年轻教师共勉，积极为年轻教师的发展出谋划策。近年来学院先后有15人入选山东省青年人才计划，9人次破格晋升副教授和教授，2021年学院教师团队入选“山东省高校黄大年式教师团队”、宋晓国牵头的科研团队入选“山东省青年创新突击队”。

“一代接着一代干，为祖国做科研、为人民育栋梁，才会有真正的自豪感和归属感！”这是宋晓国多年来带队伍、教学生的坚定信念。

“走到现在我很知足但不满足。我要和团队、同事们一起，在高水平科技自立自强和高质量人才培养上走得更高更远！”

HARBIN INSTITUTE OF TECHNOLOGY, WEIHAI

SHIZHE
RUGUANG

檀财旺
TAN CAIWANG

檀财旺，中共党员，教授，博士生导师，国家级青年人才。1986年8月出生于安徽省池州市，2024年荣获山东青年五四奖章。他长期从事轻量化激光焊接技术研究，主持国家自然科学基金、国家重点研发计划、山东省优青等30余项课题，发表论文100余篇，总引用超3000次，出版专著2部，获省部级一等奖4项。

聚焦先进激光焊接技术的青年“焊”将

“开发先进激光焊接技术，实现材料的高质高效精密制造”，这是檀财旺2009年博士入学那一天偷偷许下的心愿。2014年7月，博士毕业后他拒绝了外企高薪聘请，选择来到威海校区工作。聚焦国家重大战略需求，在激光精密焊接与高效制造这条路上，怀揣着初心与愿景，精益求精，乘风破浪。

矢志不渝　助力航天强国建设

檀财旺主要致力于激光焊接基础及应用方向的研究。当他了解到我国航空航天领域的重大关键装备对复杂薄壁结构精密焊接有着巨大需求时，毅然决然地选择了这一极具挑战的研究方向。他立下坚定的志向，一定要攻克复杂薄壁结构的激光焊接技术，凭借自己的所学，为我国航空航天领域的技术难题提供切实可行的解决途径。

为了实现这个目标，檀财旺带领团队踏上了充满艰辛与挑战的征程。他们四处查阅资料，精心搭建实验平台，不知熬过了多少个日夜。每一份资料的查阅都是对知识的深入挖掘，每一次平台的搭建都是对技术的精心雕琢。经过无数次的试验，失败与挫折如影随形，但他们从未放弃。终于，在实验室成功焊接出复杂薄壁小尺寸结构样件的那一刻，檀财旺欣喜若狂。他激动地说：“试验成功后我坚信，我们的技术思路没有错！这给了我们继续坚持下去的信心。”

然而，从实验室技术原理验证成功到实际生产应用，还有很长的路要走。为了在实际生产工况条件下开展应用研究工作，檀财旺和团队成员做出了一个大胆的决定——在航天单位附近租房，成为“编外人员”。他们每天都前往现场进行设备调试和工艺试验，不畏艰苦，不惧困难。在这个过程中，他们面临着各种各样的问题，如复杂的工况环境、难以预测的技术难题等，但他们始终保持着坚定的信念和顽强的毅力。

功夫不负有心人。经过长时间的努力，他们开发出了成套自动化焊接装备及监测系统，可以实现复杂薄壁结构上百余条焊道的焊接路径准确规划，100%无焊偏和焊穿缺陷，焊接变形量降低了60%。该技术成功应用于我国航天发动机等装备关键部件的生产制造，助力我国航天强国建设。

在檀财旺老师攻克复杂薄壁结构激光焊接技术难关的征程里，研究生徐炳孝全程参与，获益良多。起初，他对激光焊接理论一知半解，幸得檀老师倾囊相授：查资料时，传授高效方法；搭平台时，给予精细讲解。试验遇挫，檀老师总会耐心陪他复盘寻找原因。赴航天单位做应用研究，面对棘手工况，徐炳孝心生迷茫，檀老师乐观坚持的态度如明灯般照亮前行的方向。在老师悉心帮扶下，徐炳孝一路成长，如今已能独当一面，凭专业实力助力航天强国建设，踏出坚实脚印。

服务齐鲁　助推新旧动能转换

在山东新旧动能转换的大背景下，檀财旺结合山东省特种焊接技术重点实验室的发展定位，聚焦山东传统产业的转型升级。每次课题组开例会时，他都语重心长地对学生说：“做科研工作一定要和产业应用紧扣在一起，这样做的研究才具有价值。”他深知，科研不能仅仅停留在实验室里，必须要与实际产业相结合，才能真正发挥其应有的作用。

来威海工作十余年，檀财旺扎根山东、服务齐鲁，用自己的智慧和汗水为这片土地的发展贡献着力量。在与当地造船厂交流中，他得知船体厚板焊接方面需要技术革新，多次前往现场进行调研，深入了解实际情况。经过仔细观察和分析，他发现焊接作为船体制造的关键一环，很多企业仍以传统焊接方法为主，效率不高，自动化程度低。这不仅影响了生产效率，也制约了企业的发展。

面对这一现状，檀财旺带领团队对激光－电弧复合焊接技术进行了深入研究。该技术结合了激光和电弧的各自优势，在高效化焊接方面显示出巨大的优势和应用潜力。然而，研究的过程并非一帆风顺。他们需要攻克一系列关键技术难题，如激光－电弧焊接热源耦合及焊接变形自动化控制等。每一个难题都像是一座难以逾越的高山，考验着他们的智慧和毅力。

历时6年，檀财旺团队终于攻克了这些关键技术，建成了具有先进技术水平的自动化激光－电弧复合焊接生产线。这条生产线的建成，不仅实现了船舶厚板的高效化焊接，还成功实现了核电及海工装备等关键部件的焊接。它为山东半岛蓝色经济区的产业升级发展做出了重要贡献，成为新旧动能转换的一个生动范例。

博士生刘裕航满含敬意地说道："平日里，檀老师总是反复教导我们，科研要以国家的需求为导向，以实际的应用为目标。他的这些话语让我们真切又深刻地领悟到，科研绝不是虚幻的空中楼阁，而是实实在在要为社会发展贡献力量的责任与使命。"

檀老师心系家国的担当精神、以身作则的高尚品质，让学生们打心底里钦佩与敬仰。

初心不改　做学生的领航灯塔

作为一名教育工作者，檀财旺坚守立德树人初心，勇担教书育人使命。尽管科研工作十分繁忙，但他一直坚守三尺讲台，从未有过丝毫懈怠。每年，他主讲4门本科生课、2门研究生课，对每一节课都做到"胸中有丘壑"。他凭借着扎实的专业知识和丰富的教学经验，在课堂上信手拈来，将复杂的专业知识讲解得深入浅出，让学生们易于理解和掌握。

他注重知识更新，将最新研究成果补充进课堂教学，风趣的教学风格受到学生一致好评，开设的“激光焊接基础”等多门课程深受学生欢迎。工作至今，他已编写中英文教材4部、主持教学改革项目3项，发表教学论文3篇。

他非常注重学生科创能力培养，实施“1+2+N”导学计划，引导学生从课堂走入实验室，组织学生参加“互联网+”“节能减排”“海洋航行器”等多项国家级科创竞赛，从选题设计到技术全程悉心指导，帮助学生将理论知识与实际需求相结合，挖掘创新潜力。所指导团队屡获佳绩，指导的学生中有31人获国家级科创比赛一等奖。他还鼓励学生探索项目产业化，将科研成果转化为实际应用，全面提升学生科研能力和实践水平。

谈及自己的导师，本硕博一直跟随着檀老师并留校任教的刘福运说：“檀老师时时将我们放在心上。从科研到生活，他一直是以亦师亦友的方式带领着我们，不论是治学还是为人，都给我们树立了很好的榜样。”

多年的辛苦付出，换来的是学生培养的累累硕果。他的课题组里多名学生获得研究生国家奖学金，连续5届获得哈工大优秀硕士论文金奖，指导的多名学生获评山东省优秀博士学位论文/硕士学位论文、山东省首批研究生党员标兵和哈工大研究生“十佳英才”等荣誉称号。檀老师个人获评“金烛奖”优秀毕业班主任、哈工大立德树人先进个人、山东省优秀研究生导师等。

威海校区春雁英才计划入选博士生苏健晖说：“自从跟随檀老师在哈工大求学开始，他一直帮助我规划着学术成长轨迹，我在檀老师身边完成了蜕变。从课题到人生，他的安慰与鼓励不仅让我在学业上取得了进步，更是在精神上得到了启迪与提升。”

做科研的攀登者，做教育的铺路石，做学生的雨中伞，多年来檀财旺如激光一般方向聚焦、能量十足，燃烧着属于他的光和热，在打造新一代大国重器的路上努力奋进！

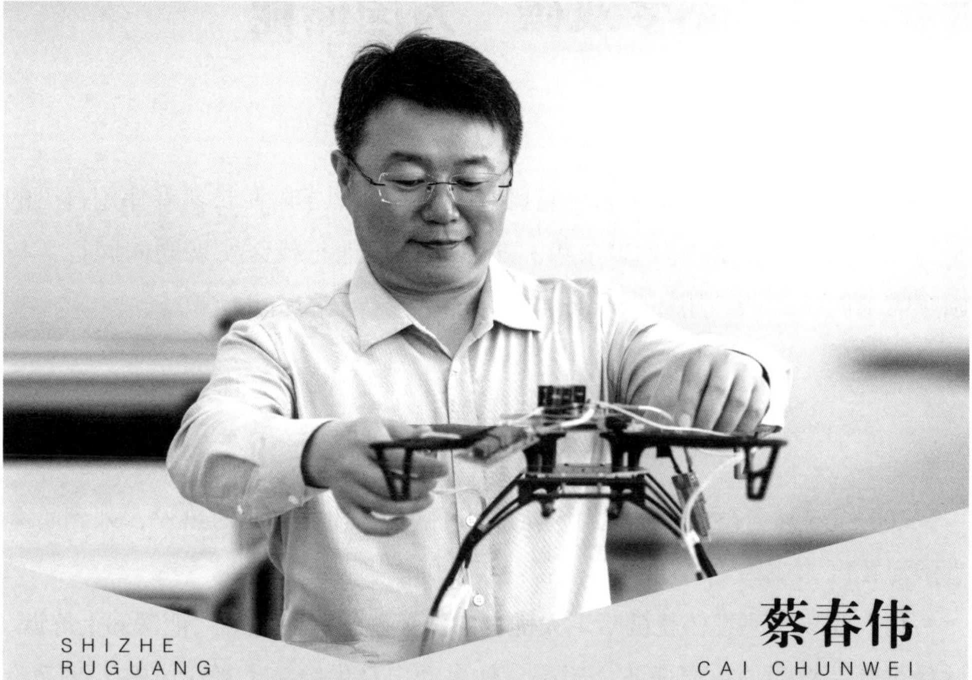

蔡春伟

SHIZHE
RUGUANG

CAI CHUNWEI

蔡春伟，中共党员，教授，博士生导师，山东能源学会副理事长，自动化学会常务理事。1977年9月出生于山东省威海市，主持新一代人工智能国家科技重大专项旗舰项目课题、国家自然科学基金、山东省重大科技示范工程课题、山东省重大科技创新工程、山东省自然科学基金等课题20余项。

逐梦双碳　为国储能

从青涩助教到学科带头人、长聘教授，新能源学院院长蔡春伟用自己的坚持和努力，默默耕耘了20余年。20多年来，他与校区发展同向同行，与国家需求同频共振，用汗水与努力谱写了属于自己的奋斗之歌。

初入校园　站稳讲台

2004年7月，蔡春伟硕士毕业后，怀揣着对教育事业的热爱，来到哈工大威海校区，成为电气工程系一名青年教师。

初入职场，蔡春伟就被哈工大优良的教风、学风所感染。他深知上好课、站稳讲台是教师的首要任务，于是，他主动申请做哈工大教学带头人张秀珍老师的助教，从头开始，跟学生一起听课，跟张老师学习备课、讲课、批改作业……用一年多的时间，系统学习了"电力电子技术"和"电力拖动自动控制系统"两门核心课程，为日后的教学与科研奠定了坚实的基础。

2005年，蔡春伟正式走上讲台，承担了"单片机原理与接口技术""现代控制理论"等课程的教学任务。2007年，他开始承担"电机与拖动基础"的授课任务，这门被誉为"天书"的课程，难度极高，对很多老师来说都是很大的挑战。蔡春伟通过不断学习、反复琢磨和实践探索，逐渐在讲台上站稳了脚跟。

在教学上取得突破的同时，他积极投身于学生科技创新指导工作。这也使得他与2003、2004、2005三届同学结下了"师生战友"般的深厚情谊。直至今日，当年与同学们通宵调试设备、共同攻克难关的场景，对蔡春伟来说仍如昨日之事般历历在目。2007年，经过一个暑假的精心准备，刚上大三的0502303班朱艺、梁荣和陈晓三位同学一举拿下校区在全国大学生电子设计竞赛中的首个二等奖，这一成就对学生们后来的成长影响颇深。

陈晓如今已经是英国谢菲尔德大学的助理教授、博士生导师，回忆起大学生活，2007年的那个夏天在实验室备战电子竞赛的时光，仍是他记忆深处最美好的经历。“在蔡老师的悉心指导下，我们团队从零开始走过了把课堂上学习的电路、模电、数电、单片机等理论知识运用到解决实际问题的过程。其间烧焦的电路板、跑飞的程序、意外的波形，如今都成了幸福的回忆。”现任美的集团工业技术事业群部门经理的朱屹和国家电网山东经研院规划中心总工程师梁荣有着同样的感受：“大学期间蔡老师对科技创新的热爱和激情深深感染着我们，他鼓励我们大胆设想，勇于尝试，同时小心求证，他的精神一直激励着我们在工作中不断前行，勇攀技术高峰。”

蔡春伟始终坚信，科技创新不仅能提升学生的专业能力，还能培养他们的团队协作精神。如今，虽然工作繁重，但他依然致力于支持学生的科技创新活动，为他们的成长贡献力量。

积累成长　投身科研

站稳讲台后，蔡春伟并未就此止步。2008年，他师从曲延滨老师攻读博士学位，开启了科研生涯的新篇章。博士期间，他参与了多项科研项目，并在杨世彦老师的指导下，逐步掌握了电力电子领域的研究方法。尽管在职攻读博士学位的道路充满艰辛，但蔡春伟凭借坚韧的毅力和对科研的热爱，最终在2012年顺利毕业，成为国内“Z源逆变器”方向的第八位博士研究生。

读博士的四年也是他快速积累、成长的四年，这一过程，让他在电力电子的DC/DC变换器和DC/AC逆变器这两个方向上，无论是学术水平还是研发能力都有了很大提升，为其后期在无线电能传输方向的学术研究奠定了坚实基础。

2011年，他参与了国内首台钛合金厚板窄间隙焊接装备的研发工作，完成了“厚板窄间隙焊接电弧摆动磁控电源”的研制，其性能优于国外同类设备，该技术为校区获批国家深海领域重大专项提供了重要支撑。这一成就不仅拓宽了他的科研视野，也让他深刻体会到团队协作的重要性。每当回首这段经历，蔡春伟仍能清晰感受到打破技术垄断的自豪感在胸中激荡：“作为科研工作者，能为国家发展贡献力量很幸福。”

博士毕业后，蔡春伟的科研工作渐入佳境。在周志权教授的引领下，他投身海空天立体观测研究，并逐渐确定了水下无线电能传输这一科研方向。从2016年起，他的团队在磁耦合无线电能传输领域从零起步，经历了从基础概念不清到技术突破的艰难过程。“那时候连参数优化匹配都没搞明白，每天对着波形畸变的数据大量分析。”团队成员回忆道。就这样，在每年至少一代样机的迭代下，他们硬是拿出了行业领先的大功率高速率水下能信同传装备，并配合重要单位开展多次应用验证。

2020年，团队发表了第一篇IEEE论文 “Transactions on Power Electronics letter”，标志着他们在该领域取得了重要突破，该成果解决了无人装备电能供给与信息交互的基础保障难题，为国防安全和低空经济建设提供了关键技术支撑。

截至目前，蔡春伟团队承担了包括新一代人工智能国家科技重大专项旗舰项目课题、国家自然科学基金、山东省重大科技示范工程课题、山东省重大科技创新工程、山东省自然科学基金等纵向课题及横向课题20余项。发表Top期刊论文14篇，跻身国际无人装备无线电能传输研究的第一梯队。

2025年，蔡春伟正式开启了他的新征程。他带领团队锚定港口岛礁要地防御这一关键领域，向海洋智能无人装备、无人集群等前沿领域纵深推进。他坚信，通过不懈努力，团队必将在海洋国防科技领域实现新的突破。

教学管理　全面育人

2015年，蔡春伟担任信息与电气工程学院院长助理，全面负责学院的教学工作。在此期间，他主导了培养方案修订、实验中心建设等工作，并整合资源打造了学生创新平台，为学院的创新教育奠定了坚实基础。经过多年的发展，信电学院大学生创新中心如今已发展成为具有完善的创新实验课程培训体系、多学科的参赛项目、各学院广泛参与的威海校区电子信息类大学生创新平台，每年为2000余名学生提供科技创新启蒙教育和相关专业培训。

2022年，蔡春伟被任命为新能源学院院长，面对新职务、新挑战，他带领全院老师围绕“3060”双碳目标、新型能源体系建设和能源转型需求，聚焦新能源领域核心技术突破与人才培养，与本部保持同步，整合原有能源与动力工程、新能源科学与工程两个专业建设储能科学与工程专业。经过多年发展，学院逐步形成零碳供热与储能、太阳能利用、核芯互补、新能源动力及无人装备、微电网/配网协同等特色方向，科研经费人均居校区前列；学生就业率接近100%，签约中国500强企业占比86.36%，均位居校区前列。

回首20余年的教育科研生涯，蔡春伟深感幸运。从初出茅庐的助教到如今的学科带头人，他经历了无数挑战与困难，在一次次磨砺与锤炼中收获了成长和蜕变。他始终秉持“夯实专业基础，成就工程师梦想”这一理念，致力于培养更多优秀的电气工程人才。“这句质朴的话语，不仅是我对学生的期许，更是我矢志不渝的教育追求。”

展望未来，蔡春伟信心满怀，他和他的团队将不懈努力，努力在海洋智能装备领域取得更大突破，为校区发展注入新的活力，在威海校区这片热土上谱写新的篇章。

HARBIN INSTITUTE OF TECHNOLOGY, WEIHAI

SHIZHE
RUGUANG

秦泗甜

QIN SITIAN

秦泗甜，中共党员，教授，博士生导师，山东省青年人才。1981年11月出生于山东省日照县（今日照市）。荣获哈工大首届立德树人先进个人，获评山东省教育系统优秀党务工作者。

“数”往知来　教无止境

一位学生在毕业贺卡中写道：“两年里，我记得您每次研讨学习周到全面的安排，每次组会语重心长的教导，每早必至、每晚必来的陪伴……研究生学习结束了，以后可能再也看不到您每天一大早就开始忙碌的身影了，衷心感谢您。”类似的贺卡，秦泗甜教授收到很多。

勤勉尽责　践行教师初心使命

工作15年来，秦泗甜主讲9门本科、研究生重要专业课程，总学时超过1700学时，专业课学生评教成绩连年优秀。学生们说，“秦老师会引导不爱学习的同学主动去学，主动去问。”“秦老师从来不在课堂上当面批评我们，他特别注意保护我们的自尊心和积极性。”“在课上根本没时间走神，秦老师会一直抓着你的注意力跟他走！”“因为注意力高度集中，一堂课下来感觉特别累，收获也特别多。”

他始终牢记“为党育人、为国育才”的使命，主持2项哈工大研究生教改项目，并将最新研究成果应用到课堂教学中。他在教学方面狠下苦功，将公认的“枯燥、难度高”的数学专业课程讲成学生最欢迎的课程，知识点讲得清晰透彻，语言生动风趣，课堂气氛异常活跃。他融思政于课程，坚持引导学生关注科技前沿，感受科技精神，努力成长为有用人才。

2010级数学系本科生蒋心蕊现在已经是校区数学系的一名副教授，十几年过去了，她依然记得第一次在课堂上见到秦老师时的情景：年轻帅气的秦老师站在讲台上，谦谦君子，温润如玉，对课程的熟悉程度却让台下的学生惊叹。“秦老师应该是第一次讲这门课，但他对知识点特别熟悉，讲课思路清晰，方法也很活泼，真的特别棒！”

秦泗甜认为高水平科研是高水平教学的底气。他围绕国家对人工智能神经网络研究领域的需求，深耕科研，坚持坐热基础研究的冷板凳，先后主持4项国家自然科学基金和1项博士后基金，在SCI检索的学术期刊上发表高水平论文80余篇，有40余篇发表在中科院一区或top期刊，其中IEEE Trans系列18篇，最高影响因子为11.683，获黑龙江省科技二等奖1项。他担任2个SCI期刊的客座编辑、10个本领域权威国际学术会议的出版主席和20个国际权威学术会议的程序委员会成员，主持4个国际学术会议的小组报告，先后四次受邀赴香港知名高校访学。

潜心育人　点亮理想信念明灯

面对基础学科学生专业信心不足的情况，秦泗甜从国家需要出发培养学生对基础学科的认同感，解读专业能力与终身发展的关系，在专业学习、考研择业、现实生活中帮助学生解决各种实际问题，以良好的师德风范引领和鼓舞学生厚植爱国情怀。

尽管教学科研非常繁忙，但他仍坚持担任本科班主任。2020级学生张森刚进入大学就被同学们推选为班长，因为第一次做班长，他在处理工作时显得有些吃力。身为班主任的秦老师第一时间发现了问题，带着张森从熟悉同学们的情况入手，多次与辅导员沟通，反复研究带班对策；邀请数学系优秀的学长与同学们交流，传授经验教训，帮助同学们树立专业信心；指导学生结对子，成立学习小组，相互帮助，共同进步。四年下来，数学系2006001班同学取得了令人满意的成绩：4名同学出国深造，11名同学在国内升学，总体升学率达到了58%，其余同学全部就业于华为公司、奇瑞汽车等知名企业，班长张森被录取成为一名选调生。回忆起大学四年，他对秦老师充满了感激之情：“当年要不是秦老师的支持和鼓励，我这个班长估计也不会得到同学们的认可，更不会成为一名选调生。”

秦泗甜每年都会为数学系大一、大二同学举办科技创新启蒙讲座，将对科技创新感兴趣的同学领进科学研究的大门。他坚持因材施教，善于发掘学生的潜能和闪光点，针对不同学生的风格和特点进行个性化指导，引领学生广泛阅读，拓宽视野。他牺牲休息时间指导学生参加学科竞赛，所指导的学生在各类赛事中获省级以上奖项近百项，学生们亲切地称他为“勤老师”。

由于工作成绩突出，秦泗甜荣获哈工大首届立德树人先进个人，多次荣获优秀班主任“金烛奖”、优秀专兼职学生工作者、优秀学生活动指导教师等荣誉称号。

实干有为　打造坚强战斗堡垒

作为“双带头人”党支部书记，秦泗甜充分发挥在党建和学术方面的带头作用，聚焦党建主责主业开展工作，将支部成员的思想和行动统一到党的各项方针政策上来，统一到立德树人的中心工作上来。

他注重夯实日常工作基础，推进党建工作与中心工作深度融合，将党建工作与立德树人的根本任务同谋划、同部署、同推进，做到宣传师生、凝聚师生和服务师生。他带领支部创先争优，积极推行“动车党建”，开展“本期我主讲”等丰富的党员教育活动，提高支部党员参与支部建设的积极性。他积极推行青年教师导师制，充分发挥老教师传帮带优良传统，以知名学者魏俊杰教授为核心搭建青年教师成长平台，一对一帮助青年教师过教学关、科研关、水平关。

数学系教工党支部承担着全校数学公共基础课和数学类专业课的教学任务，秦泗甜非常重视“课程思政”建设，他充分发挥教工党员的思想引领作用，组织课程思政经验交流活动，动员支部成员参与课程思政立项申报，在全校率先实现了全部学科方向都有“课程思政”立项的100%覆盖目标。其中有2项被确定为校级立项，“‘课程思政’与‘新工科’背景下的‘微积分’

课程改革研究”获批山东省2020年本科教学改革研究面上项目。秦泗甜还支持支部将先进经验辐射至全校，开放课堂，接待个人和集体听课100余次，支持支部间经验分享共同提高。

秦泗甜积极助推教师党员“第一书记”进学生支部开展共联共建，开展“一加一帮一”活动，积极搭建师生党员结对帮扶学习困难学生平台，教授博导主动申领任务，帮助学习困难学生化解学业危机、提高发展潜力。坚持政治标准，以“双带头人”标准推荐优秀青年教师担任本科生班主任，2020级数学专业本科班主任全部为博士生导师、副教授以上职称。支部成员坚持吸收本科生进入课题组并参加硕博讨论班，以学术讨论班、课题组、竞赛团队为基础，积极探索拔尖创新人才培养机制，进而不断提高学生的科研水平。

春风化雨润桃李，一片丹心育英才。在哈工大的三尺讲台上，秦泗甜将继续发扬新时代教育家精神，既传授文化与知识，又传播温暖与爱的种子，努力成为学生的良师益友，做学生敬仰爱戴的品行之师、德高之师和仁爱之师。

HARBIN INSTITUTE OF TECHNOLOGY, WEIHAI

SHIZHE
RUGUANG

李文学
LI WENXUE

李文学，中共党员，教授，博士生导师。1981年8月出生于吉林省农安县，2009年博士毕业后留哈尔滨工业大学威海校区任教，2016年获“齐鲁最美教师”提名，获评“我爱我师——我心中的好老师”。获教育部高等学校教学研究优秀成果奖（自然科学奖）二等奖、山东省高等学校科学技术奖（自然科学类）一等奖等多项奖励。

“微积分男神”的师者情怀

从读本科时逃课、打游戏、成绩垫底到逆袭攻读硕士、博士研究生，从校区最年轻的博导到学生心目中的“微积分男神”，理学院数学系李文学教授的成长之路充满了传奇色彩。而从站上讲台那天起，成为一名好老师就成为李文学内心坚守的信念。从教以来，他传道、授业、解惑，用不懈的努力诠释着自己的师者情怀。

结缘威海校区　他得遇改变自己一生的恩师

2000年，李文学考入哈尔滨理工大学数学系，大学的前两年，他一直过得浑浑噩噩，常常逃课、打游戏，成绩也一度垫底。大三时，李文学看到周围同学的努力后幡然醒悟，开始为自己的未来全力以赴。2004年9月，他考入哈工大（威海）数学系攻读硕士学位，遇到了第一位对他影响至深的导师、“人生的指路人”丁效华老师。

在丁老师的谆谆教导下，学俄语出身、英语基础为零的李文学从最难处突破自我，捧着英语词典一个单词一个单词地翻译，向厚厚的一摞英文专业文献发起了进攻。一年以后他终于能大致读懂英文专业文章，能跟上学术研究的前沿了。在跟随丁老师读研的过程中，李文学的科研能力突飞猛进，对未来发展方向也更加明确：“我逐渐看清楚、想明白，钻研学问、教导学生是我一辈子要走的路，我必须认真起来，坚持下去。”

更幸运的是，李文学成为“师德模范”王克老师在威海校区招收的第一个博士研究生。2005年，李文学遇到了“这一辈子最受激励的一件事”。

在丁效华老师的推荐下，从2005年暑假开始参加王克老师讨论班的李文学，因为积极解答老师提出的公开问题而得到王老师的关注和认可，成为王克老师在威海校区招收的第一个博士研究生。同样学俄语出身的王克老师给了李文学更多的鼓励和指导，他细心整理了当初自学英语的材料送给李文学，并逐字逐句帮他修改英语论文。在王克老师的建议下，李文学攻读博士学位期间并没有急于投稿发表论文，而是把所有的本科专业课程重听了一到两遍，花费了大量精力夯实基础，为后来的厚积薄发、攀登科研高峰创造了条件。

跟随王克老师攻读博士3年、伴随老师工作10年的经历，坚定了李文学一生追随的决心。王克老师指导学生、关心学生事无巨细、严格要求，科学研究厚积薄发、甘当人梯等优秀的品质深刻地影响着他。李文学先后做过8个杂志的杰出审稿人，获得教育部高等学校教学研究优秀成果奖（自然科学类）二等奖、山东省高等学校科学技术奖（自然科学类）一等奖等多项奖励。

敬业＋乐业　精彩课堂成就“微积分男神”

“学生成长的渴望比什么都重要，只要学生进来了，我肯定认认真真地带好。”能把学生们最“挠头”的数学课变成最抢手的课，李文学把敬业和乐业最优化地结合在了一起。

李文学的微积分课一直是个传奇般的存在。10点的课，8点就有学生陆陆续续来占位置，9点半座位全满，后来的学生只能站着听课。学生们亲切地称他为“文学哥”，在论坛上、贴吧中对他的课不吝赞美：“文学哥的课人气很高很高，听过就知道！”“李文学老师把我们带进了数学的神奇世界，我在那里触摸到了数学。”“史上最完美老师，我们的微积分男神！”“李老师的微积分课比学子餐厅还挤啊！”

从教以来，李文学为本科生讲授了微积分、复变函数、学术论文写作、数学文化等7门课程，为研究生讲授随机微分方程理论及其应用课程，教学评价连续多年为“A^+”。同时他还一直担任本科生的班主任，利用课余时间指导学生学业。

学生只有对数学课感兴趣，才会接受所讲的知识。因此，李文学讲课努力追求一种“无招胜有招”的境界。他的课堂内容丰富多彩，授课方式灵活，引用数学家的故事、周围人的典型，充分调动学生的积极性和主动性，让无数学生爱上了“令人头大”的数学课。他用电影《异次元骇客》引入极坐标，在精心引入的基础上，注重利用“随机应变”加强过程调控。他在每堂课上都会设计3到5个兴奋点，在合适的时间“抛出去”，把学生分散出去的精力“拉回来”，使将近200人的大课始终激情澎湃。

他说，作为一名老师不仅要为学生传道授业解惑，更要唤醒学生、鼓舞学生。他与初入大学的新生分享自己知耻后勇的故事，用自己的成长经历激励同学们珍惜时光、努力进取。在授课时不断提醒学生应该好好学习，一定要夯实基础，要坐得住“冷板凳”。

数学系2020级本科生薛智允刚入学没有适应学习、生活上的变化，情绪有些低落，李文学找他谈了3个小时，让他重拾自信。他大二加入李文学的课题组，大四获得推免资格，目前作为直博生选择跟随李文学攻读博士学位。“每次我想偷懒时，总会想起李老师办公室里明亮的灯光和他伏案工作的身影。”

王鹏飞博士毕业时论文获评学校优秀博士论文，他大二上学期就进入李文学的课题组，一直跟随李文学读完硕士、博士。王鹏飞说：“李老师一直是我学术道路上的引路人和楷模，他手把手地教我如何阅读、撰写论文，我们每个人遇到了问题和困难，他都第一时间找我们谈心，尽全力帮大家解决问题。”

薪火相传　指导学生发表高水平论文

李文学经常说：“也许我不能成为一名优秀的数学家，但我一定要成为一名合格的数学老师。”

为了让学生全面发展，自2009年以来，李文学课题组指导本科生进行科技论文写作实训。10余年来，李文学团队不畏酷暑，每个暑假都带领本科生们进行至少40天的高强度集中写作，手把手地教学生如何建立数学模型，如何利用软件仿真，如何进行学术写作。截至目前，已经以科技立项形式培养本科生290余人，与本科生合作累计发表SCI论文110余篇（含8篇ESI高被引论文，2篇热点论文，IEEE Trans系列汇刊论文22篇，*Automatica*论文3篇），最高影响因子19.118，WOS引用3000余次，单篇被引最高频次为116次。

借助科技论文写作的丰富经验，他指导的学生获得美国大学生数学建模竞赛特等奖提名奖。团队本科生或前往美国、英国等世界一流高校留学，或保送至国内顶尖学府继续深造，或入职华为、百度、迪士尼等多家上市公司。截至目前，团队中5人获评校区“十佳大学生”、4人被评为“最具影响力毕业生”。

“学生把生命中最美好的年华交给我们，我们只有努力教授给他们真才实学才能对得起他们的信任。”王克老师生前常说的这句话，李文学铭记在心。

他开设“讨论班”定期与研究生分享学术热点、科研前沿话题，及时了解大家的学术研究情况，鼓励并支持课题组的学生参加各种学术会议。团队学生紧跟李文学勇于创新的步伐，坐得住“冷板凳”，守得住“哈工大精神”。截至目前，李文学已累计培养10名硕士、5名博士。武永宝攻读博士期间就获得宝钢教育奖优秀学生奖、哈尔滨工业大学十佳英才提名奖等奖项，毕业后前往东南大学从事博士后研究工作。王鹏飞在攻读博士期间获得了包括工信部创新奖学金和国家奖学金等在内的重要奖励，博士论文获得哈工大和山东省优秀博士论文，目前在以色列特拉维夫大学担任博士后研究员。

从讲师到教授，从数学系主任到教务处负责教学管理的副处长，李文学一直坚守着师者的信念与情怀，给学生提供成长的平台，为他们推开科研的大门，扶持他们走上更大的舞台，让他们有更为广阔的发展前景。

“我愿意一生追随老师的脚步，堂堂正正做人，兢兢业业教书，勤勤恳恳做学问，以师者的使命担当，践行教育家精神，为拔尖创新人才的培养贡献自己的力量。”李文学说。

HARBIN INSTITUTE OF TECHNOLOGY, WEIHAI

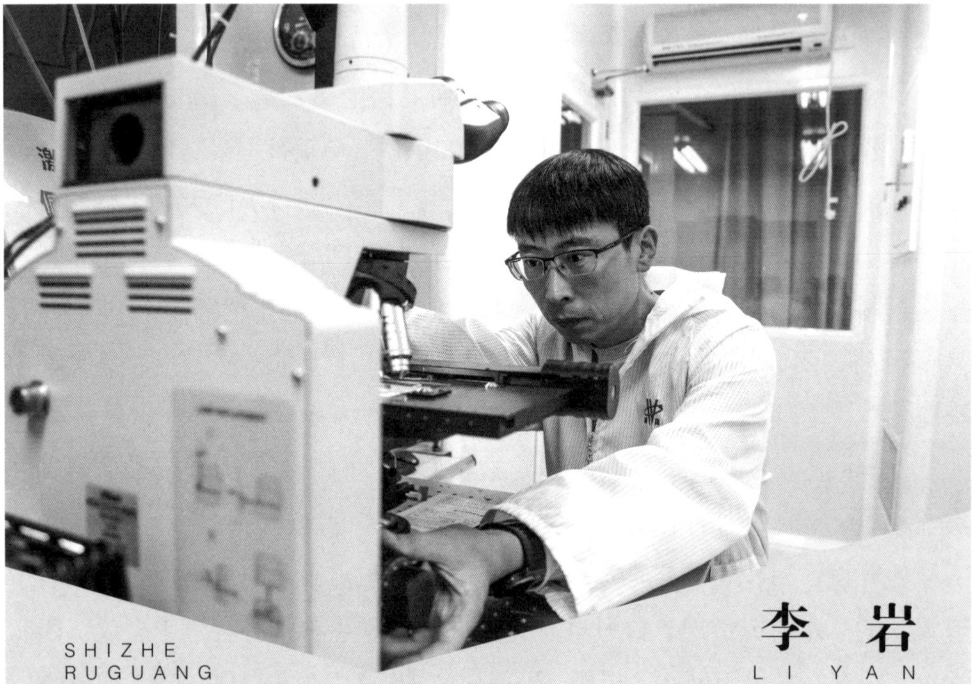

SHIZHE
RUGUANG

李 岩

L I Y A N

李岩，中共党员，教授，博士生导师，山东省青年人才。1982年10月出生于黑龙江省齐齐哈尔市，澳大利亚国立大学访问学者，担任山东省光学工程学会理事兼副秘书长、国家自然科学基金评审专家。

探索光电奥秘　驱动创新之舟

在激光与光子技术团队的实验室中，陈列着一排排自研设备，高精度传感器、全光谱LED照明系统、精密成像系统……每一台都凝聚着李岩教授和团队的智慧与汗水，每一台都是光电科学在创新实践中的应用。这些紧密结合国家重大需求、致力于解决现实中技术难题的实用设备，凸显了光电科学在推动国家科技进步、服务社会发展中的无可替代的重要性。

“光电科学探索光与电相互交织的奥秘，它将点亮未来科技的星辰，驱动智能时代的创新之舟。”李岩说。

深耕光电感知技术　解锁智能应用新体验

2012年李岩从哈尔滨工业大学光学博士毕业后，来到威海校区光电科学系任教，专注于光场调控、遥感探测、超材料器件及光电智能感知技术等方向的研究。

带有电磁轨道角动量的光波被称为光学涡旋，作为新的通信复用维度，在高速光通信领域具有重要应用价值。从2016年开始，李岩带领团队先后提出了涡旋相位编码方法、非对称孔径涡旋接收方案、涡旋“能量–相位”测量方法等新技术，应用于光学涡旋高速通信。研究成果解决了多芯光纤的定向耦合问题，突破了传统光学轨道角动量测量瓶颈，为多芯光纤通信和自由空间涡旋通信奠定了理论基础。

在飞秒激光微加工和光纤传感领域，李岩提出了水辅助飞秒激光微加工技术和功能化有机薄膜飞秒激光微加工技术，有效改善了激光加工的精度和质量，实现了声波、磁场等多维度物理量的探测以及功能化的集成，为光电智能感知器件的研制提供了理论基础。

结合基于飞秒激光微加工制备光纤传感器的相关研究基础，辅以集成化的电路、通信模块等，李岩带领团队开展了用于智慧养老的光纤生命体征传感器研发。首创提出了双区域传感设置，为智能传感设备的探测范围与精度提供了新的研发思路，研究成果具有无电磁辐射、非接触式传感、灵敏度高、响应时间快、处理信息量大等优势，在智慧养老的物联网体系中具有巨大应用潜力。

近年来，李岩入选省级青年人才计划，承担了自然科学基金面上项目、国家青年科学基金面上项目、黑龙江省自然科学基金、山东省自然科学基金面上项目等20余项科研项目，在高水平SCI期刊上发表学术论文100余篇，并获得了近20项发明专利授权。

自主设备产业化　推动技术向实际应用转化

10余年来李岩坚持深耕光电领域，不仅取得了基础理论的重大突破，更坚持将科研与国家需求紧密结合，积极推动技术向实际应用转化。

2019年，威海市海王旋流器有限公司主动找到李岩团队，想联合开发用于煤炭洗选的TDS智能干选机。李岩研究了当时市场上进口和国产智能干选机的原理与主要技术指标，带领研究团队经过一年的技术攻关，解决了大功率、非均匀X射线的双能成像问题，成功实现了基于X射线双能成像的TDS分选机设计和研发，建立了煤层的大数据模型，实现了排矸率的在线分析，主要技术指标达到设计要求。

“我们研发了第一代技术，解决了关键的算法问题，后来企业在这个基础上实现了技术迭代，开发了成熟的产品，在实际应用中取得了良好的效果。”李岩说，“山东省不仅是煤炭生产大省，同时也是煤炭消费大省。我们的技术能够服务企业发展，助力节能减排，是一件很有意义的事。”

2023年，李岩的专利“一种实现多焦点阵列与多芯光纤自动对准耦合系统和方法”在深圳一家企业实现成果转化。“看到自己参与的项目从最初的设想到最终落地应用，真的非常激动。每一个细节的打磨、每一项技术的突破，都是团队成员和老师们辛勤付出的成果。尤其是在李岩老师的指导下，我们学到了如何将理论与实践结合，把科研成果转化为实际应用，这不仅提升了我们的技术能力，也让我们深刻感受到科研的意义和价值。”参与自动耦合项目的2022级博士研究生刘睿说。

近年来，智能穿戴设备越来越受人们关注，也日益成为现代人生活的一部分。李岩带领团队与相关单位联合研发的“体温采集器”“生命体征监测垫”和“多通道体温监测仪”等光电智能设备，广泛应用于夏季户外作业、运动员体能训练和中小学生运动监测等场景。

“体温采集器作为一种新型的可穿戴设备，凭借其实时监测、舒适性、集成化以及高精度等优势，在健康管理领域具有重要的应用潜力。”李岩讲道，“未来，它将朝着更加智能化、多功能、精准化的方向发展，成为人们日常生活中不可或缺的健康伙伴。”目前，团队研发的多款可穿戴设备已成功投入生产应用。

通过与相关单位的紧密合作，将科技创新成果有效转化为实际产品，实现从实验室到市场的跨越。这种产学研合作模式不仅推动了智能穿戴设备领域的发展，更为后续自主设备的研发与推广提供了宝贵经验。

科研助力教学　培养光电领域新人才

对于李岩来说，教学和科研从来不是割裂的两个方面，而是相辅相成的整体。他将自己最新的科研进展带入课堂，帮助学生了解学科的前沿发展，激发学生的创新思维。他还引领学生参与实际的科研项目，为他们提供宝贵的实践机会，培养学生的科研素养和团队协作精神。

在“光学”课程中，他深入讲解光学涡旋的突破性进展；在“信息光学”

课程中，他结合光电智能感知技术的应用，为学生展示如何利用光学原理解决实际问题；在“光学设计软件应用基础”课程中，让学生通过实际操作体验利用先进的光学设计软件进行系统开发；而在“智能光电感知系统与技术”及“光学信息处理”课程中，引导学生探讨如何将光电科技转化为具有社会价值的产品。生动有趣的课堂氛围充分调动了学生们的积极性，李岩也被学生评为“我爱我师——我心中的好老师”，多次获得优秀硕士生导师、哈尔滨工业大学先进个人等荣誉称号。

“李岩老师给我的感觉是‘人狠话不多’，导师的狠是表现在对自己的要求和对学生的培养上。在这两年和老师一起度过的时光里，就没见过他给自己放过假，晚上10点之前没离开过办公室。”李岩教授的2019届硕士研究生杨大海这样说。

“学为人师，行为世范。”李岩坚持身教重于言传，通过对自己的严格要求给同学们树立了良好的榜样。课题组在他的带动下形成了良好的学习氛围，以课题项目为导向，博士研究生负责主攻研究和课题指导，构建了博士研究生—硕士研究生—本科生的层次化结构，提升了团队整体效率，促进了个人能力的提升。在这种良性机制的促进下，本科生累计发表高水平SCI文章10余篇，组内多人次荣获优秀毕业生、优秀毕业论文等荣誉称号。团队荣获工业和信息化部“工信创新团队”二等奖、三等奖，大学生物理实验竞赛、学术竞赛国家一等奖，山东省科技节物理竞赛一等奖，“校长杯”创新创业大赛二等奖等多项国家级、省级、校级奖励。

工作10多年，李岩始终奋战在一线，一边刻苦钻研取得科研成果，一边不遗余力培养优秀人才。李岩说：“追求真理的道路漫长且充满挑战，但只要坚持就能有所收获。”

HARBIN INSTITUTE OF TECHNOLOGY, WEIHAI

SHIZHE
RUGUANG

潘文华

PAN WENHUA

潘文华，中共党员，教授，硕士生导师。1970年11月出生于黑龙江省木兰县，2020年调入哈尔滨工业大学威海校区任教，2022年获山东省学校思政课教学设计大赛一等奖，2023年获评山东学校优秀思政课教师。

擎起学生的信仰之炬

“把热爱做到极致”，这是潘文华的人生追求。从事思政课教学30余年，所讲学时过万，培养学生过万，从桃李年华到知命之年，她的一颗赤子之心却越发真诚炙热。在新时代的“大思政课”中，潘文华以生命擎信仰之炬，点燃一盏盏年轻的心灯。

探索“论信服”　讲深讲透讲活思政课

从哈工大科技哲学专业的硕士到东北农业大学农业经济管理的博士，从中国农科院博士后流动站到美国犹他州州立大学访学，潘文华一路求学，一路思考，一步步坚定了自己的理想信念。

在东北农业大学工作期间她被评为黑龙江省思政课影响力人物，其组织的教学活动多次被黑龙江日报、东北网、今日头条报道。2020年，因为喜欢哈工大的平台和氛围，更因为喜欢海边小城威海卫，潘文华作为教学科研并重型教授被引进到哈工大（威海）马克思主义学院，在知天命之年开始了自己新的奋斗历程。

课堂上，潘文华总是激情饱满，将自身坚定的信仰融入教学，用激情点燃学生的政治情怀。她将宏大的“天边事”转化成学生爱听的“身边事”，吸引了众多年轻的“粉丝”。“‘让有信仰的人讲信仰’，要想打动别人，首先要打动自己，这样思政课堂才能有感染力。”潘文华说。

她紧密联系学生实际，运用“问题式教学法”引发学生代入性思考，从“马克思主义与世界、马克思主义与中国、马克思主义与我”的关系，层层递进深入，通过探讨马克思主义的阶级立场，得出马克思主义是为你、为我、为我们广大劳动者利益代言的理论学说，是劳动人民斗争的理论武器，让学生明白马克思主义、中国共产党、社会主义道路的一脉相承。

她的手机上，有很多学子们发来的热情洋溢的短信。

“潘老师好！您真是我见过最棒的思政老师！您讲的课感情充沛、深入浅出、严肃幽默、张力十足，我从没想到思政课能如此精彩。”

“老师，您在课堂上提起您五十多岁了，可我总觉得您很年轻而且非常有魅力，在您身上我看到了知识和学识对女性的影响之大，您始终是我心中的榜样！”

“感恩遇见您！喜欢您身上的能量和活力，上您的课是一种享受。”

…………

对于学生们的“偏爱”，潘文华都会认真地给出长长的回复，感谢学生的同时，也鼓励他们勇担时代使命。

潘文华说：“思政课的本质是讲道理，把道理讲‘活’，学生就会真心接受。”

为了讲“活”道理，她在校区“习近平新时代中国特色社会主义思想概论”教学试点改革中，与团队共同探索形成了思政课“论信服”教学法，强调说理论证，以理服人、以事实服人、以情感化人，进而坚定信念，由“论”及“信”，使学生内化为思想和行动的自觉“服”，实现“知信行合一”。

聚焦真问题　把论文写在祖国大地上

用脚步丈量土地，用行动诠释初心。对潘文华来说，马克思主义、党的创新理论永远不是“书斋里的学问”。她坚持与新时代同频共振，聚焦社会发展“真问题”调查研究，把论文写在祖国大地上。

她关于农业农村发展的对策建议两次被省级领导批示，被多家相关部门采用，入选省智库专家，并与威海市农业农村局多次开展高校社会服务活动。

她发表在《农业经济问题》上的文章被引用70余次，获省高校人文社科成果一等奖，为解决我国大豆产业困境提供了理论参考。她出版专著2部，主编国家级教材1部，主持科研项目20余项，发表论文30余篇，3次荣获省社会科学优秀成果奖。

2018年至2020年她连续3年带领学生在黑龙江、吉林和内蒙古三省区进行国家第三方扶贫评估。正是基于这段丰富的社会实践，她精心设计的教学项目“守初心脱贫攻坚　创奇迹彪炳史册”于2022年获得山东学校思政课教学设计大赛一等奖。项目采取BOPPPS教学模式（导入—目标—预评估—参与式学习—后评估—总结），根据评估过程中的实际见闻感受，结合丰富的实践案例和比较方法，以提问、引导的方式引发学生思考，调动学生的课堂参与度，在潜移默化中实现了育人目标。

潘文华积极探索思政课实践教学新思路，将思政课植根于实践，在广阔天地中为学生们上好一堂堂接地气的“大思政课”，在行走中华中点亮一个个思想的火种。她引领学生走进乡村，深入威海大水泊等地调研，在校园开展“我的家乡我代言”活动，指导学生参赛项目“兴农有我　心新乡容”获得第十八届“挑战杯”山东省大学生课外学术科技作品竞赛红色专项活动一等奖。

“学生的问题和视角常常能碰撞出我的科研火花，在一起行走的过程中取长补短、拓宽思路、共同前进。”潘文华说。

建设新课程　带领团队上水平

2020年潘文华来威海校区后，紧锣密鼓协助院校领导开展“习近平新时代中国特色社会主义思想概论”课程的“论信服”教学试点改革。她组织教学团队开展集体备课、听课、考核、问卷、考核，完成课件制作和10万字讲稿。2021年1月“论信服”教学改革被人民网报道并推荐至教育频道头条，“论信服”教学法在校区思政课全面推广，并在部分高校进行了经验交流推广。

2022年秋“习近平新时代中国特色社会主义思想概论”课在校区正式开设，潘文华全面统筹授课任务，在没有专职教师的情况下，顺利完成21名教师和近2800名大一本科生的教学协调工作。下大功夫精研教学内容，多次开展授课教师培训，那段时间她经常工作到深夜，体力严重透支导致流鼻血不止。

2023年秋，担任教学副院长的潘文华又接到一项紧急任务，在无教材、无教学大纲、无专业教师的情况下，组建教学团队为大二学生开设“国家安全教育”课，并按照10%的比例，选拔300名本科生登上刘公岛开展研学实践。

作为教学副院长和党支部书记，她有想在前头的谋划、落到实处的干劲，善于团结同志，激发团队力量。为多渠道赋能教师发展，学院专门为新入职教师开展教学业务培训，实行老带新导师制，青年教师全部通过入职试讲。他们邀请全国思政课案例教学名师讲授“新时代高校思政课案例教学的探索与创新”，开展雨课堂教学技能培训，并多次组织教学比赛。2024年7月哈工大举办了一校三区首届思政课教学大赛，威海校区取得了优异成绩。

2024年潘文华带领团队获得哈工大教学成果奖二等奖1项、获得山东省教学创新大赛校区二等奖1项、哈工大教学创新大赛三等奖2项。近3年学院申请校级课程建设、省级教改项目以及教育部专项课题10余项，发表了6篇教育教学论文，获省级教学大赛一等奖2项、二等奖1项、三等奖1项、校教学比赛二等奖2项。

增强辐射力　影响带动身边人

“做人有温度、做事有力度。”这是身边人对潘文华的评价。生长于东北的潘文华，骨子里就有火一样的热情，倒豆子一样的干脆爽利。

“潘老师的温暖特别真诚，不怕麻烦，不怕费时间，方方面面的问题都能为你想到，尽她所能去主动帮助你。”青年教师赵聪妹入职时间不长，已经好几次吃到了潘老师特意包的水饺，“潘老师带我熟悉校园各个地方，为我规划未来的发展道路”。

潘文华带过的很多学生，都在她身上感受到“家”的味道。中秋节给学生邮寄月饼和水果，元旦给学生买冰雪大世界门票，回哈尔滨再忙她都要抽时间去看学生。

作为学院星火宣讲团成员，潘文华给呼和浩特、威海、济宁等多地市企事业单位万余人开展了100余场理论宣讲，内容涉及党的二十大精神、学习贯彻习近平新时代中国特色社会主义思想主题教育、总体国家安全观、青年人为什么讲政治、铸牢中华民族共同体意识等。她将“论信服”教学法应用到理论宣讲中，进行逻辑论证、史实论证、对比论证，并善于联系现实、联系自身。讲座深入浅出，通俗易懂，幽默亲切，既“顶天”有理论高度，又“立地”接地气。

一位刚入党不久的年轻干部，听完宣讲激动地告诉她：“您让我更加坚定了对党的信念，坚定了当初的选择，更让我明白，一个民族不能没有精神信仰。”听完讲座后很多人反映：“听得太入迷了，感觉不过瘾。”“潘教授讲课太精彩了，这才真的是咱社会主义国家又红又专的教授。”……

每当这种时刻，潘文华就觉得很欣慰，同时也更感到理论宣讲的意义所在。“思想理论武器的力量是无穷的，我要理直气壮讲好思政课，在三尺讲台上勇担强国使命！”

用创新方法讲好党的创新理论，以坚定信念夯牢学子信念，这就是潘文华不懈的追求。“理想信念之火一经点燃，就永远不会熄灭。”潘文华微笑着，眼中的光华更加灿烂。

HARBIN INSTITUTE OF TECHNOLOGY, WEIHAI

SHIZHE RUGUANG

吕彩云

LÜ CAIYUN

吕彩云，中共党员，教授，硕士生导师。1979年6月出生于山东省莱阳县（今莱阳市），2008年从四川大学博士毕业后到哈尔滨工业大学威海校区任教。获评山东省优秀思政课教师、“我爱我师——我心中的好老师”，2021年获校区教育教学“校长奖”青年教师卓越奖。

走进学生心田的“彩云姐”

吕彩云认为，习近平总书记曾经说过：“小到一个人、一个集体，大到一个政党、一个民族、一个国家，只要有信仰、信念、信心，就会愈挫愈奋、愈战愈勇……”思政课教师聚全校英才而育之，给学生心灵埋下真善美的种子，将“心有大我，至诚报国”的信念与担当传递给每一个学生是责无旁贷的使命。

传承信仰　勇于担当

初到校区工作时，吕彩云就独自承担起公共必修课“中国近现代史纲要”的教学任务。她在8年时间里上过1700多节课、教过20000多名学生，每年在考试后两周之内要批阅2500多份试卷和同样数量的社会实践报告。

家人开玩笑说吕老师是愚公移山，她却理解为责任重如泰山，认认真真地上好每一堂思政课就是她的信仰。每一次课前，吕彩云都根据国家形势与社会热点的变化改进课件与讲稿，上完课再一条条总结经验和不足，140多遍课讲下来，课件更新换代了无数次，教案也被评为校区优秀教案。看到哈工大与祖国同呼吸共命运的校史中蕴含着丰富的精神养料，吕彩云就整理出大量校史案例融入“中国近现代史纲要”课堂，让学生深入了解学校的红色基因与哈工大“八百壮士”精神，激发他们的科学报国热情。

近年来，随着校区的发展壮大，思政课教师的教学任务愈加复合多元。吕彩云先后讲授了4门本科思政课程与2门硕博思政课程，年均授课在300学时以上。虽然工作量很大，但她始终坚持在担当奉献中提高教学水平。2021年，吕彩云的研究生课程教学设计“新时代坚持与发展中国特色社会主义的安全保障”获首届山东省学校思政课教学设计大赛一等奖；2022年，吕彩云参加本科“纲要”课教学比赛，获得山东省思想政治理论课教学比赛二等奖。

教学相长　正己化人

好老师与好学生是相互成就的，教学相长，正己化人。重视学生的需求与反馈，也使得吕彩云在一次次的教学改革中不断进步。

一堂思政课，一二百人的大课堂，第一个老大难问题就是课堂出勤率与抬头率。由于学生们在中学阶段已经学过思政课的基础知识，进入大学后，相当一部分同学对思政课抱有“走过场”的心态。为了激发课堂活力，吕彩云与同事们不断探索，从工科学生重逻辑、重实证的思维特点出发，每一讲都设计思维导图、图表、问题链，并利用胶东革命历史展进校园等活动开展情境浸入式教学，将历史逻辑、理论逻辑和实践逻辑融为一体，把思政小课堂同社会大课堂结合起来。在“论信服”教学法指导下，“纲要”课逐渐形成了专题教学、MOOC、实践教学“三位一体”与小组研讨、大班翻转“两翼相结合”的立体教学模式，并推广到其他思政课程教学中，让原来枯燥乏味的课堂变得生动起来。

真理不辨不明，信仰不疑不真。有一些学生会在课堂上或课后提出尖锐敏感的问题，为了让真理和信仰的力量走进学生心中，吕彩云聚焦学生疑惑的问题，将教学重点、难点问题分解成“解读李约瑟难题”“评断侵略有功论”“改良和革命之比较”等学生感兴趣的题目，以任务驱动引导学生分组研讨与辩论，进行探究式学习。随着教学效果的提升，吕彩云设计了“小组专题讨论—课堂汇报—教师评议—小组论文”的教学流程，引导学生明辨是非，去伪存真，在课下的立论、讨论、辩论中找到答案的学生上课时更加活跃，在小组主题展示时更加理直气壮，即使有个别学生在课上发表偏激意见，也会有一群学生主动站出来纠偏正向。

实践出真知，在探索学生需求的过程中，吕彩云也总结了一系列思政育人方法，撰写发表了《以红色基因传承推动高校思政教育创新》《大学生就业困境下的思想政治教育与就业素质教育融合研究》《教育信息接收视角下的思想政治教育研究》《新时代“校史+思政”高校德治育人模式研究》等教研文章，在教学相长中不断提升理论水平。

传道解惑　润物无声

思政育人不止于课堂，很多时候“功夫在课外”，只有亲其师，才能信其道。

在课程教学之外，吕彩云找各种机会与学生交流，做学生的良师益友。平时她通过QQ群发送时政新闻引导学生关心国家、关心社会，一年365天几乎不间断。晚上有空时，她经常找几个学生一边散步一边聊天，了解青年人在想什么、关心什么，努力解开他们的迷茫与困惑。很多毕业多年的学生现在已经是单位里独当一面的业务骨干，他们跟吕老师联系的时候，都会提到当年“道上论道”对自己的影响。一个学生曾经在事业低谷时给她打电话说：“最难的时候我都在想着您当年的话，把眼光放长远有大历史观，到了谷底就是走上坡路的时候。”

真挚地对待教学和学生，让师生之情日益深厚，也使信仰之力生生不息。有一年吕彩云急性咽炎发作，嗓子突然失声，当她抱歉地通知学生要延迟一周上课时，同学们安慰与祝福的手机留言声响了好几天。开始上课时同学们用热烈的掌声欢迎吕彩云的回归，这也鼓舞着她以更加赤诚之心对待学生。

潜移默化中，很多同学对马克思主义学科产生了兴趣，校区英语专业的孟莹同学跨专业考上了吕老师的研究生，经管学院的一位同学选择了马克思主义政治经济学专业读研，他说“想用马克思主义的科学理论去解读中国的经济问题”。2021年7月1日，一名毕业9年的学生发信息说：“彩云姐，今天是党的百岁生日，我想起了自己在哈工大入党的经历和那段时光，也想起了您。”让信仰的种子在学生心中生根发芽，这就是思政课教师最大的成就感。

在与学生一路探索的过程中，教师个人也在不断成长。提到自己取得的成绩，吕彩云最为珍视的荣誉是被学生评为“我爱我师——我心中的好老师”。学生在推选评语中写道：“吕老师把枯燥乏味的‘中国近现代史纲要’变成有趣的课题，妙趣横生的故事，丰富多彩又富有挑战性的实践活动……大家都喜欢上了这门课，也喜欢上了温柔而坚定的‘彩云姐’。”

守正创新　团队协作

时间砥砺信仰，岁月见证初心。为了让学生从现实中真正体会到中国共产党能、中国特色社会主义好、马克思主义行，吕彩云近年加入“形势政策”“习近平新时代中国特色社会主义思想概论”“中国马克思主义与当代”等授课队伍，与时代同频共振。为了让课堂有源头活水，她先后主持完成国家社科基金青年项目、省社科基金项目及其他项目10余项，出版专著3部，多次获省、市级科研成果奖。为了丰富校园红色文化，吕彩云每年都在校内外积极开展理论讲座，指导党团活动及红色竞赛，并参与红色文化展览的制作和学校宣传及教育栏目的录播。为了让思想引领落实落深，她还担任了本科生班主任，带领1803002班级获得“哈尔滨工业大学优秀团支部”“哈尔滨工业大学先进班集体”“哈尔滨工业大学（威海）五星级班集体”等多项荣誉。2019年，吕彩云加入威海市思政“同城大讲堂”讲师团，参与到威海市大中小学思政课一体化建设中。

个人价值的实现离不开团队的支持，由于思政课具有政策性强、变化快、理论抽象等特点，单凭个人的力量难以支撑起这片天空。2008年初为人师时，吕彩云所在的校区思政课教研室仅有7位专职教师。在杨东霞、刘耳、张步先等老教师的指导和帮助下，在薛爽、刘晓莉、李曰强等教研室同事的支持和鼓励下，她从初登讲台的年轻教师逐渐成长为独当一面的优秀教师。10余年来，思政课教研室先后发展为思政课教学部、马克思主义学院，到如今已经形成一支有30余名专职教师，专兼结合、素质优良的教师队伍，在数量与内涵上均实现了跨越式发展。吕彩云在投身学校的建设发展中收获成长，也和同事们在团队协作中共同进步。

HARBIN INSTITUTE OF TECHNOLOGY, WEIHAI

SHIZHE
RUGUANG

杨　勇

YANG YONG

杨勇，中共党员，基础教学部体育教师。1982年10月出生于山东省汶上县，2004年入职哈工大威海校区。2008年曾担任北京奥运会火炬护跑手。获评“我爱我师——我心中的好老师”、最受欢迎书院导师。

全能“勇哥”和他的“宝藏课”

“虽然不能引领学生走进更高的知识殿堂，但这些孩子在成长为学术大师、工程巨匠、业界领袖、治国栋梁的路上，一定需要勇于挑战、永不服输、团结协作的精神以及旺盛的精力和体力来做支撑。即使他们将来只做一个普普通通的人，拥有健康的体魄和健全的心智也至关重要，这正是体育育人的价值所在，也是作为体育教师的我能够给予也最想给予学生的。”

这份初心来自哈工大优秀思想政治工作者、哈工大优秀社团指导教师、威海校区立德树人先进个人、学生评教连续8年A^{+}、我爱我师——我心中的好老师、最受欢迎书院导师、2008年北京奥运会火炬护跑手，基础教学部杨勇老师。

千锤百炼　以精湛的武术功底吸引学生走进课堂

从小喜欢功夫、以李小龙为偶像的杨勇，高考时如愿考入西安体育学院运动训练专业。2004年入职威海校区，成为一名跆拳道主讲教师，一干就是20多年。

与其他热门体育课相比，主动问津跆拳道课的学生不多，因为学生们往往认为这项运动又累又枯燥。而那些被动选修的学生带着些许的无奈和失落，第一次走进杨勇的课堂却又总是会收获意外惊喜：“我这是挖到宝了吗？”“体育课还可以这么上！”

结课后，学生们的欣喜和赞美更是溢于言表：“这才是体育课该有的样子！”“这门课不仅是对身体更是对我价值观的塑造。”“一年下来，似乎学到的跆拳道以外的东西比跆拳道更多也更重要。”“与其说是跆拳道，我更喜欢叫它体育哲学课！”……

由“冷门课”到“宝藏课”，杨勇是如何做到的呢？

跆拳道作为武术类格斗项目的一种，是力量、动作与精神的完美结合。出拳、踢腿、腾空跳跃，一招一式都是真功夫，课堂上杨勇的每一次示范，行云流水、虎虎生威、刚柔相济，都会引来同学们的一片“哇”声。娴熟、利落、高难、极富运动美感的动作背后，是日积月累的坚持，是一丝不苟的训练。

早在大学期间，每天除了专项训练内容外，他还给自己加练180个俯卧撑。工作后的杨勇依然非常自律，日常坚持运动训练，这才成就了课堂上那个功力不减、活力满满、酷帅酷帅的“勇哥”。

寓教于乐　以精心的教学设计陪伴学生享受课堂

“咱们哈工大学生的课业压力还是挺重的，绝大部分孩子又是第一次离家在外，难免遇到成长中的各种烦恼，快乐地流汗可以解决很多问题，所以，我把我的体育课首先定义为一门减压课。”他精心设计每一堂课的每一个环节，让学生真正体会到运动给身心带来的改变。

“精心”是从每堂课的第一个环节——热身运动开始的。杨勇一改学生围着体育场地绕圈跑的单调，只要天气允许，他就亲自带领学生在校园里一边跑步一边领略风景，有时也会去不远处的大海边。每堂课的热身跑路线犹如开启盲盒、变幻莫测，这也成了学生们的课前期待。

“我们每天的学习生活三点一线，如果不是这个探险一样的环校跑，都不知道我们的校园一年四季竟然这么美。”“印象最深的是第一节课，老师带领我们绕了校园一圈后，到了一个可以看到大海的小亭子，坐在阴凉处，吹着海风，听接下来一年的安排。”轻松愉悦的户外热身跑，不仅能快速调动学生的身体机能，也极大调动起学生对后面学习和训练的积极性。

跆拳道始于礼，止于礼，修炼的不仅是筋骨，更是品格和意志，而后者尤为重要。教学中，杨勇善于将体育运动所蕴含的精神与学生的日常生活、学习、交友紧密联系起来。他的讲解，时而深入浅出，让学生恍然大悟；时而幽默风趣，让学生笑出腹肌。到了实战环节，他的每一个动作都力求专业、标准、规范，并不厌其烦一次一次示范。学生训练时他则一丝不苟，始终陪伴左右，与学生一起流汗、一起呐喊。课间休息，或者课后，他也会拿起吉他弹奏一曲。优美的乐声中，与学生一起放松、休息，也一起探讨人生。

在学生居家停学不停课的疫情期间，体育课怎么上再次体现出杨勇以学生为本、勇于探索、精益求精的风格。他充分发挥自身优势，拍摄自己的技术素材，再精心制作成教学视频，巧妙地设计师生互动环节，并及时收集学生建议，改善网课形式。在不断探索下，打造出高效的网课形式，呈现出了高质量的体育网课，得到了学生们的一致好评，他也因此获评威海校区优秀线上教学先进个人。

因材施教　以灵活的教学模式鼓励学生突破自我

“每个学生身体素质不一样，对运动的理解和重视程度也不一样，体育课尤其需要因材施教。”每一次开课，杨勇都会先做一个课前调查，然后有的放矢制订教学计划。“即使是一些基本动作，学生的完成度都存在较大差别，一些从小就不爱运动的，身材过胖或过瘦的，柔韧性、协调性、爆发力差的学生往往会产生抗拒、畏惧和自卑心理。”

他破除“一刀切”的考评模式，把每个学生个体成长放在第一位，为他们量身定制科学、可行的体能提升计划，鼓励学生勇于挑战身体极限，勇于走出舒适区，并在课下经常监督提醒。挑战成功的学生不仅收获了自信，也开始自发向新的目标发起挑战，越来越多学生在他的课堂上实现了自我突破，也愈加懂得坚持的重要。

在评教环节，有学生这样留言：“大一体测成绩不太理想，尤其是立定跳远和50米跑，看着跟其他同学的巨大差距我深刻认识到了自己缺少爆发力，经过一学期的压腿、踢腿训练，我的爆发力有了巨大提升，本来立定跳远只能跳两米一、两米二，学期末居然跳了两米四。当我在跑道上纵身一跃，明显感知到了与以往的不同，身体轻盈了许多，平时不爱运动的我也渐渐养成了运动的习惯。”

“还记得上半学期，老师看到我瘦弱的身躯，特别关照我要加强锻炼多做俯卧撑，不然白费了这么高的个子。在老师的鼓励下虽然没有每天做100个，但也努力在做。嘿嘿，现在已练出了一点胸肌和腹肌。一直想长胖的我实现了增重，达到了150斤。”

“要想实现体育育人，仅仅通过一门课程、两个学年、一周一次上课，显然是不够的。我希望在课下、大学四年，甚至终其一生都能持续影响他们，让学生真正领悟运动的意义和体育的精神，知行合一并终身践行。”杨勇说。

由于跆拳道运动的小众化，他没有要求选修的学生达到什么难度，而是将跆拳道课作为让学生爱上运动的切入点，提出“大体育”的教学理念，并一直在课堂中践行。

兴趣广泛　以多彩的人生体验激励学生多元发展

“身行一例、胜似千言，给学生一杯水，自己要有一桶水。”工作以来，杨勇通过各种方式提升个人修养。他爱读书，除经典文学以外，心理学、经济学、艺术设计等多领域书籍都在他的阅读范围内；他喜欢音乐、摄影和视频，通过观看优秀电影、纪录片、人物访谈不断提升、思考、践行。

学生眼中的“勇哥”不仅功夫过硬还多才多艺，朋友圈、QQ空间里的勇哥永远阳光、自律、热爱生活。在他的熏陶和影响下，越来越多的学生走出寝室、走进体育场、走进大自然、走出多彩的人生，也走进自己的内心，书写着属于自己独一无二的青春。

二十余年如一日，始终以匠心教书，以初心育人，动力究竟是什么？多年奔赴陕西省负责招生宣传的杨勇，给出了他的另一个答案："一直有动力是因为一直有压力啊。学校的生源越来越好，我们把这么优秀的孩子招进来，不能辜负他们，那就从我做起吧，至少不能让选我课的学生失望。"

他的学生不仅没有失望，而且纷纷给出了最高的礼赞：

"当我和别人谈论到校训'规格严格，功夫到家'时，首先出现在我脑海里的就是跆拳道课。"学生袁研说。

"他就像刚从学校毕业不久的小伙子一般，懂得这个年纪的我们在想什么。他热爱电影，热爱体育运动，爱读书爱听音乐，乐于参加各种有意义的活动，看过他在舞台上激情洋溢的演出，我想，这就是年轻的模样。"学生刘宗睿说。

"一次次短暂的环校跑，一场场极具教育意义的游戏，一段段蕴含哲理的谈话，一声声练习到大汗淋漓时的喊叫，使我重新认识了这个将要相处四年的校园，重新认识了大学生活的意义，重新认识了我的身体和内心。"学生耿渊博说。

"体育课使我养成了锻炼的习惯，航天工作强度很大，有个好身体不会轻易垮掉，老师在课堂上分享的很多人生感悟让我深受影响，老师对生活的热爱和态度让我后来变得更加豁达。"学生李国新说。

每当收到这样的反馈，欣慰的同时，杨勇都觉得责任更重、动力也更足了。他说"将一如既往、无比珍爱哈工大教师这一神圣的身份，在教书育人的路上，不忘初心、牢记使命，扬鞭策马、勇毅前行"！

后　记

参与本书编写和修改工作的人员有张玉芹、隗海燕、李志强、刘占辉、丛爱娟、谭璇月、邱惠妍、朱美丽、李新、刘功亮、宋莉、王宇彤、崔莉、何静、黄健齐、杨娜、李春山、刘红日、朱强、苏健晖、魏豪、侯靓涛等。岳彩领、季振兴、李洪斌参与了修改和统稿工作。王彦岩统筹本书的编写工作。张淑娣审改了文稿。编撰过程得到了各学院的密切配合，在此谨向所有给予本书帮助和支持的单位与个人表示衷心的感谢。

因时间和篇幅所限，本书难免有疏漏和不足，恳请各位读者谅解指正。

编者

2025年6月